线性代数

主　编◎田　飞　　副主编◎王锦升　冯所伟

LINEAR ALGEBRA

ZHEJIANG UNIVERSITY PRESS
浙江大学出版社
·杭州·

图书在版编目(CIP)数据

线性代数/田飞主编. —杭州:浙江大学出版社,2024.4

ISBN 978-7-308-24533-3

Ⅰ.①线… Ⅱ.①田… Ⅲ.①线性代数—高等学校—教材 Ⅳ.①O151.2

中国国家版本馆 CIP 数据核字(2024)第 000764 号

线性代数

XIANXING DAISHU

主　编 田　飞

副主编 王锦升　冯所伟

责任编辑 李　晨

文字编辑 沈巧华

责任校对 汪荣丽

封面设计 雷建军

出版发行 浙江大学出版社

(杭州市天目山路 148 号　邮政编码 310007)

(网址:http://www.zjupress.com)

排　　版 杭州星云光电图文制作有限公司

印　　刷 广东虎彩云印刷有限公司绍兴分公司

开　　本 787mm×1092mm　1/16

印　　张 11

字　　数 268 千

版 印 次 2024 年 4 月第 1 版　2024 年 4 月第 1 次印刷

书　　号 ISBN 978-7-308-24533-3

定　　价 39.00 元

前　言

线性代数是最有趣、最有价值的大学数学课程

——美国数学教育家戴维·C. 莱(David C. Lay)

线性代数是大学数学教育中一门重要的基础课，对于新时代培养高级技能型人才有着重要作用。本教材根据2021年教育部办公厅下发的《“十四五”职业教育规划教材建设实施方案》的要求，结合编者多年教学实践、教学研究和改革探索的经验，同时参考国内优秀的线性代数教材、相关辅导书编写而成。

本教材分为7章，包括行列式、矩阵及其运算、向量与向量空间、线性方程组、特征值与特征向量、二次型、线性空间与线性变换，内容涵盖了线性代数的基础部分。

本教材具有鲜明的特点，大致可归纳为以下几点：

(1)党的二十大报告指出，要办好人民满意的教育，教育是国之大计、党之大计。而教材是教育的基础，没有好的教材，很难有好的教育。一本好的教材，质量必须过硬。因此，编者对教材的内容进行了反复打磨、修改，努力使本教材的质量达到较高的水平。

(2)2020年5月，教育部发布了《高等学校课程思政建设指导纲要》，全面推进高校课程思政建设。本教材融入了一些课程思政案例，每章都配有与本章知识相关的课程思政内容，如数学家简介、数学小故事、线性代数知识的应用等，将线性代数知识与课程思政无缝对接。

(3)本教材文字叙述简明易懂，结构严谨，系统性强，特别是在内容和结构方面，编者进行了精心编排，从而使教材更加适合高等职业本科院校或应用型本科院校的经济、管理及综合类专业的学生使用，也适合作为高校数学教师教学备课参考资料。

教学大纲

教学计划

(4)本教材每节均配有丰富的习题(包含部分考研真题)，并给出了详细的解答过程，以便读者在练习时检验。同时，配有精美的课件、教学大纲和教学计划等教学资料，为任课教师的备课提供极大的便利。

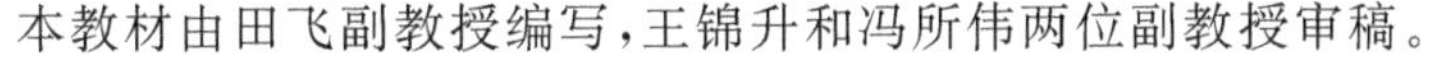

本教材由田飞副教授编写，王锦升和冯所伟两位副教授审稿。

本教材在编写过程中参考了大量优秀教材，同时引用了部分案例，在此谨向有关作者表示感谢；在出版过程中得到了浙江大学出版社的鼎力帮助和海南经贸职业技术学院的资助，在此一并表示衷心的感谢。

编写教材是一项影响深远的教育工作，我们深感责任重大，但由于编者水平有限，虽然经过反复校对和仔细推敲，书中仍难免有不妥之处，衷心期待专家和广大读者批评指正。

编者

2024年1月

目 录

第1章　行列式

行列式是由解线性方程组产生的，它是一个重要的数学工具，在科学技术的各个领域有广泛的应用。本章首先介绍排列与逆序数，然后给出二阶、三阶行列式的概念，最后在二阶、三阶行列式的基础上，给出 n 阶行列式的定义并讨论其性质和计算方法，进而把 n 阶行列式应用于求解 n 元线性方程组。

第1章课件

§1.1　排 列

在 n 阶行列式的定义中，要用到排列的某些知识，所以首先介绍排列及逆序数的相关知识。

1.1.1　排列

定义1.1.1　自然数 $1,2,3,\cdots,n$ 按照一定次序排成一排，称为一个 n 级排列。

例如，1234是一个4级排列，3412也是一个4级排列，而52341是一个5级排列。由1，2，3组合的所有3级排列为123，132，213，231，312，321，共有 $3!=6$ 个，所以类推可知，n 级排列共有 $n!$ 个。

数字由小到大的 n 级排列 $123\cdots n$ 称为自然排列。

1.1.2　逆序数

定义1.1.2　在一个 n 级排列 $p_1p_2\cdots p_n$ 中，若大的数排在小的数的前面，则称这两个数有一个逆序。一个排列中所有逆序的总数叫这个排列的逆序数，记为 $N(p_1p_2\cdots p_n)$。

若 $N(p_1p_2\cdots p_n)$ 为偶数，则称排列 $p_1p_2\cdots p_n$ 为偶排列，否则称为奇排列。

【例1】　求下列排列的逆序数。

(1) $N(23541)$　(2) $N(31524)$　(3) $N(123\cdots n)$　(4) $N(n(n-1)\cdots 21)$

【解】**方法1：**

(1) 在排列23541中逆序为21，31，54，51，41，所以 $N(23541)=5$，为奇排列。

(2) 在排列31524中逆序为31，32，52，54，所以 $N(31524)=4$，为偶排列。

(3) 在排列 $123\cdots n$ 中没有逆序，所以 $N(123\cdots n)=0$，为偶排列。

(4) 在排列 $n(n-1)(n-2)\cdots 21$ 中，任意两个数都构成逆序，所以

$$N(n(n-1)(n-2)\cdots21)=\mathrm{C}_n^2=\frac{n(n-1)}{2}$$

而其奇偶性与 n 的取值有关，当 $n=4k$ 或 $n=4k+1(k\in\mathbf{Z}$ 且 $k\geqslant0)$ 时，此排列为偶排列；当 $n=4k+2$ 或 $n=4k+3(k\in\mathbf{Z}$ 且 $k\geqslant0)$ 时，此排列为奇排列。

方法 2：

(1)2 排在首位，故其逆序为 0；

在 3 的前面且比 3 大的数有 0 个，故其逆序的个数为 0；

在 5 的前面且比 5 大的数有 0 个，故其逆序的个数为 0；

在 4 的前面且比 4 大的数有 1 个，故其逆序的个数为 1；

在 1 的前面且比 1 大的数有 4 个，故其逆序的个数为 4。

将上述结果排成如下形式：

$$\begin{array}{cccccc} 排列 & 2 & 3 & 5 & 4 & 1 \\ & \downarrow & \downarrow & \downarrow & \downarrow & \downarrow \\ N & 0 & 0 & 0 & 1 & 4 \end{array}$$

易见所求排列的逆序数为：

$$N(23541)=0+0+0+1+4=5$$

(2) 类似(1) 的讨论，可得：

$$\begin{array}{cccccc} 排列 & 3 & 1 & 5 & 2 & 4 \\ & \downarrow & \downarrow & \downarrow & \downarrow & \downarrow \\ N & 0 & 1 & 0 & 2 & 1 \end{array}$$

所以所求排列的逆序数为：

$$N(31524)=0+1+0+2+1=4$$

(3) 类似(1) 的讨论，可得：

$$\begin{array}{cccccc} 排列 & 1 & 2 & 3 & \cdots & n \\ & \downarrow & \downarrow & \downarrow & & \downarrow \\ N & 0 & 0 & 0 & \cdots & 0 \end{array}$$

所以所求排列的逆序数为：

$$N(123\cdots n)=0+0+0+\cdots+0=0$$

(4) 类似(1) 的讨论，可得：

$$\begin{array}{cccccc} 排列 & n & n-1 & n-2 & \cdots & 1 \\ & \downarrow & \downarrow & \downarrow & & \downarrow \\ N & 0 & 1 & 2 & \cdots & n-1 \end{array}$$

所以所求排列的逆序数为：

$$N(n(n-1)(n-2)\cdots21)=0+1+2+\cdots+(n-1)=\frac{n(n-1)}{2}$$

1.1.3 对换

定义1.1.3 在一个排列中，交换其中任意两个元素的位置，其余元素保持不变，就得到另一个新的排列，这一过程称为对换。

定理1.1.1　对换改变排列的奇偶性，即经过一次对换，奇排列变成偶排列，偶排列变成奇排列。

【证】　先考虑相邻对换情形，设

$$c_1, c_2, \cdots, c_k, a, b, d_1, d_2, \cdots, d_l$$

为一个 n 级排列，对换 a,b 后得到新的排列

$$c_1, c_2, \cdots, c_k, b, a, d_1, d_2, \cdots, d_l$$

在这两个 n 级排列中，除了 a,b 这对数外，其他各数在两个排列中是否构成逆序的情况完全相同，因此，若 $a > b$，则有

$$N(c_1, c_2, \cdots, c_k, a, b, d_1, d_2, \cdots, d_l) = N(c_1, c_2, \cdots, c_k, b, a, d_1, d_2, \cdots, d_l) + 1$$

而若 $a < b$，则有

$$N(c_1, c_2, \cdots, c_k, a, b, d_1, d_2, \cdots, d_l) = N(c_1, c_2, \cdots, c_k, b, a, d_1, d_2, \cdots, d_l) - 1$$

所以排列 $c_1, c_2, \cdots, c_k, a, b, d_1, d_2, \cdots, d_l$ 与排列 $c_1, c_2, \cdots, c_k, b, a, d_1, d_2, \cdots, d_l$ 的奇偶性不同。

再考虑非相邻对换的情形，设

$$c_1, c_2, \cdots, c_s, a, e_1, e_2, \cdots, e_r, b, d_1, d_2, \cdots, d_t$$

为一个 n 级排列，在 a 与 b 之间有 r 个数($r \geqslant 1$)，对换 a,b 后得到新的排列

$$c_1, c_2, \cdots, c_s, b, e_1, e_2, \cdots, e_r, a, d_1, d_2, \cdots, d_t$$

由定义可知，一个 n 级排列的逆序数是由排列中各数的相对位置确定的，与用什么方法得到它无关。我们用另外一种方式来实现这个对换，先把 a 依次与右边相邻的数对换，得到：

$$c_1, c_2, \cdots, c_s, e_1, e_2, \cdots, e_r, a, b, d_1, d_2, \cdots, d_t$$

再将 b 依次与左边相邻数对换，得到：

$$c_1, c_2, \cdots, c_s, b, e_1, e_2, \cdots, e_r, a, d_1, d_2, \cdots, d_t$$

其间共进行了 $2r+1$ 次对换，即排列 $c_1, c_2, \cdots, c_s, b, e_1, e_2, \cdots, e_r, a, d_1, d_2, \cdots, d_t$ 由 $c_1, c_2, \cdots, c_s, a, e_1, e_2, \cdots, e_r, b, d_1, d_2, \cdots, d_t$ 改变 $2r+1$ 次奇偶性得到，所以它们的奇偶性不同。

定理1.1.2　在全部 $n(n \geqslant 2)$ 级排列中，奇偶排列各占一半。

【证】　设在全部 n 级排列中有 s 个不同的奇排列和 t 个不同的偶排列，需验证 $s = t$。

因为，将每个奇排列的前两个数对换，即可得到 s 个偶排列，从而 $s \leqslant t$；同理可得 $t \leqslant s$，于是 $s = t$。

习题 1-1

1-1 参考答案

1. 求下列排列的逆序数。

(1)$N(41253)$　(2)$N(3712456)$　(3)$N(135\cdots(2n-1)246\cdots(2n))$

2. 要使 9 阶排列 $N(3729i14j5)$ 为偶排列，则 i,j 应为何值？

3. 排列 $n(n-1)(n-2)\cdots321$ 经过多少次相邻两数的对换变成自然顺序排列？

4. 如果排列 $j_1j_2\cdots j_n$ 的逆序数为 I，求排列 $j_nj_{n-1}\cdots j_1$ 的逆序数。

§1.2 行列式的概念

1.2.1 二阶行列式

在初中数学中，已经学习了求解二元一次方程组，现在首先讨论解方程组的问题。

设二元线性方程组

$$\begin{cases} a_{11}x_1 + a_{12}x_2 = b_1 \\ a_{21}x_1 + a_{22}x_2 = b_2 \end{cases}$$

其中 x_1,x_2 为未知量，$a_{11},a_{12},a_{21},a_{22}$ 为未知量的系数，b_1,b_2 为常数项。

利用消元法解线性方程组，可得

$$\begin{cases} (a_{11}a_{22} - a_{12}a_{21})x_1 = a_{22}b_1 - a_{12}b_2 \\ (a_{11}a_{22} - a_{12}a_{21})x_2 = a_{11}b_2 - a_{21}b_1 \end{cases}$$

当 $a_{11}a_{22} - a_{12}a_{21} \neq 0$ 时，求得线性方程组的解为

$$\begin{cases} x_1 = \dfrac{a_{22}b_1 - a_{12}b_2}{a_{11}a_{22} - a_{12}a_{21}} \\ x_2 = \dfrac{a_{11}b_2 - a_{21}b_1}{a_{11}a_{22} - a_{12}a_{21}} \end{cases}$$

这就是一般二元一次线性方程组的公式解，但是这个公式解不好记忆，为了进一步揭示线性方程组解的规律，我们引入二阶行列式的概念。

定义1.2.1 称记号 $D = \begin{vmatrix} a_{11} & a_{12} \\ a_{21} & a_{22} \end{vmatrix} = a_{11}a_{22} - a_{12}a_{21}$ 为二阶行列式。

数 $a_{ij}(i=1,2;j=1,2)$ 称为行列式的元素，元素 a_{ij} 的第一个下标 i 称为行标，表示该元素在第 i 行；第二个下标 j 称为列标，表示该元素在第 j 列。

在二阶行列式中，从左上角到右下角的对角线称为主对角线，从右上角到左下角的对角线称为次对角线。于是，二阶行列式的值刚好等于主对角线上两个元素之积减去次对角线上两个元素之积。

【例 1】 计算二阶行列式 $\begin{vmatrix} 1 & 3 \\ 3 & 2 \end{vmatrix}$ 的值。

【解】 $\begin{vmatrix} 1 & 3 \\ 3 & 2 \end{vmatrix} = 1 \times 2 - 3 \times 3 = -7$。

【例 2】 若 $D = \begin{vmatrix} \lambda^2 & \lambda \\ 3 & 1 \end{vmatrix} = 0$，则 $\lambda =$ ________。

【解】 由于 $D = \begin{vmatrix} \lambda^2 & \lambda \\ 3 & 1 \end{vmatrix} = \lambda^2 - 3\lambda = \lambda(\lambda - 3) = 0$，所以 $\lambda_1 = 0$ 或 $\lambda_2 = 3$。

1.2.2　三阶行列式

类似地，在求解三元线性方程组时，可引入三阶行列式的概念。

定义1.2.2　称符号

$$\begin{vmatrix} a_{11} & a_{12} & a_{13} \\ a_{21} & a_{22} & a_{23} \\ a_{31} & a_{32} & a_{33} \end{vmatrix} = a_{11}a_{22}a_{33} + a_{12}a_{23}a_{31} + a_{21}a_{32}a_{13} - a_{13}a_{22}a_{31} - a_{12}a_{21}a_{33} - a_{23}a_{32}a_{11}$$

为三阶行列式。

不难发现，三阶行列式有3行3列，展开式中包含6项，每一项均为不同行不同列的三个元素的乘积，再按照一定的规则冠以正负号。其展开式可用“对角线法则”或“沙路法则”记忆。

1. 沙路法则

只要将三阶行列式照写，然后其右边依次添上第一列、第二列即可得到

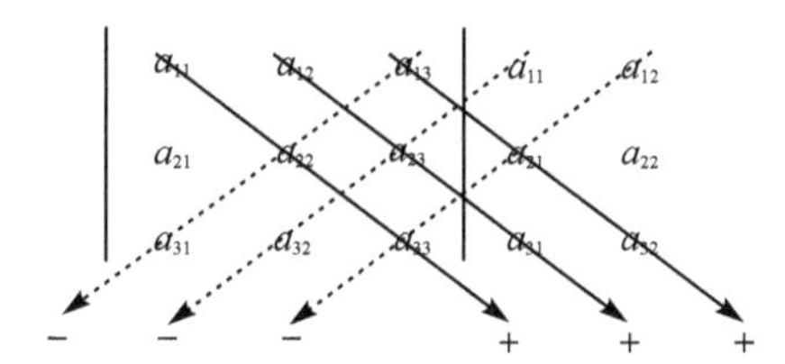

2. 对角线法则

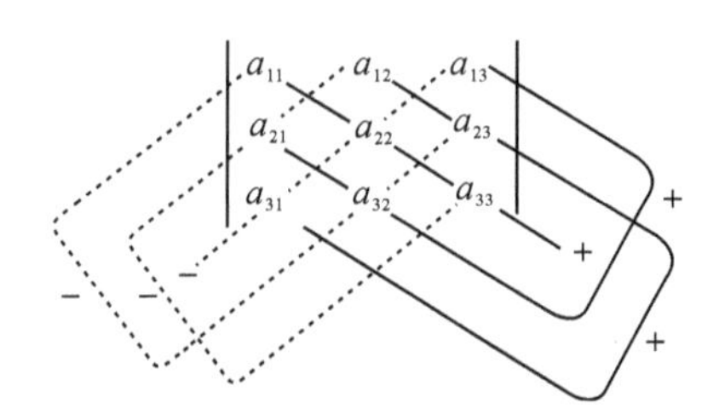

按照对角线法则计算：

$$D = a_{11}a_{22}a_{33} + a_{12}a_{23}a_{31} + a_{13}a_{21}a_{32} - a_{13}a_{22}a_{31} - a_{11}a_{23}a_{32} - a_{12}a_{21}a_{33}$$

【例3】　计算三阶行列式$\begin{vmatrix} 2 & 1 & 2 \\ -4 & 3 & 1 \\ 2 & 3 & 5 \end{vmatrix}$。

【解】

$$\begin{aligned} \begin{vmatrix} 2 & 1 & 2 \\ -4 & 3 & 1 \\ 2 & 3 & 5 \end{vmatrix} &= 2\times3\times5+1\times1\times2+2\times(-4)\times3-2\times3\times2-2\times1\times \\ &\quad 3-1\times(-4)\times5 \\ &= 30+2-24-12-6+20 \\ &= 10 \end{aligned}$$

【例 4】 已知三阶行列式 $\begin{vmatrix} a & 1 & 0 \\ 1 & a & 0 \\ 4 & 0 & 1 \end{vmatrix} = 0$,求 a 的值。

【解】 由

$$\begin{vmatrix} a & 1 & 0 \\ 1 & a & 0 \\ 4 & 0 & 1 \end{vmatrix} = a^2 - 1 = 0$$

解得:$a = \pm 1$。

1.2.3 n 阶行列式的概念

为了把二、三阶行列式的概念推广到一般 n 阶行列式,下面先研究三阶行列式的结构。

三阶行列式定义为

$$\begin{vmatrix} a_{11} & a_{12} & a_{13} \\ a_{21} & a_{22} & a_{23} \\ a_{31} & a_{32} & a_{33} \end{vmatrix} = a_{11}a_{22}a_{33} + a_{12}a_{23}a_{31} + a_{21}a_{32}a_{13} - a_{13}a_{22}a_{31} - a_{12}a_{21}a_{33} - a_{23}a_{32}a_{11}$$

可以看出:

(1) 三阶行列式的每一项都是不同行不同列的三个元素的乘积;

(2) 每一项的三个元素的行标排成自然排列 123 时,列标都是 1,2,3 的某一排列,这样的排列共有 $P_3^3 = 3! = 6$ 种,故三阶行列式共有 6 项;

(3) 带正号的 3 项的列标排列是 123,231,312,经计算其逆序数可知全为偶排列;带负号的 3 项列标排列是 132,213,321,经计算其逆序数可知都是奇排列。

因此三阶行列式可写为

$$\begin{vmatrix} a_{11} & a_{12} & a_{13} \\ a_{21} & a_{22} & a_{23} \\ a_{31} & a_{32} & a_{33} \end{vmatrix} = \sum (-1)^{N(j_1 j_2 j_3)} a_{1j_1} a_{2j_2} a_{3j_3}$$

定义1.2.3 将 n^2 个数 a_{ij} $(i, j = 1,2,3,\cdots,n)$ 排成 n 行 n 列,在其左右两侧加两条竖线

$$\begin{vmatrix} a_{11} & a_{12} & \cdots & a_{1n} \\ a_{21} & a_{22} & \cdots & a_{2n} \\ \vdots & \vdots & & \vdots \\ a_{n1} & a_{n2} & \cdots & a_{nn} \end{vmatrix}$$

称之为 n 阶行列式,简记为 $\det(a_{ij})$ 或 $|a_{ij}|$。

注：

1. n 阶行列式的展开式共有 $n!$ 项，其中每一项都是位于不同行不同列的 n 个元素的乘积。

2. 类似于三阶行列式，n 阶行列式展开成以下形式：

$$\begin{vmatrix} a_{11} & a_{12} & \cdots & a_{1n} \\ a_{21} & a_{22} & \cdots & a_{2n} \\ \vdots & \vdots & & \vdots \\ a_{n1} & a_{n2} & \cdots & a_{nn} \end{vmatrix} = \sum (-1)^{N(j_1 j_2 \cdots j_n)} a_{1j_1} a_{2j_2} \cdots a_{nj_n}$$

其中，$j_1 j_2 \cdots j_n$ 是 $1,2,3,\cdots,n$ 的一个排列，当 $j_1 j_2 \cdots j_n$ 是偶排列时，该项带正号；当 $j_1 j_2 \cdots j_n$ 是奇排列时，该项带负号，称 $(-1)^{N(j_1 j_2 \cdots j_n)} a_{1j_1} a_{2j_2} \cdots a_{nj_n}$ 为行列式的一般项。

3. 一阶行列式 $|a| = a$，不要与绝对值混淆。

【例 5】　计算四阶行列式：

$$D = \begin{vmatrix} 0 & 0 & 0 & 1 \\ 0 & 0 & 2 & 0 \\ 0 & 3 & 0 & 0 \\ 4 & 0 & 0 & 0 \end{vmatrix}$$

【解】　四阶行列式 D 的一般项为

$$(-1)^{N(j_1 j_2 j_3 j_4)} a_{1j_1} a_{2j_2} a_{3j_3} a_{4j_4}$$

D 中第 1 行的非零元素只有 a_{14}，因而 j_1 只能取 4，即 $j_1 = 4$，同理可知，$j_2 = 3$，$j_3 = 2$，$j_4 = 1$，所以行列式 D 中的非零项只有一项。

$$D = (-1)^{N(4321)} a_{14} a_{23} a_{32} a_{41} = (-1)^6 \cdot 1 \cdot 2 \cdot 3 \cdot 4 = 24$$

【例 6】　在五阶行列式展开式中，$a_{23} a_{14} a_{42} a_{35} a_{51}$ 的符号为________（填“正号”或“负号”）。

【解】　第一步：将 $a_{23} a_{14} a_{42} a_{35} a_{51}$ 按照行标由小到大排列，即 $a_{14} a_{23} a_{35} a_{42} a_{51}$；

第二步：计算列标排列的逆序数，即 $N(43521) = 7$；

第三步：由于 7 为奇数，故它的符号为负号。

【例 7】　判断乘积 $a_{52} a_{34} a_{22} a_{41} a_{13}$ 是否为五阶行列式的项。

【解】　由于行列式的项都是来自不同行不同列的元素乘积，所以只需判断乘积 $a_{52} a_{34} a_{22} a_{41} a_{13}$ 的五个元素是否有同行或者同列的情况。判断方法是，先看行标是否有 1，2，3，4，5；再看列标是否也有 1，2，3，4，5。不难发现，乘积 $a_{52} a_{34} a_{22} a_{41} a_{13}$ 的列标为 2，4，2，1，3，没有 5，所以乘积 $a_{52} a_{34} a_{22} a_{41} a_{13}$ 不是五阶行列式的项。

1.2.4　三角形行列式

定义1.2.4　主对角线上侧的元素全为零的行列式称为下三角形行列式，主对角线下侧的元素全为零的行列式称为上三角形行列式，它们的值都等于主对角线上的元素的乘积。即

$$\begin{vmatrix} a_{11} & 0 & \cdots & 0 \\ a_{21} & a_{22} & \cdots & 0 \\ \vdots & \vdots & & \vdots \\ a_{n1} & a_{n2} & \cdots & a_{nn} \end{vmatrix} = \begin{vmatrix} a_{11} & a_{12} & \cdots & a_{1n} \\ 0 & a_{22} & \cdots & a_{2n} \\ \vdots & \vdots & & \vdots \\ 0 & 0 & \cdots & a_{nn} \end{vmatrix} = a_{11}a_{22}\cdots a_{nn}$$

1.2.5 对角形行列式

定义1.2.5 主对角线以外的元素都为零的行列式称为对角形行列式，其值也等于主对角线元素的乘积。

$$\begin{vmatrix} a_{11} & 0 & \cdots & 0 \\ 0 & a_{22} & \cdots & 0 \\ \vdots & \vdots & & \vdots \\ 0 & 0 & \cdots & a_{nn} \end{vmatrix} = a_{11}a_{22}\cdots a_{nn}$$

1.2.6 对称行列式和反对称行列式

定义1.2.6 在行列式 D 中，若 $a_{ij} = a_{ji}$，则称 D 为对称行列式，若 $a_{ij} = -a_{ji}$，称 D 为反对称行列式。

例如，$\begin{vmatrix} 1 & 2 & 2 \\ 2 & 4 & 2 \\ 2 & 2 & 3 \end{vmatrix}$ 是对称行列式，$\begin{vmatrix} 0 & -2 & -2 \\ 2 & 0 & -2 \\ 2 & 2 & 0 \end{vmatrix}$ 是反对称行列式。

习题 1-2

1. 计算下列二阶行列式。

(1) $\begin{vmatrix} \sqrt{3}-1 & 3 \\ 2 & \sqrt{3}+1 \end{vmatrix}$　(2) $\begin{vmatrix} \sin a & \cos a \\ -\cos a & \sin a \end{vmatrix}$　(3) $\begin{vmatrix} x-1 & x \\ x^2 & x^2+x+1 \end{vmatrix}$

2. 计算下列三阶行列式。

(1) $\begin{vmatrix} 1 & -3 & 1 \\ -2 & 1 & -1 \\ 1 & 2 & 1 \end{vmatrix}$　(2) $\begin{vmatrix} 0 & 0 & x \\ 0 & y & z \\ z & x & y \end{vmatrix}$　(3) $\begin{vmatrix} 0 & a & 0 \\ b & 0 & d \\ 0 & c & 0 \end{vmatrix}$

(4) $\begin{vmatrix} 1 & -2 & 1 \\ -3 & 1 & 2 \\ 1 & -1 & 1 \end{vmatrix}$　(5) $\begin{vmatrix} 1 & -2 & 1 \\ 1 & -1 & 1 \\ -3 & 1 & 2 \end{vmatrix}$　(6) $\begin{vmatrix} 1 & -2 & 1 \\ 4 & -4 & 4 \\ -3 & 1 & 2 \end{vmatrix}$

3. 解方程 $\begin{vmatrix} 1 & 1 & 1 \\ 2 & 3 & x \\ 4 & 9 & x^2 \end{vmatrix} = 0$。

4. 当 x 取何值时，$\begin{vmatrix} x-1 & 4 & 2 \\ -2 & x & x \\ 4 & 2 & 1 \end{vmatrix} > 0$?

1-2 参考答案

§1.3 行列式的性质

由行列式的定义可知，当 n 较大时，用定义计算行列式的值时，运算量很大，我们希望首先将行列式化简，再计算行列式的值。化简行列式的依据就是它的性质。

设 n 阶行列式

$$D = \begin{vmatrix} a_{11} & a_{12} & \cdots & a_{1n} \\ a_{21} & a_{22} & \cdots & a_{2n} \\ \vdots & \vdots & & \vdots \\ a_{n1} & a_{n2} & \cdots & a_{nn} \end{vmatrix}$$

将行列式的行与列互换，得到新的行列式，记为

$$D^{\mathrm{T}} = \begin{vmatrix} a_{11} & a_{21} & \cdots & a_{n1} \\ a_{12} & a_{22} & \cdots & a_{n2} \\ \vdots & \vdots & & \vdots \\ a_{1n} & a_{2n} & \cdots & a_{nn} \end{vmatrix}$$

称 D^{T} 为 D 的转置行列式。

【性质 1】 行列式与它的转置行列式相等，即 $D^{\mathrm{T}} = D$。

【证】 设 $D = \det(a_{ij})$ 的转置行列式为

$$D^{\mathrm{T}} = \begin{vmatrix} b_{11} & b_{12} & \cdots & b_{1n} \\ b_{21} & b_{22} & \cdots & b_{2n} \\ \vdots & \vdots & & \vdots \\ b_{n1} & b_{n2} & \cdots & b_{nn} \end{vmatrix}$$

即 $b_{ij} = a_{ji}(i,j = 1,2,\cdots,n)$，根据行列式的定义

$$\begin{aligned} D^{\mathrm{T}} &= \sum (-1)^{N(p_1 p_2 \cdots p_n)} b_{1p_1} b_{2p_2} \cdots b_{np_n} \\ &= \sum (-1)^{N(p_1 p_2 \cdots p_n)} a_{p_1 1} a_{p_2 2} \cdots a_{p_n n} \\ &= D \end{aligned}$$

性质 1 说明行列式的行和列具有同等地位，因而凡是对行成立的性质，对列也一样成立，反之亦然。因此下面所讨论的行列式的性质，只对行的情形加以证明。

【性质 2】 行列式的某一行(列)的元素全为零，行列式的值为零。即

$$D = \begin{vmatrix} a_{11} & a_{12} & \cdots & a_{1n} \\ a_{21} & a_{22} & \cdots & a_{2n} \\ \vdots & \vdots & & \vdots \\ 0 & 0 & \cdots & 0 \\ \vdots & \vdots & & \vdots \\ a_{n1} & a_{n2} & \cdots & a_{nn} \end{vmatrix} = 0$$

【证】 根据 n 阶行列式的定义：

$$D=\sum(-1)^{N(p_1p_2\cdots p_n)}a_{1p_1}a_{2p_2}\cdots(0)\cdots a_{np_n}=0$$

【性质 3】 交换行列式的任意两行(列)，行列式的值变号(记号：$r_i\leftrightarrow r_j/c_i\leftrightarrow c_j$)。

【证】 设行列式

$$D=\begin{vmatrix} a_{11} & a_{12} & \cdots & a_{1n} \\ a_{21} & a_{22} & \cdots & a_{2n} \\ \vdots & \vdots & & \vdots \\ a_{i1} & a_{i2} & \cdots & a_{in} \\ \vdots & \vdots & & \vdots \\ a_{j1} & a_{j2} & \cdots & a_{jn} \\ \vdots & \vdots & & \vdots \\ a_{n1} & a_{n2} & \cdots & a_{nn} \end{vmatrix}$$

交换 i,j 两行得到

$$D_1=\begin{vmatrix} a_{11} & a_{12} & \cdots & a_{1n} \\ a_{21} & a_{22} & \cdots & a_{2n} \\ \vdots & \vdots & & \vdots \\ a_{j1} & a_{j2} & \cdots & a_{jn} \\ \vdots & \vdots & & \vdots \\ a_{i1} & a_{i2} & \cdots & a_{in} \\ \vdots & \vdots & & \vdots \\ a_{n1} & a_{n2} & \cdots & a_{nn} \end{vmatrix}$$

由行列式的定义可知

$$D=\sum(-1)^{N(p_1p_2\cdots p_i\cdots p_j\cdots p_n)}a_{1p_1}a_{2p_2}\cdots a_{ip_i}\cdots a_{jp_j}\cdots a_{np_n}$$

与之对应的

$$D_1=\sum(-1)^{N(p_1p_2\cdots p_j\cdots p_i\cdots p_n)}a_{1p_1}a_{2p_2}\cdots a_{jp_j}\cdots a_{ip_i}\cdots a_{np_n}$$

由于$(-1)^{N(p_1p_2\cdots p_i\cdots p_j\cdots p_n)}=(-1)(-1)^{N(p_1p_2\cdots p_j\cdots p_i\cdots p_n)}$，所以 $D=-D_1$。

【推论 1】 若行列式中有两行(列)的对应元素相同，则此行列式的值为零。

【性质 4】 用数 k 乘行列式的某一行(列)等于用数 k 乘此行列式(记号：$r\times k/c\times k$)，即

$$D_1=\begin{vmatrix} a_{11} & a_{12} & \cdots & a_{1n} \\ a_{21} & a_{22} & \cdots & a_{2n} \\ \vdots & \vdots & & \vdots \\ ka_{i1} & ka_{i2} & \cdots & ka_{in} \\ \vdots & \vdots & & \vdots \\ a_{n1} & a_{n2} & \cdots & a_{nn} \end{vmatrix}=k\begin{vmatrix} a_{11} & a_{12} & \cdots & a_{1n} \\ a_{21} & a_{22} & \cdots & a_{2n} \\ \vdots & \vdots & & \vdots \\ a_{i1} & a_{i2} & \cdots & a_{in} \\ \vdots & \vdots & & \vdots \\ a_{n1} & a_{n2} & \cdots & a_{nn} \end{vmatrix}=kD$$

【证】 根据 n 阶行列式的定义：

$$
\begin{aligned}
D_1 &= \sum(-1)^{N(p_1p_2\cdots p_n)}a_{1p_1}a_{2p_2}\cdots(ka_{ip_i})\cdots a_{np_n} \\
&= k\sum(-1)^{N(p_1p_2\cdots p_n)}a_{1p_1}a_{2p_2}\cdots a_{ip_i}\cdots a_{np_n} \\
&= kD
\end{aligned}
$$

【推论 2】　行列式的某一行(列)中所有元素的公因子可以提到行列式符号的外面。

【推论 3】　行列式中若有两行(列)成比例,则行列式的值为零。

【性质 5】　若行列式的某一行(列)的元素都是两数之和,则这个行列式等于两个行列式之和。即

$$
D=\begin{vmatrix} a_{11} & a_{12} & \cdots & a_{1n} \\ a_{21} & a_{22} & \cdots & a_{2n} \\ \vdots & \vdots & & \vdots \\ b_{i1}+c_{i1} & b_{i2}+c_{i2} & \cdots & b_{in}+c_{in} \\ \vdots & \vdots & & \vdots \\ a_{n1} & a_{n2} & \cdots & a_{nn} \end{vmatrix}=\begin{vmatrix} a_{11} & a_{12} & \cdots & a_{1n} \\ a_{21} & a_{22} & \cdots & a_{2n} \\ \vdots & \vdots & & \vdots \\ b_{i1} & b_{i2} & \cdots & b_{in} \\ \vdots & \vdots & & \vdots \\ a_{n1} & a_{n2} & \cdots & a_{nn} \end{vmatrix}+\begin{vmatrix} a_{11} & a_{12} & \cdots & a_{1n} \\ a_{21} & a_{22} & \cdots & a_{2n} \\ \vdots & \vdots & & \vdots \\ c_{i1} & c_{i2} & \cdots & c_{in} \\ \vdots & \vdots & & \vdots \\ a_{n1} & a_{n2} & \cdots & a_{nn} \end{vmatrix}
$$

$$=D_1+D_2$$

【证】　根据 n 阶行列式的定义

$$
\begin{aligned}
D &= \sum(-1)^{N(p_1p_2\cdots p_n)}a_{1p_1}a_{2p_2}\cdots(b_{ip_i}+c_{ip_i})\cdots a_{np_n} \\
&= \sum(-1)^{N(p_1p_2\cdots p_n)}a_{1p_1}a_{2p_2}\cdots b_{ip_i}\cdots a_{np_n}+\sum(-1)^{N(p_1p_2\cdots p_n)}a_{1p_1}a_{2p_2}\cdots c_{ip_i}\cdots a_{np_n} \\
&= D_1+D_2
\end{aligned}
$$

【性质 6】　将行列式的某一行(列)的 k 倍加到另外一行(列),行列式的值不变(记号:kr_i+r_j),即

$$
D=\begin{vmatrix} a_{11} & a_{12} & \cdots & a_{1n} \\ a_{21} & a_{22} & \cdots & a_{2n} \\ \vdots & \vdots & & \vdots \\ a_{i1} & a_{i2} & \cdots & a_{in} \\ \vdots & \vdots & & \vdots \\ a_{j1} & a_{j2} & \cdots & a_{jn} \\ \vdots & \vdots & & \vdots \\ a_{n1} & a_{n2} & \cdots & a_{nn} \end{vmatrix}=\begin{vmatrix} a_{11} & a_{12} & \cdots & a_{1n} \\ a_{21} & a_{22} & \cdots & a_{2n} \\ \vdots & \vdots & & \vdots \\ a_{i1} & a_{i2} & \cdots & a_{in} \\ \vdots & \vdots & & \vdots \\ a_{j1}+ka_{i1} & a_{j2}+ka_{i2} & \cdots & a_{jn}+ka_{in} \\ \vdots & \vdots & & \vdots \\ a_{n1} & a_{n2} & \cdots & a_{nn} \end{vmatrix}
$$

【证】　由性质 5 可知

$$
D_1=\begin{vmatrix} a_{11} & a_{12} & \cdots & a_{1n} \\ a_{21} & a_{22} & \cdots & a_{2n} \\ \vdots & \vdots & & \vdots \\ a_{i1} & a_{i2} & \cdots & a_{in} \\ \vdots & \vdots & & \vdots \\ a_{j1}+ka_{i1} & a_{j2}+ka_{i2} & \cdots & a_{jn}+ka_{in} \\ \vdots & \vdots & & \vdots \\ a_{n1} & a_{n2} & \cdots & a_{nn} \end{vmatrix}=\begin{vmatrix} a_{11} & a_{12} & \cdots & a_{1n} \\ a_{21} & a_{22} & \cdots & a_{2n} \\ \vdots & \vdots & & \vdots \\ a_{i1} & a_{i2} & \cdots & a_{in} \\ \vdots & \vdots & & \vdots \\ a_{j1} & a_{j2} & \cdots & a_{jn} \\ \vdots & \vdots & & \vdots \\ a_{n1} & a_{n2} & \cdots & a_{nn} \end{vmatrix}+\begin{vmatrix} a_{11} & a_{12} & \cdots & a_{1n} \\ a_{21} & a_{22} & \cdots & a_{2n} \\ \vdots & \vdots & & \vdots \\ a_{i1} & a_{i2} & \cdots & a_{in} \\ \vdots & \vdots & & \vdots \\ ka_{i1} & ka_{i2} & \cdots & ka_{in} \\ \vdots & \vdots & & \vdots \\ a_{n1} & a_{n2} & \cdots & a_{nn} \end{vmatrix}
$$

$$=D+0=D$$

§1.4 行列式的展开

一般来说,计算低阶行列式比计算高阶行列式简单,所以计算行列式的另一个思路就是把高阶行列式化为低阶行列式来计算,其依据就是行列式的展开。

1.4.1 余子式和代数余子式

定义1.4.1 在 n 阶行列式 D 中,划掉元素 $a_{ij}(1 \leqslant i \leqslant n, 1 \leqslant j \leqslant n)$ 所在的第 i 行和第 j 列的元素,剩下的元素按原来的顺序构成一个 $n-1$ 阶行列式,称为元素 a_{ij} 的余子式,记为 M_{ij}。称 $(-1)^{i+j}M_{ij}$ 为元素 a_{ij} 的代数余子式,记作 $A_{ij} = (-1)^{i+j}M_{ij}$。

【例 1】 已知四阶行列式 $D = \begin{vmatrix} 1 & -1 & -4 & 0 \\ 5 & 8 & 2 & 7 \\ -2 & 7 & 5 & -3 \\ 5 & 0 & 6 & 4 \end{vmatrix}$,求元素 $a_{23} = 2$ 的余子式 M_{23} 与代数余子式 A_{23}。

【解】 在四阶行列式 D 中,划掉 $a_{23} = 2$ 所在的第 2 行和第 3 列的元素,构成 $a_{23} = 2$ 的余子式:

$$M_{23} = \begin{vmatrix} 1 & -1 & 0 \\ -2 & 7 & -3 \\ 5 & 0 & 4 \end{vmatrix} = 28 + 15 + 0 - 0 - 0 - 8 = 35$$

元素 $a_{23} = 2$ 的代数余子式为

$$A_{23} = (-1)^{2+3}M_{23} = -35$$

1.4.2 行列式展开定理

引理 一个 n 阶行列式 D,若第 i 行元素除了 a_{ij} 外都为 0,则该行列式等于 a_{ij} 与它的代数余子式的乘积,即 $D = a_{ij}A_{ij}$。

【证】 先证 a_{ij} 位于 a_{11} 的情形,这时

$$D_1 = \begin{vmatrix} a_{11} & 0 & \cdots & 0 \\ a_{21} & a_{22} & \cdots & a_{2n} \\ \vdots & \vdots & & \vdots \\ a_{n1} & a_{n2} & \cdots & a_{nn} \end{vmatrix}$$

因为 D 的一般项中每一项都含有第一行的元素,而第一行除了 $a_{11} \neq 0$ 外,其余元素都为 0,所以

$$D_1 = \sum [(-1)^{N(1j_2j_3\cdots j_n)} a_{11}a_{2j_2}a_{3j_3}\cdots a_{nj_n}] = a_{11}\sum [(-1)^{N(j_2j_3\cdots j_n)} a_{2j_2}a_{3j_3}\cdots a_{nj_n}]$$

等号右边中括号内恰好为余子式 M_{11},代数余子式 $A_{11} = (-1)^{1+1}M_{11} = M_{11}$,这时就有 $D_1 = a_{11}A_{11}$。

再证 a_{ij} 的一般情形，这时

$$D_2 = \begin{vmatrix} a_{11} & a_{12} & \cdots & a_{1j} & \cdots & a_{1n} \\ a_{21} & a_{22} & \cdots & a_{2j} & \cdots & a_{2n} \\ \vdots & \vdots & & \vdots & & \vdots \\ 0 & 0 & \cdots & a_{ij} & \cdots & 0 \\ \vdots & \vdots & & \vdots & & \vdots \\ a_{n1} & a_{n2} & \cdots & a_{nj} & \cdots & a_{nn} \end{vmatrix}$$

使用行列式的性质，交换行或列，将 a_{ij} 调至 a_{11} 的位置，共经过 $i+j-2$ 次交换，得到

$$D_2 = (-1)^{i+j-2}D_1 = (-1)^{i+j}D_1 = (-1)^{i+j}a_{ij}M_{11}$$

元素 a_{ij} 在 D_2 中的余子式 M_{ij} 和元素 a_{ij} 在 D_1 中的余子式 M_{11} 是一样的，所以就有

$$D_2 = (-1)^{i+j}a_{ij}M_{11} = (-1)^{i+j}a_{ij}M_{ij} = a_{ij}A_{ij}。$$

定理1.4.1 n 阶行列式等于其任意一行（列）各元素与其代数余子式乘积之和，即

$$D = a_{i1}A_{i1} + a_{i2}A_{i2} + \cdots + a_{in}A_{in}(i = 1,2,\cdots,n)$$
$$D = a_{1j}A_{1j} + a_{2j}A_{2j} + \cdots + a_{nj}A_{nj}(j = 1,2,\cdots,n)$$

【证】 只证明行的情形。

$$D = \begin{vmatrix} a_{11} & a_{12} & \cdots & a_{1n} \\ a_{21} & a_{22} & \cdots & a_{2n} \\ \vdots & \vdots & & \vdots \\ a_{i1}+0+\cdots+0 & 0+a_{i2}+\cdots+0 & \cdots & 0+\cdots+0+a_{in} \\ \vdots & \vdots & & \vdots \\ a_{n1} & a_{n2} & \cdots & a_{nn} \end{vmatrix} \text{（对第 } i \text{ 行运用性质 5）}$$

$$= \begin{vmatrix} a_{11} & a_{12} & \cdots & a_{1n} \\ a_{21} & a_{22} & \cdots & a_{2n} \\ \vdots & \vdots & & \vdots \\ a_{i1} & 0 & \cdots & 0 \\ \vdots & \vdots & & \vdots \\ a_{n1} & a_{n2} & \cdots & a_{nn} \end{vmatrix} + \begin{vmatrix} a_{11} & a_{12} & \cdots & a_{1n} \\ a_{21} & a_{22} & \cdots & a_{2n} \\ \vdots & \vdots & & \vdots \\ 0 & a_{i2} & \cdots & 0 \\ \vdots & \vdots & & \vdots \\ a_{n1} & a_{n2} & \cdots & a_{nn} \end{vmatrix} + \cdots + \begin{vmatrix} a_{11} & a_{12} & \cdots & a_{1n} \\ a_{21} & a_{22} & \cdots & a_{2n} \\ \vdots & \vdots & & \vdots \\ 0 & 0 & \cdots & a_{in} \\ \vdots & \vdots & & \vdots \\ a_{n1} & a_{n2} & \cdots & a_{nn} \end{vmatrix}$$

$$= a_{i1}A_{i1} + a_{i2}A_{i2} + \cdots + a_{in}A_{in}(i = 1,2,\cdots,n)$$

定理1.4.2 n 阶行列式的某一行（列）元素与另外一行（列）元素的代数余子式乘积之和等于 0，即

$$a_{i1}A_{s1} + a_{i2}A_{s2} + \cdots + a_{in}A_{sn} = 0 \quad (i \neq s; i,s = 1,2,\cdots,n)。$$
$$a_{1j}A_{1s} + a_{2j}A_{2s} + \cdots + a_{nj}A_{ns} = 0 \quad (j \neq s; j,s = 1,2,\cdots,n)。$$

【证】 只证明行的情形。

将原行列式 D 中的第 s 行元素换成第 i 行元素（$i \neq s$），得到具有两行元素相同的行列式 D_1，根据定理 1.4.1 和行列式的性质，有 $D_1 = a_{i1}A_{s1} + a_{i2}A_{s2} + \cdots + a_{in}A_{sn} = 0$。

定理 1.4.1 和定理 1.4.2 可以合并写成

$$a_{i1}A_{s1}+a_{i2}A_{s2}+\cdots+a_{in}A_{sn}=\begin{cases}D & i=s\\0 & i\neq s\end{cases}$$

或

$$a_{1j}A_{1s}+a_{2j}A_{2s}+\cdots+a_{nj}A_{ns}=\begin{cases}D & j=s\\0 & j\neq s\end{cases}$$

【例 2】 试按第 3 列展开计算行列式 $D=\begin{vmatrix}2&3&4&1\\7&2&5&2\\1&1&1&1\\3&1&4&3\end{vmatrix}$。

【解】 将 D 按第 3 列展开

$$D=a_{13}A_{13}+a_{23}A_{23}+a_{33}A_{33}+a_{43}A_{43}$$

其中 $a_{13}=4,a_{23}=5,a_{33}=1,a_{43}=4$。

$$A_{13}=(-1)^{1+3}\begin{vmatrix}7&2&2\\1&1&1\\3&1&3\end{vmatrix}=10\qquad A_{23}=(-1)^{2+3}\begin{vmatrix}2&3&1\\1&1&1\\3&1&3\end{vmatrix}=-2$$

$$A_{33}=(-1)^{3+3}\begin{vmatrix}2&3&1\\7&2&2\\3&1&3\end{vmatrix}=-36\qquad A_{43}=(-1)^{4+3}\begin{vmatrix}2&3&1\\7&2&2\\1&1&1\end{vmatrix}=10$$

所以

$$D=4\times10+5\times(-2)+1\times(-36)+4\times10=34$$

【例 3】 设行列式

$$D=\begin{vmatrix}2&3&4&1\\7&2&5&2\\1&3&6&8\\3&1&4&3\end{vmatrix}$$

求：(1)$3A_{31}+A_{32}+4A_{33}+3A_{34}$ (2)$A_{31}+A_{32}+A_{33}+A_{34}$

【解】 (1) 不难发现系数 3、1、4、3 恰好是行列式 D 的第 4 行元素，根据定理 1.4.1 有：

$$3A_{31}+A_{32}+4A_{33}+3A_{34}=a_{41}A_{31}+a_{42}A_{32}+a_{43}A_{33}+a_{44}A_{34}=0$$

(2) 根据定理 1.4.1 和例 2 的结果有：

$$A_{31}+A_{32}+A_{33}+A_{34}=\begin{vmatrix}2&3&4&1\\7&2&5&2\\1&1&1&1\\3&1&4&3\end{vmatrix}=34$$

【例 4】 已知四阶行列式 $D=\begin{vmatrix}1&2&3&4\\3&3&4&4\\1&5&6&7\\1&1&2&2\end{vmatrix}=-6$，求 $A_{41}+A_{42}$ 和 $A_{43}+A_{44}$。

【解】 根据定理 1.4.1，将行列式 D 按第 4 行展开，可得：

$$D=A_{41}+A_{42}+2A_{43}+2A_{44}=(A_{41}+A_{42})+2(A_{43}+A_{44})=-6\qquad(1)$$

再根据定理 1.4.2，可得：

$$D = 3A_{41} + 3A_{42} + 4A_{43} + 4A_{44} = 3(A_{41} + A_{42}) + 4(A_{43} + A_{44}) = 0 \quad (2)$$

由方程(1)、(2) 求得：

$$A_{41} + A_{42} = 12, A_{43} + A_{44} = -9$$

1.4.3 拉普拉斯展开定理

在介绍拉普拉斯展开定理之前，先把行列式的余子式和代数余子式的概念加以推广。

定义1.4.2　在 n 阶行列式中任取 k 行 k 列($k \leqslant n$)，位于这些行和列的交叉点处的 k^2 个元素按它们在原行列式中的相对位置组成的 k 阶子式 N，称为 **D 的一个 k 阶子式**。

定义1.4.3　在 D 中，划去 N 所在行和列，由剩下的元素按它们在原行列式中的相对位置组成的 $n-k$ 阶行列式 M，称为 **N 的余子式**。如果 N 的行和列在 D 中的行标和列标分别为 $i_1, i_2, \cdots, i_k$ 和 $j_1, j_2, \cdots, j_k$，则 **$(-1)^{(i_1+i_2+\cdots+i_k)+(j_1+j_2+\cdots+j_k)}M$ 称为 N 的代数余子式**，记作 A。

【例 5】　在五阶行列式中 $D = \begin{vmatrix} -1 & 2 & 5 & 0 & 6 \\ 3 & 7 & -2 & 1 & 4 \\ 2 & 0 & -3 & 2 & -5 \\ 4 & -9 & 4 & -3 & 0 \\ -5 & 1 & 2 & 4 & 3 \end{vmatrix}$ 中，取第 2,4 行和 1,4 列，则 $N = \begin{vmatrix} 3 & 1 \\ 4 & -3 \end{vmatrix}$ 是 D 的一个二阶子式。$M = \begin{vmatrix} 2 & 5 & 6 \\ 0 & -3 & -5 \\ 1 & 2 & 3 \end{vmatrix} = -5$ 是 N 的余子式，$A = (-1)^{(2+4)+(1+4)}M = -M = 5$ 是 N 的代数余子式。

说明：一个 n 阶行列式中共有 $(C_n^k)^2$ 个 k 阶子式，取定了 D 的某 k 行(列)($1 < k < n$)后，位于这 k 行(列) 的 k 阶子式共有 $t = C_n^k$ 个。

定理1.4.3　拉普拉斯展开定理

设在 n 阶行列式 D 中取定某 k 行($1 < k < n$)，则 D 等于位于这 k 行的所有 k 阶子式 $N_i(i = 1,2,\cdots,t)$ 与它的各自对应的代数余子式 A_i 的乘积之和，即

$$D = N_1A_1 + N_2A_2 + \cdots + N_tA_t = \sum_{i=1}^{t} N_iA_i$$

其中 $t = C_n^k$。

【例 6】　计算五阶行列式

$$D = \begin{vmatrix} 1 & 2 & 0 & 0 & 1 \\ 0 & 1 & 2 & 3 & 0 \\ 1 & 3 & 0 & 0 & 0 \\ 0 & 2 & 2 & 1 & 0 \\ 0 & 3 & 4 & 1 & 3 \end{vmatrix}$$

【解】 D的第1,3行中0较多,对D的第1,3行用拉普拉斯展开定理,在第1,3行中共有10个二阶子式,其中有7个为0,不为0的二阶子式是

$$N_1=\begin{vmatrix}1&2\\1&3\end{vmatrix}=1,\ N_2=\begin{vmatrix}1&1\\1&0\end{vmatrix}=-1,\ N_3=\begin{vmatrix}2&1\\3&0\end{vmatrix}=-3$$

它们对应的代数余子式分别是

$$A_1=-\begin{vmatrix}2&3&0\\2&1&0\\4&1&3\end{vmatrix}=12,\ A_2=\begin{vmatrix}1&2&3\\2&2&1\\3&4&1\end{vmatrix}=6,\ A_3=-\begin{vmatrix}0&2&3\\0&2&1\\0&4&1\end{vmatrix}=0$$

所以

$$D=N_1A_1+N_2A_2+N_3A_3=1\times 12+(-1)\times 6=6$$

【例7】 证明$\begin{vmatrix}a_{11}&a_{12}&0&0\\a_{21}&a_{22}&0&0\\c_{11}&c_{12}&b_{11}&b_{12}\\c_{21}&c_{22}&b_{21}&b_{22}\end{vmatrix}=\begin{vmatrix}a_{11}&a_{12}\\a_{21}&a_{22}\end{vmatrix}\begin{vmatrix}b_{11}&b_{12}\\b_{21}&b_{22}\end{vmatrix}$。

【证】 对等式左边行列式按第一行展开,得:

$$\begin{vmatrix}a_{11}&a_{12}&0&0\\a_{21}&a_{22}&0&0\\c_{11}&c_{12}&b_{11}&b_{12}\\c_{21}&c_{22}&b_{21}&b_{22}\end{vmatrix}=a_{11}\begin{vmatrix}a_{22}&0&0\\c_{12}&b_{11}&b_{12}\\c_{22}&b_{21}&b_{22}\end{vmatrix}-a_{12}\begin{vmatrix}a_{21}&0&0\\c_{11}&b_{11}&b_{12}\\c_{12}&b_{21}&b_{22}\end{vmatrix}$$

$$=a_{11}a_{22}\begin{vmatrix}b_{11}&b_{12}\\b_{21}&b_{22}\end{vmatrix}-a_{12}a_{21}\begin{vmatrix}b_{11}&b_{12}\\b_{21}&b_{22}\end{vmatrix}$$

$$=(a_{11}a_{22}-a_{12}a_{21})\begin{vmatrix}b_{11}&b_{12}\\b_{21}&b_{22}\end{vmatrix}$$

$$=\begin{vmatrix}a_{11}&a_{12}\\a_{21}&a_{22}\end{vmatrix}\begin{vmatrix}b_{11}&b_{12}\\b_{21}&b_{22}\end{vmatrix}$$

此结论可以扩展到一般形式:

定理1.4.4 拉普拉斯展开式的特殊形式:

$$\begin{vmatrix}a_{11}&a_{12}&\cdots&a_{1n}&0&0&\cdots&0\\a_{21}&a_{22}&\cdots&a_{2n}&0&0&\cdots&0\\\vdots&\vdots&&\vdots&\vdots&\vdots&&\vdots\\a_{n1}&a_{n2}&\cdots&a_{nn}&0&0&\cdots&0\\c_{11}&c_{12}&\cdots&c_{1n}&b_{11}&b_{12}&\cdots&b_{1n}\\c_{21}&c_{22}&\cdots&c_{2n}&b_{21}&b_{22}&\cdots&b_{2n}\\\vdots&\vdots&&\vdots&\vdots&\vdots&&\vdots\\c_{n1}&c_{n2}&\cdots&c_{nn}&b_{n1}&b_{n2}&\cdots&b_{nn}\end{vmatrix}=\begin{vmatrix}a_{11}&a_{12}&\cdots&a_{1n}&c_{11}&c_{12}&\cdots&c_{1n}\\a_{21}&a_{22}&\cdots&a_{2n}&c_{21}&c_{22}&\cdots&c_{2n}\\\vdots&\vdots&&\vdots&\vdots&\vdots&&\vdots\\a_{n1}&a_{n2}&\cdots&a_{nn}&c_{n1}&c_{n2}&\cdots&c_{nn}\\0&0&\cdots&0&b_{11}&b_{12}&\cdots&b_{1n}\\0&0&\cdots&0&b_{21}&b_{22}&\cdots&b_{2n}\\\vdots&\vdots&&\vdots&\vdots&\vdots&&\vdots\\0&0&\cdots&0&b_{n1}&b_{n2}&\cdots&b_{nn}\end{vmatrix}=$$

$$\begin{vmatrix}a_{11}&a_{12}&\cdots&a_{1n}\\a_{21}&a_{22}&\cdots&a_{2n}\\\vdots&\vdots&&\vdots\\a_{n1}&a_{n2}&\cdots&a_{nn}\end{vmatrix}\begin{vmatrix}b_{11}&b_{12}&\cdots&b_{1n}\\b_{21}&b_{22}&\cdots&b_{2n}\\\vdots&\vdots&&\vdots\\b_{n1}&b_{n2}&\cdots&b_{nn}\end{vmatrix}$$

习题 1-4

1. 已知三阶行列式 $D=\begin{vmatrix} -1 & 2 & 3 \\ 3 & 1 & -2 \\ 2 & -3 & 1 \end{vmatrix}$，求元素 $a_{32}=-3$ 的余子式和代数余子式。

2. 已知行列式 $\begin{vmatrix} 1 & 0 & 2 \\ x & 3 & 1 \\ 4 & x & 5 \end{vmatrix}$ 的 a_{12} 的代数余子式 $A_{12}=-1$，求 A_{21}。

3. 已知行列式 $D=\begin{vmatrix} 3 & 6 & 9 & 12 \\ 2 & 4 & 6 & 8 \\ 1 & 2 & 0 & 3 \\ 5 & -6 & 4 & 3 \end{vmatrix}$，试求 $A_{41}+2A_{42}+3A_{44}$。

4. 设行列式 $D=\begin{vmatrix} 3 & 0 & 4 & 0 \\ 2 & 2 & 2 & 2 \\ 0 & -7 & 0 & 0 \\ 5 & 3 & -2 & 2 \end{vmatrix}$ 第 4 行各元素余子式之和。

5. 使用拉普拉斯展开定理计算下列行列式的值。

(1) $D_1=\begin{vmatrix} 2 & 0 & 1 & 0 & 2 \\ 1 & 0 & -1 & 0 & 1 \\ 0 & 1 & -1 & 2 & 1 \\ 0 & 2 & -2 & 1 & 2 \\ 0 & 1 & -1 & 1 & 1 \end{vmatrix}$　　(2) $D_2=\begin{vmatrix} 1 & 2 & 1 & 4 \\ 0 & -1 & 2 & 2 \\ 1 & 0 & 1 & 3 \\ 0 & 1 & 3 & 1 \end{vmatrix}$

6. 计算四阶行列式 $\begin{vmatrix} a_1 & 0 & 0 & b_1 \\ 0 & a_2 & b_2 & 0 \\ 0 & b_3 & a_3 & 0 \\ b_4 & 0 & 0 & a_4 \end{vmatrix}$ 的值。

1-4 参考答案

§ 1.5　行列式的计算

方法 1：性质法。

运用行列式的性质及其推论计算行列式的值。

【例 1】　计算四阶行列式 $\begin{vmatrix} a_1 & b_1 & 0 & c_1 \\ a_2 & b_2 & 0 & c_2 \\ a_3 & b_3 & 0 & c_3 \\ a_4 & b_4 & 0 & c_4 \end{vmatrix}$ 的值。

【解】 由于行列式的第三列都是0,根据行列式的性质2,行列式的值为0。

【例2】 计算四阶行列式$\begin{vmatrix} a_1 & b_1 & c_1 & kb_1 \\ a_2 & b_2 & c_2 & kb_2 \\ a_3 & b_3 & c_3 & kb_3 \\ a_4 & b_4 & c_4 & kb_4 \end{vmatrix}(k \neq 0)$的值。

【解】 由于行列式第2列与第4列元素对应成比例,所以行列式的值为0。

【例3】 已知$\begin{vmatrix} a_1 & b_1 & c_1 \\ a_2 & b_2 & c_2 \\ a_3 & b_3 & c_3 \end{vmatrix} = 3$,计算三阶行列式$D = \begin{vmatrix} 2a_1 & 2b_1 & 2c_1 \\ 2a_2 & 2b_2 & 2c_2 \\ 2a_3 & 2b_3 & 2c_3 \end{vmatrix}$的值。

【解】 根据行列式性质4的推论,将D的每一行提取一个公因式2,即

$$D = \begin{vmatrix} 2a_1 & 2b_1 & 2c_1 \\ 2a_2 & 2b_2 & 2c_2 \\ 2a_3 & 2b_3 & 2c_3 \end{vmatrix} = 2 \times 2 \times 2 \times \begin{vmatrix} a_1 & b_1 & c_1 \\ a_2 & b_2 & c_2 \\ a_3 & b_3 & c_3 \end{vmatrix} = 8 \times 3 = 24$$

方法2:三角法。

运用行列式的性质化成三角形行列式,再运用上(下)三角形行列式的结论。

【例4】 计算四阶行列式$\begin{vmatrix} 0 & 0 & 0 & 4 \\ 0 & 0 & 3 & 0 \\ 0 & 2 & 0 & 0 \\ 1 & 0 & 0 & 0 \end{vmatrix}$的值。

【解】 根据行列式的性质3,分别交换第1行和第4行,以及第2行和第3行

$$\begin{vmatrix} 0 & 0 & 0 & 4 \\ 0 & 0 & 3 & 0 \\ 0 & 2 & 0 & 0 \\ 1 & 0 & 0 & 0 \end{vmatrix} \xlongequal{r_1 \leftrightarrow r_4} - \begin{vmatrix} 1 & 0 & 0 & 0 \\ 0 & 0 & 3 & 0 \\ 0 & 2 & 0 & 0 \\ 0 & 0 & 0 & 4 \end{vmatrix} \xlongequal{r_2 \leftrightarrow r_3} \begin{vmatrix} 1 & 0 & 0 & 0 \\ 0 & 2 & 0 & 0 \\ 0 & 0 & 3 & 0 \\ 0 & 0 & 0 & 4 \end{vmatrix} = 1 \times 2 \times 3 \times 4 = 24$$

【例5】 计算四阶行列式$\begin{vmatrix} 1 & 2 & 3 & 4 \\ -1 & 0 & 3 & 4 \\ -1 & -2 & 0 & 4 \\ -1 & -2 & -3 & 0 \end{vmatrix}$。

【解】 $$\begin{vmatrix} 1 & 2 & 3 & 4 \\ -1 & 0 & 3 & 4 \\ -1 & -2 & 0 & 4 \\ -1 & -2 & -3 & 0 \end{vmatrix} \xlongequal[r_1 + r_4]{\substack{r_1 + r_2 \\ r_1 + r_3}} \begin{vmatrix} 1 & 2 & 3 & 4 \\ 0 & 2 & 6 & 8 \\ 0 & 0 & 3 & 8 \\ 0 & 0 & 0 & 4 \end{vmatrix} = 1 \times 2 \times 3 \times 4 = 24$$

【例6】 计算行列式$D = \begin{vmatrix} 3 & 1 & -1 & 2 \\ -5 & 1 & 3 & -4 \\ 2 & 0 & 1 & -1 \\ 1 & -5 & 3 & -3 \end{vmatrix}$的值。

【解】 $$D=\begin{vmatrix}3&1&-1&2\\-5&1&3&-4\\2&0&1&-1\\1&-5&3&-3\end{vmatrix}\xlongequal{c_1\leftrightarrow c_2}-\begin{vmatrix}1&3&-1&2\\1&-5&3&-4\\0&2&1&-1\\-5&1&3&-3\end{vmatrix}\xlongequal[5r_1+r_4]{-r_1+r_2}$$

$$-\begin{vmatrix}1&3&-1&2\\0&-8&4&-6\\0&2&1&-1\\0&16&-2&7\end{vmatrix}\xlongequal{r_2\leftrightarrow r_3}\begin{vmatrix}1&3&-1&2\\0&2&1&-1\\0&-8&4&-6\\0&16&-2&7\end{vmatrix}\xlongequal[-8r_2+r_4]{4r_2+r_3}$$

$$\begin{vmatrix}1&3&-1&2\\0&2&1&-1\\0&0&8&-10\\0&0&-10&15\end{vmatrix}\xlongequal{\frac{10}{8}r_3+r_4}\begin{vmatrix}1&3&-1&2\\0&2&1&-1\\0&0&8&-10\\0&0&0&\frac{5}{2}\end{vmatrix}=40$$

【例 7】 计算行列式 $D=\begin{vmatrix}3&1&1&1\\1&3&1&1\\1&1&3&1\\1&1&1&3\end{vmatrix}$ 的值。

【解】 此类行列式特点:每一行(列)所有元素的和都相等。

$$D=\begin{vmatrix}3&1&1&1\\1&3&1&1\\1&1&3&1\\1&1&1&3\end{vmatrix}\xlongequal{\substack{c_2+c_1\\c_3+c_1\\c_4+c_1}}\begin{vmatrix}6&1&1&1\\6&3&1&1\\6&1&3&1\\6&1&1&3\end{vmatrix}$$

$$=6\times\begin{vmatrix}1&1&1&1\\1&3&1&1\\1&1&3&1\\1&1&1&3\end{vmatrix}\xlongequal{\substack{-r_1+r_2\\-r_1+r_3\\-r_1+r_4}}6\times\begin{vmatrix}1&1&1&1\\0&2&0&0\\0&0&2&0\\0&0&0&2\end{vmatrix}=48$$

【例 8】 计算行列式 $D=\begin{vmatrix}1&1&1&1\\1&2&0&0\\1&0&3&0\\1&0&0&4\end{vmatrix}$ 的值。

【解】 此类行列式属于爪型行列式。

$$D=\begin{vmatrix}1&1&1&1\\1&2&0&0\\1&0&3&0\\1&0&0&4\end{vmatrix}=2\times3\times4\times\begin{vmatrix}1&1&1&1\\\frac{1}{2}&1&0&0\\\frac{1}{3}&0&1&0\\\frac{1}{4}&0&0&1\end{vmatrix}$$

$$\xlongequal[-r_4+r_1]{\substack{-r_2+r_1\\-r_3+r_1}} 24\times\begin{vmatrix}1-\frac{1}{2}-\frac{1}{3}-\frac{1}{4} & 0 & 0 & 0\\ \frac{1}{2} & 1 & 0 & 0\\ \frac{1}{3} & 0 & 1 & 0\\ \frac{1}{4} & 0 & 0 & 1\end{vmatrix}$$

$$=24\times\left(1-\frac{1}{2}-\frac{1}{3}-\frac{1}{4}\right)=-2$$

方法 3:降阶法。

【例 9】 计算四阶行列式 $D=\begin{vmatrix}7 & 0 & 4 & 0\\1 & 0 & 5 & 2\\3 & -1 & -1 & 6\\8 & 0 & 5 & 0\end{vmatrix}$的值,要求:按第 1 行和第 2 列展开。

【解】 按第 1 行展开:

$$D=\begin{vmatrix}7 & 0 & 4 & 0\\1 & 0 & 5 & 2\\3 & -1 & -1 & 6\\8 & 0 & 5 & 0\end{vmatrix}=7\times(-1)^{1+1}\begin{vmatrix}0 & 5 & 2\\-1 & -1 & 6\\0 & 5 & 0\end{vmatrix}+4\times(-1)^{1+3}\begin{vmatrix}1 & 0 & 2\\3 & -1 & 6\\8 & 0 & 0\end{vmatrix}$$

$$=7\times(-1)\times(-1)^{2+1}\times\begin{vmatrix}5 & 2\\5 & 0\end{vmatrix}+4\times8\times(-1)^{3+1}\begin{vmatrix}0 & 2\\-1 & 6\end{vmatrix}$$

$$=7\times(-10)+32\times2=-6$$

按第 2 列展开:

$$D=\begin{vmatrix}7 & 0 & 4 & 0\\1 & 0 & 5 & 2\\3 & -1 & -1 & 6\\8 & 0 & 5 & 0\end{vmatrix}=(-1)\times(-1)^{3+2}\begin{vmatrix}7 & 4 & 0\\1 & 5 & 2\\8 & 5 & 0\end{vmatrix}=2\times(-1)^{2+3}\times\begin{vmatrix}7 & 4\\8 & 5\end{vmatrix}=-6$$

说明:

1. 用行列式展开时应按照零元素比较多的一行或一列展开,以减少计算量。
2. 可以多次使用行列式的展开,使行列式连续降阶。
3. 一般先使用行列式的性质化零,再降阶。

【例 10】 计算行列式 $D=\begin{vmatrix}-2 & 1 & 3 & 1\\1 & 0 & -1 & 2\\1 & 3 & 4 & -2\\0 & 1 & 0 & -1\end{vmatrix}$的值。

【解】 $D=\begin{vmatrix}-2&1&3&1\\1&0&-1&2\\1&3&4&-2\\0&1&0&-1\end{vmatrix}\xlongequal{c_2+c_4}\begin{vmatrix}-2&1&3&2\\1&0&-1&2\\1&3&4&1\\0&1&0&0\end{vmatrix}$

$=1\times(-1)^{4+2}\begin{vmatrix}-2&3&2\\1&-1&2\\1&4&1\end{vmatrix}\xlongequal[-r_3+r_2]{2r_3+r_1}\begin{vmatrix}0&11&4\\0&-5&1\\1&4&1\end{vmatrix}$

$=1\times(-1)^{3+1}\begin{vmatrix}11&4\\-5&1\end{vmatrix}=31$

【例 11】 计算行列式$\begin{vmatrix}a_1&-1&0&0\\a_2&x&-1&0\\a_3&0&x&-1\\a_4&0&0&x\end{vmatrix}$的值。

【解】 此类型行列式称为么型行列式,可用逐行相加的技巧。

$$D=\begin{vmatrix}a_1&-1&0&0\\a_2&x&-1&0\\a_3&0&x&-1\\a_4&0&0&x\end{vmatrix}\xlongequal{xr_1+r_2}\begin{vmatrix}a_1&-1&0&0\\xa_1+a_2&0&-1&0\\a_3&0&x&-1\\a_4&0&0&x\end{vmatrix}\xlongequal{xr_2+r_3}$$

$$\begin{vmatrix}a_1&-1&0&0\\xa_1+a_2&0&-1&0\\x^2a_1+xa_2+a_3&0&0&-1\\a_4&0&0&x\end{vmatrix}\xlongequal{xr_3+r_4}\begin{vmatrix}a_1&-1&0&0\\xa_1+a_2&0&-1&0\\x^2a_1+xa_2+a_3&0&0&-1\\x^3a_1+x^2a_2+xa_3+a_4&0&0&0\end{vmatrix}$$

$=x^3a_1+x^2a_2+xa_3+a_4$

方法 4:加边法,又叫升阶法。

【例 12】 计算行列式 $D=\begin{vmatrix}1+x&1&1&1\\1&1-x&1&1\\1&1&1+y&1\\1&1&1&1-y\end{vmatrix}$,其中 $xy\neq0$。

【解】 根据定理 1.4.1,给行列式 D 适当地增加一行一列,有

$$D=\begin{vmatrix}1&1&1&1&1\\0&1+x&1&1&1\\0&1&1-x&1&1\\0&1&1&1+y&1\\0&1&1&1&1-y\end{vmatrix}\xlongequal[\substack{-r_1+r_3\\-r_1+r_4\\-r_1+r_5}]{-r_1+r_2}\begin{vmatrix}1&1&1&1&1\\-1&x&0&0&0\\-1&0&-x&0&0\\-1&0&0&y&0\\-1&0&0&0&-y\end{vmatrix}$$

第 2 列提取公因式 x,第 3 列提取公因式 $-x$,第 4 列提取公因式 y,第 5 列提取公因式 $-y$,即

$$D=x(-x)y(-y)\begin{vmatrix} 1 & \frac{1}{x} & -\frac{1}{x} & \frac{1}{y} & -\frac{1}{y} \\ -1 & 1 & 0 & 0 & 0 \\ -1 & 0 & 1 & 0 & 0 \\ -1 & 0 & 0 & 1 & 0 \\ -1 & 0 & 0 & 0 & 1 \end{vmatrix} \xlongequal[c_5+c_1]{\substack{c_2+c_1\\c_3+c_1\\c_4+c_1}} x^2y^2\begin{vmatrix} 1 & \frac{1}{x} & -\frac{1}{x} & \frac{1}{y} & -\frac{1}{y} \\ 0 & 1 & 0 & 0 & 0 \\ 0 & 0 & 1 & 0 & 0 \\ 0 & 0 & 0 & 1 & 0 \\ 0 & 0 & 0 & 0 & 1 \end{vmatrix}$$

$=x^2y^2$

方法 5:递推法。

【例 13】 计算行列式$\begin{vmatrix} 4 & 3 & 0 & 0 \\ 1 & 4 & 3 & 0 \\ 0 & 1 & 4 & 3 \\ 0 & 0 & 1 & 4 \end{vmatrix}$的值。

【解】 此类行列式称为三对角型行列式,通常使用递推法、归纳法计算。

将行列式按第一行展开,得:

$$D_4=\begin{vmatrix} 4 & 3 & 0 & 0 \\ 1 & 4 & 3 & 0 \\ 0 & 1 & 4 & 3 \\ 0 & 0 & 1 & 4 \end{vmatrix}=4\times\begin{vmatrix} 4 & 3 & 0 \\ 1 & 4 & 3 \\ 0 & 1 & 4 \end{vmatrix}-3\times\begin{vmatrix} 1 & 3 & 0 \\ 0 & 4 & 3 \\ 0 & 1 & 4 \end{vmatrix}=4\times\begin{vmatrix} 4 & 3 & 0 \\ 1 & 4 & 3 \\ 0 & 1 & 4 \end{vmatrix}-3\times\begin{vmatrix} 4 & 3 \\ 1 & 4 \end{vmatrix}$$

则有 $D_4=4D_3-3D_2$。

变形可得:$D_4-D_3=3D_3-3D_2=3(D_3-D_2)$。

递推下去:$D_3-D_2=3(D_2-D_1)$,而 $D_2=\begin{vmatrix} 4 & 3 \\ 1 & 4 \end{vmatrix}=13$,$D_1=4$,

$$D_4-D_3=3(D_3-D_2)=3^2(D_2-D_1)=3^2\times(13-4)=3^4。$$

因此 $D_4=3^4+D_3=3^4+3^3+D_2=3^4+3^3+3^2+D_1=121$。

方法 6:归纳法。

【例 14】 设 $D=\begin{vmatrix} 2 & 1 & & & & \\ 1 & 2 & 1 & & & \\ & 1 & 2 & 1 & & \\ & & \ddots & \ddots & \ddots & \\ & & & 1 & 2 & 1 \\ & & & & 1 & 2 \end{vmatrix}$是 n 阶矩阵,证明:$D=n+1$。

【证】 当 $n=1$ 时,$D_1=2$,命题 $D_n=n+1$ 成立。

当 $n=2$ 时,$D_2=\begin{vmatrix} 2 & 1 \\ 1 & 2 \end{vmatrix}=3$,命题 $D_n=n+1$ 成立。

设 $n<k$ 时,命题正确。

当 $n=k$ 时,将行列式按第一行展开,得到:

$$D_k = 2D_{k-1} + (-1)^{1+2}\begin{vmatrix} 1 & 1 & & & & \\ 0 & 2 & 1 & & & \\ & 1 & 2 & 1 & & \\ & & \ddots & \ddots & \ddots & \\ & & & 1 & 2 & 1 \\ & & & & 1 & 2 \end{vmatrix} = 2D_{k-1} - D_{k-2} = 2k - (k-1) = k+1$$

故命题成立。

方法 7:反对称法。

运用结论:奇数阶反对称行列式的值等于 0。

【例 15】 计算行列式 $D = \begin{vmatrix} 0 & a & b \\ -a & 0 & c \\ -b & -c & 0 \end{vmatrix}$ 的值。

【解】 将 D 的每一行提取公因式(-1):

$$D = \begin{vmatrix} 0 & a & b \\ -a & 0 & c \\ -b & -c & 0 \end{vmatrix} = (-1)^3\begin{vmatrix} 0 & -a & -b \\ a & 0 & -c \\ b & c & 0 \end{vmatrix} = -D^{\mathrm{T}} = -D$$

所以 $D = 0$。

方法 7:范德蒙法。

范德蒙行列式结论为:$\begin{vmatrix} 1 & 1 & \cdots & 1 \\ a_1 & a_2 & \cdots & a_n \\ a_1^2 & a_2^2 & \cdots & a_n^2 \\ \vdots & \vdots & & \vdots \\ a_1^{n-1} & a_2^{n-1} & \cdots & a_n^{n-1} \end{vmatrix} = \prod\limits_{1 \leqslant j \leqslant i \leqslant n}(a_i - a_j)$。

【例 16】 计算行列式 $D = \begin{vmatrix} 1 & 1 & 1 & 1 \\ 4 & 3 & 6 & -2 \\ 16 & 9 & 36 & 4 \\ 64 & 27 & 216 & -8 \end{vmatrix}$ 的值。

【解】 这是一个范德蒙行列式,其中 $a_1 = 4, a_2 = 3, a_3 = 6, a_4 = -2$。

$$D = \begin{vmatrix} 1 & 1 & 1 & 1 \\ 4 & 3 & 6 & -2 \\ 16 & 9 & 36 & 4 \\ 64 & 27 & 216 & -8 \end{vmatrix} = \prod_{1 \leqslant j \leqslant i \leqslant 4}(a_i - a_j)$$

$$= (a_4 - a_1)(a_3 - a_1)(a_2 - a_1)(a_4 - a_2)(a_3 - a_2)(a_4 - a_3) = 1440$$

习题 1-5

1. 计算下列行列式的值。

(1) $\begin{vmatrix} 0 & 1 & 0 & 0 \\ 0 & 0 & 2 & 0 \\ 0 & 0 & 0 & 3 \\ 4 & 0 & 0 & 0 \end{vmatrix}$　　(2) $\begin{vmatrix} 4 & 2 & 9 & -3 & 0 \\ 6 & 3 & -5 & 7 & 1 \\ 5 & 0 & 0 & 0 & 0 \\ 8 & 0 & 0 & 4 & 0 \\ 7 & 0 & 3 & 5 & 0 \end{vmatrix}$

(3) $\begin{vmatrix} a^2+a^{-2} & a & a^{-1} & 1 \\ b^2+b^{-2} & b & b^{-1} & 1 \\ c^2+c^{-2} & c & c^{-1} & 1 \\ d^2+d^{-2} & d & d^{-1} & 1 \end{vmatrix}(abcd=1)$　　(4) $\begin{vmatrix} -ab & ac & ae \\ bd & -cd & de \\ bf & cf & -ef \end{vmatrix}$

(5) $\begin{vmatrix} 0 & -1 & -1 & 2 \\ 1 & -1 & 0 & 2 \\ -1 & 2 & -1 & 0 \\ 2 & 1 & 1 & 0 \end{vmatrix}$　　(6) $\begin{vmatrix} 1 & 0 & a & 1 \\ 0 & -1 & b & -1 \\ -1 & -1 & c & -1 \\ -1 & 1 & d & 0 \end{vmatrix}$　　(7) $\begin{vmatrix} 1 & 2 & 3 & 4 \\ 2 & 3 & 4 & 1 \\ 3 & 4 & 1 & 2 \\ 4 & 1 & 2 & 3 \end{vmatrix}$

(8) $\begin{vmatrix} a_1 & a_2 & a_3 & a_4 \\ b_1 & b_2 & b_3 & b_4 \\ c & 0 & 0 & 0 \\ d & 0 & 0 & 0 \end{vmatrix}$　　(9) $\begin{vmatrix} 1 & a & 0 & 0 \\ 0 & 1 & a & 0 \\ 0 & 0 & 1 & a \\ a & 0 & 0 & 1 \end{vmatrix}$　　(10) $\begin{vmatrix} x & a & a & a \\ a-x & x-a & 0 & 0 \\ a-x & 0 & x-a & 0 \\ a-x & 0 & 0 & x-a \end{vmatrix}$

(11) $\begin{vmatrix} a_1+x & a_2 & a_3 & a_4 \\ -x & x & 0 & 0 \\ 0 & -x & x & 0 \\ 0 & 0 & -x & x \end{vmatrix}$　　(12) $\begin{vmatrix} 2 & -1 & 0 & 0 \\ -1 & 2 & -1 & 0 \\ 0 & -1 & 2 & -1 \\ 0 & 0 & -1 & 2 \end{vmatrix}$

2. 计算下列 n 阶行列式。

(1) $\begin{vmatrix} 0 & 0 & 0 & \cdots & 0 & n \\ 1 & 0 & 0 & \cdots & 0 & 0 \\ 0 & 2 & 0 & \cdots & 0 & 0 \\ \vdots & \vdots & \vdots & & \vdots & \vdots \\ 0 & 0 & 0 & \cdots & n-1 & 0 \end{vmatrix}$　　(2) $\begin{vmatrix} a & b & 0 & \cdots & 0 & 0 \\ 0 & a & b & \cdots & 0 & 0 \\ \vdots & \vdots & \vdots & & \vdots & \vdots \\ 0 & 0 & 0 & \cdots & a & b \\ b & 0 & 0 & \cdots & 0 & a \end{vmatrix}$

(3) $\begin{vmatrix} 1 & 2 & 3 & \cdots & n \\ -1 & 1 & 0 & \cdots & 0 \\ -1 & 0 & 1 & \cdots & 0 \\ \vdots & \vdots & \vdots & & \vdots \\ -1 & 0 & 0 & \cdots & 1 \end{vmatrix}$　　(4) n 阶行列式 $\begin{vmatrix} x & a & a & \cdots & a \\ a & x & a & \cdots & a \\ a & a & x & \cdots & a \\ \vdots & \vdots & \vdots & & \vdots \\ a & a & a & \cdots & x \end{vmatrix}$

(5) $\begin{vmatrix} x & -1 & 0 & \cdots & 0 & 0 \\ 0 & x & -1 & \cdots & 0 & 0 \\ \vdots & \vdots & \vdots & & \vdots & \vdots \\ 0 & 0 & 0 & \cdots & x & -1 \\ a_n & a_{n-1} & a_{n-2} & \cdots & a_2 & x+a_1 \end{vmatrix}$

(6) $\begin{vmatrix} 1+a_1 & 1 & 1 & \cdots & 1 & 1 \\ 1 & 1+a_2 & 1 & \cdots & 1 & 1 \\ 1 & 1 & 1+a_3 & \cdots & 1 & 1 \\ \vdots & \vdots & \vdots & & \vdots & \vdots \\ 1 & 1 & 1 & \cdots & 1 & 1+a_n \end{vmatrix}$

3. 设 $D = \begin{vmatrix} 2a & 1 & & & & \\ a^2 & 2a & 1 & & & \\ & a^2 & 2a & 1 & & \\ & & \ddots & \ddots & \ddots & \\ & & & a^2 & 2a & 1 \\ & & & & a^2 & 2a \end{vmatrix}$ 是 n 阶矩阵，证明：$D = (n+1)a^n$。

4. 解下列方程。

(1) $\begin{vmatrix} 0 & 1 & x & 1 \\ 1 & 0 & 1 & x \\ x & 1 & 0 & 1 \\ 1 & x & 1 & 0 \end{vmatrix} = 0$　　　(2) $\begin{vmatrix} 1 & x & x^2 & x^3 \\ 1 & 1 & 1 & 1 \\ 1 & -1 & 1 & -1 \\ 1 & 2 & 4 & 8 \end{vmatrix} = 0$

1-5 参考答案

§1.6　克拉默法则

我们首先来介绍 n 元线性方程组的概念，n 个 n 元的线性方程构成的线性方程组

$$\begin{cases} a_{11}x_1 + a_{12}x_2 + \cdots + a_{1n}x_n = b_1 \\ a_{21}x_1 + a_{22}x_2 + \cdots + a_{2n}x_n = b_2 \\ \qquad\qquad\cdots \\ a_{n1}x_1 + a_{n2}x_2 + \cdots + a_{nn}x_n = b_n \end{cases}$$

称为 n 元线性方程组，若常数项 $b_1, b_2, \cdots, b_n$ 不全为零，则称这个 n 元线性方程组为非齐次线性方程组，若常数项 $b_1, b_2, \cdots, b_n$ 全为零，则称这个 n 元线性方程组为齐次线性方程组。其系数 $a_{ij}(i = 1,2,\cdots,n; j = 1,2,\cdots,n)$ 构成的行列式称为系数行列式 D，即

$$D = \begin{vmatrix} a_{11} & a_{12} & \cdots & a_{1n} \\ a_{21} & a_{22} & \cdots & a_{2n} \\ \vdots & \vdots & & \vdots \\ a_{n1} & a_{n2} & \cdots & a_{nn} \end{vmatrix}$$

1.6.1 非齐次线性方程组

定理1.6.1 克拉默法则

如果 n 元线性方程组

$$\begin{cases} a_{11}x_1 + a_{12}x_2 + \cdots + a_{1n}x_n = b_1 \\ a_{21}x_1 + a_{22}x_2 + \cdots + a_{2n}x_n = b_2 \\ \cdots \\ a_{n1}x_1 + a_{n2}x_2 + \cdots + a_{nn}x_n = b_n \end{cases}$$

的系数行列式 $D \neq 0$，则线性方程组有唯一解

$$x_1 = \frac{D_1}{D}, x_2 = \frac{D_2}{D}, \cdots, x_n = \frac{D_n}{D}$$

其中 $D_j(j = 1,2,\cdots,n)$ 是将 D 中的第 j 列元素 $a_{1j},a_{2j},\cdots,a_{nj}$ 依次换成线性方程组的常数项 $b_1,b_2,\cdots,b_n$，其余各列不变所得到的行列式。

定理1.6.2 若系数行列式 $D = 0$，则非齐次线性方程组有无穷多解或无解。

【例 1】 用克拉默法则求解非齐次线性方程组

$$\begin{cases} 3x_1 + 2x_2 - x_3 + x_4 = 8 \\ x_1 - x_2 - x_3 + 2x_4 = 5 \\ 2x_1 + 3x_2 - x_3 - 3x_4 = 2 \\ x_1 + 2x_2 + 3x_3 + 4x_4 = 3 \end{cases}$$

【解】 因方程组的系数行列式

$$D = \begin{vmatrix} 3 & 2 & -1 & 1 \\ 1 & -1 & -1 & 2 \\ 2 & 3 & -1 & -3 \\ 1 & 2 & 3 & 4 \end{vmatrix} = -3 \neq 0$$

故方程组有唯一解，又

$$D_1 = \begin{vmatrix} 8 & 2 & -1 & 1 \\ 5 & -1 & -1 & 2 \\ 2 & 3 & -1 & -3 \\ 3 & 2 & 3 & 4 \end{vmatrix} = -6 \qquad D_2 = \begin{vmatrix} 3 & 8 & -1 & 1 \\ 1 & 5 & -1 & 2 \\ 2 & 2 & -1 & -3 \\ 1 & 3 & 3 & 4 \end{vmatrix} = 0$$

$$D_3 = \begin{vmatrix} 3 & 2 & 8 & 1 \\ 1 & -1 & 5 & 2 \\ 2 & 3 & 2 & -3 \\ 1 & 2 & 3 & 4 \end{vmatrix} = 3 \qquad D_4 = \begin{vmatrix} 3 & 2 & -1 & 8 \\ 1 & -1 & -1 & 5 \\ 2 & 3 & -1 & 2 \\ 1 & 2 & 3 & 3 \end{vmatrix} = -3$$

所以方程组的解为

$$x_1 = \frac{D_1}{D} = \frac{-6}{-3} = 2, x_2 = \frac{D_2}{D} = \frac{0}{-3} = 0$$

$$x_3 = \frac{D_3}{D} = \frac{3}{-3} = -1, x_4 = \frac{D_4}{D} = \frac{-3}{-3} = 1$$

从上述例子可以看到，运用克拉默法则求解非齐次线性方程组时，需要计算 $n+1$ 个 n 阶行列式，计算量相当大。所以，一般不采用克拉默法则求解高阶线性方程组。在第 4 章，我们会介绍解线性方程组更一般的方法。

克拉默法则在一定条件下给出了非齐次线性方程组解的存在性、唯一性，与其在计算方面的作用相比，克拉默法则具有更高的理论价值。

1.6.2 齐次线性方程组

设 n 元齐次线性方程组

$$\begin{cases} a_{11}x_1 + a_{12}x_2 + \cdots + a_{1n}x_n = 0 \\ a_{21}x_1 + a_{22}x_2 + \cdots + a_{2n}x_n = 0 \\ \qquad\cdots \\ a_{n1}x_1 + a_{n2}x_2 + \cdots + a_{nn}x_n = 0 \end{cases}$$

由克拉默法则可得：

定理1.6.3 若齐次线性方程组的系数行列式 $D \neq 0$，则齐次线性方程组只有零解，即

$$x_1 = x_2 = \cdots = x_n = 0$$

定理1.6.4 若齐次线性方程组的系数行列式 $D = 0$，则齐次线性方程组有非零解。

【例 2】 设齐次线性方程组

$$\begin{cases} x_1 + x_2 + kx_3 = 0 \\ -x_1 + kx_2 + x_3 = 0 \\ -x_1 + x_2 - 2x_3 = 0 \end{cases}$$

有非零解，求 k。

【解】 若齐次线性方程组有非零解，则其系数行列式必为零，即

$$D = \begin{vmatrix} 1 & 1 & k \\ -1 & k & 1 \\ -1 & 1 & -2 \end{vmatrix} \xlongequal[r_1+r_3]{r_1+r_2} \begin{vmatrix} 1 & 1 & k \\ 0 & k+1 & 1+k \\ 0 & 2 & k-2 \end{vmatrix} = (1+k)(4-k)$$

由 $D = 0$ 可得 $k = -1$ 或 $k = 4$。

习题 1-6

1. 用克拉默法则求解下列方程组。

(1) $\begin{cases} 2x_1 + 3x_2 + 11x_3 + 5x_4 = 6 \\ x_1 + x_2 + 5x_3 + 2x_4 = 2 \\ 2x_1 + x_2 + 3x_3 + 4x_4 = 2 \\ x_1 + x_2 + 3x_3 + 4x_4 = 2 \end{cases}$

(2) $\begin{cases} x_1 + 3x_2 - 2x_3 + x_4 = 1 \\ 2x_1 + 5x_2 - 3x_3 + 2x_4 = 3 \\ -3x_1 + 4x_4 + 8x_3 - 2x_4 = 4 \\ 6x_1 - x_2 - 6x_3 + 4x_4 = 2 \end{cases}$

(3) $\begin{cases} x_1 - x_2 + x_3 + 2x_4 = 1 \\ x_1 + x_2 - 2x_3 + x_4 = 1 \\ x_1 + x_2 + x_4 = 2 \\ x_1 + x_3 - x_4 = 1 \end{cases}$　　(4) $\begin{cases} x_1 + a_1x_2 + a_1^2x_3 + a_1^3x_4 = 4 \\ x_1 + a_2x_2 + a_2^2x_3 + a_2^3x_4 = 4 \\ x_1 + a_3x_2 + a_3^2x_3 + a_3^3x_4 = 4 \\ x_1 + a_4x_2 + a_4^2x_3 + a_4^3x_4 = 4 \end{cases}$

2. 求一个三次多项式 $f(x)$，使得 $f(1) = 4, f(-1) = 0, f(2) = 3, f(3) = 16$。

3. 当 λ 为何值时，齐次线性方程组

$$\begin{cases} \lambda x_1 + x_2 = 0 \\ x_1 + \lambda x_2 = 0 \\ x_1 + x_2 - 2\lambda x_3 = 0 \end{cases}$$

有非零解？

4. 当 k 为何值时，齐次线性方程组

$$\begin{cases} kx_1 + x_4 = 0 \\ x_1 + 2x_2 - x_4 = 0 \\ (k+2)x_1 - x_2 + 4x_4 = 0 \\ 2x_1 + x_2 + 3x_3 + kx_4 = 0 \end{cases}$$

只有零解？

1-6 参考答案

世界顶尖数学家——克拉默

克拉默(1704—1752 年)，瑞士数学家，早年在日内瓦读书，1724 年起在日内瓦加尔文学院任教，1727 年进行为期两年的旅行访学，其间与约翰·伯努利、欧拉等顶尖数学家进行学习交流并结为挚友。后来他到英国、荷兰、法国等地，结交了更多的数学名家，这期间的旅行为他的职业生涯定下了基调，因为他遇到的所有数学家都给予了他高度评价。

回国后，他与数学家们保持长期通信联系，为数学宝库留下大量有价值的文献。1734 年成为几何学教授，1750 年任哲学教授。

他一生专心治学，平易近人且德高望重，先后当选为伦敦皇家学会、柏林研究院等多家机构的成员。

1750 年，他的主要数学著作《线性代数分析导言》出版，在这本书中他首先定义了正则、非正则、超越曲线和无理曲线等概念，第一次正式引入坐标系的纵轴(Y 轴)，然后讨论曲线变换，并依据曲线方程的阶数将曲线进行分类，为了确定经过 5 个点的一般二次曲线的系数，应用了一种法则，就是后来著名的克拉默法则。其实莱布尼茨和麦克劳林分别于 1693 年和 1748 年就知道了这个法则，但他们的记法不如克拉默，克拉默法则凭借优越的记法流传至今。

克拉默法则给出了由线性方程组的系数确定方程组解的表达式，由于用此方法求解线性方程组计算量较大，复杂性太高，因此与其在计算方面的作用相比，克拉默法则具有更高的理论价值。而且该法则只适用于判断 n 个方程、n 个未知数的线性方程组解的情况，若方程组有唯一解，还可以求出唯一解。当方程组的方程个数与未知数的个数不一致时，或者当方程组系数的行列式等于零时，克拉默法则失效。

第2章　矩阵及其运算

矩阵是线性代数的基本概念，是研究和求解线性方程组的一个十分有效的工具。本章主要介绍矩阵的概念、矩阵的运算、矩阵的逆、矩阵的分块、矩阵的初等变换和矩阵的秩等内容。

第2章课件

§2.1　矩阵的概念

2.1.1　引例

【例1】　线性方程组

$$\begin{cases} a_{11}x_1 + a_{12}x_2 + \cdots + a_{1n}x_n = b_1 \\ a_{21}x_1 + a_{22}x_2 + \cdots + a_{2n}x_n = b_2 \\ \qquad\qquad \cdots \\ a_{n1}x_1 + a_{n2}x_2 + \cdots + a_{nn}x_n = b_n \end{cases}$$

的系数 $a_{ij}(i,j=1,2,\cdots,n)$，常数项 $b_j(j=1,2,\cdots,n)$ 按原来位置构成一个数表：

$$\begin{pmatrix} a_{11} & a_{12} & \cdots & a_{1n} & b_1 \\ a_{21} & a_{22} & \cdots & a_{2n} & b_2 \\ \vdots & \vdots & & \vdots & \vdots \\ a_{n1} & a_{n2} & \cdots & a_{nn} & b_n \end{pmatrix}$$

由克拉默法则可知，该数表决定了上述方程组是否有解。

【例2】　甲、乙、丙、丁4名学生的3门课(高等数学、线性代数、概率论)的期中考试成绩如表2-1所示。

表2-1　甲、乙、丙、丁4名学生期中考试成绩

学生	高等数学	线性代数	概率论
甲	92	83	95
乙	87	71	79
丙	76	96	85
丁	84	89	72

可以将上述表格简单地记为数表形式

$$\begin{pmatrix} 92 & 83 & 95 \\ 87 & 71 & 79 \\ 76 & 96 & 85 \\ 84 & 89 & 72 \end{pmatrix}$$

这样一个 4 行 3 列的数表反映了 4 名学生 3 门课的期中考试情况。

【例 3】 某客运公司在 A、B、C 三个城市之间每天的发车班次情况如图 2-1 所示。

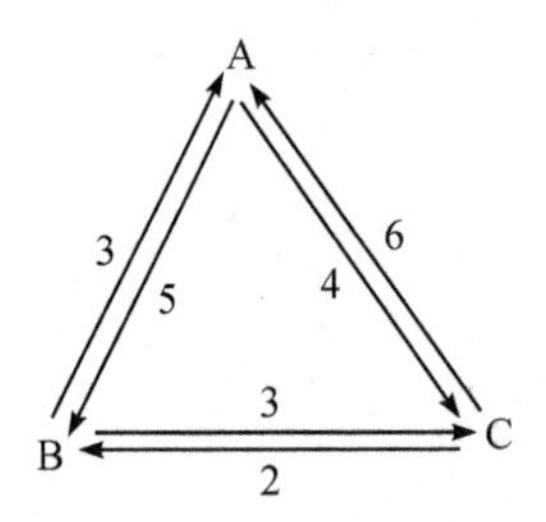

图 2-1 A、B、C 三个城市之间发车班次

图 2-1 也可用一个数表表示，即 $\begin{pmatrix} 0 & 5 & 4 \\ 3 & 0 & 3 \\ 6 & 2 & 0 \end{pmatrix}$，它反映了三个城市之间发车班次情况。

2.1.2 矩阵的概念

定义2.1.1 由 $m \times n$ 个数 $a_{ij}(i = 1,2,\cdots m; j = 1,2,\cdots,n)$ 排成的 m 行 n 列的数表

$$\begin{matrix} a_{11} & a_{12} & \cdots & a_{1n} \\ a_{21} & a_{22} & \cdots & a_{2n} \\ \vdots & \vdots & & \vdots \\ a_{m1} & a_{m2} & \cdots & a_{mn} \end{matrix}$$

称为 m 行 n 列的矩阵，简称 $m \times n$ 矩阵，为了表示它是一个整体，总是加一个括号。一般用大写黑体字母 $\boldsymbol{A},\boldsymbol{B},\boldsymbol{C}\cdots$ 表示矩阵，记作

$$\boldsymbol{A} = \begin{pmatrix} a_{11} & a_{12} & \cdots & a_{1n} \\ a_{21} & a_{22} & \cdots & a_{2n} \\ \vdots & \vdots & & \vdots \\ a_{m1} & a_{m2} & \cdots & a_{mn} \end{pmatrix}$$

其中，a_{ij} 表示矩阵 $\boldsymbol{A}$ 的第 i 行第 j 列的元素，$m \times n$ 矩阵 $\boldsymbol{A}$ 也可以简写为 $\boldsymbol{A}_{mn} = (a_{ij})_{m\times n}$。

说明：

1. 元素都是实数的矩阵称为实矩阵，元素都是复数的矩阵称为复矩阵。

2. 所有元素都为零的矩阵称为零矩阵，记为 $\boldsymbol{O}$。

3. 只有一行的矩阵 $\boldsymbol{A}=(a_1\quad a_2\quad\cdots\quad a_n)$ 称为行矩阵，为了避免元素间的混淆，行矩阵也记作 $\boldsymbol{A}=(a_1,a_2,\cdots,a_n)$。

4. 只有一列的矩阵 $\boldsymbol{A}=\begin{pmatrix}a_1\\a_2\\\vdots\\a_n\end{pmatrix}$ 称为列矩阵。

5. n 阶方阵 $\begin{pmatrix}\lambda_1&0&\cdots&0\\0&\lambda_2&\cdots&0\\\vdots&\vdots&&\vdots\\0&0&\cdots&\lambda_n\end{pmatrix}$ 称为 n 阶对角矩阵，对角矩阵也记为 $\boldsymbol{A}=\operatorname{diag}(\lambda_1,\lambda_2,\cdots,\lambda_n)$。特别地，当 $\lambda_1=\lambda_2=\cdots=\lambda_n$ 时，称此矩阵为数量矩阵。

6. 当 $\lambda_1=\lambda_2=\cdots=\lambda_n=1$ 时，n 阶数量矩阵 $\begin{pmatrix}1&0&\cdots&0\\0&1&\cdots&0\\\vdots&\vdots&&\vdots\\0&0&\cdots&1\end{pmatrix}$ 称为 n 阶单位矩阵，记作 $\boldsymbol{E}$。

7. 若矩阵 $\boldsymbol{A}=(a_{ij})$ 的行数与列数都等于 n，则称 $\boldsymbol{A}$ 为 n 阶方阵。

8. 如果 n 阶矩阵 $\boldsymbol{A}=(a_{ij})$ 的元素满足 $a_{ij}=a_{ji}(i,j=1,2,\cdots,n)$，则称 $\boldsymbol{A}$ 为 n 阶对称矩阵，如果满足 $a_{ij}=-a_{ji}(i,j=1,2,\cdots,n)$，则称 $\boldsymbol{A}$ 为 n 阶反对称矩阵。

例如，$\boldsymbol{A}=\begin{pmatrix}4&2&1\\2&-3&-5\\1&-5&0\end{pmatrix}$ 是一个三阶对称矩阵。

$\boldsymbol{A}=\begin{pmatrix}0&-2&-1\\2&0&5\\1&-5&0\end{pmatrix}$ 是一个三阶反对称矩阵。

9. 如果两个矩阵具有相同的行数和列数，则称这两个矩阵为同型矩阵。

定义2.1.2　如果矩阵 $\boldsymbol{A},\boldsymbol{B}$ 是同型矩阵，且对应元素均相等，则称矩阵 $\boldsymbol{A}$ 与 $\boldsymbol{B}$ 相等，记为 $\boldsymbol{A}=\boldsymbol{B}$。

【例 4】　设 $\boldsymbol{A}=\begin{pmatrix}2-x&1&3\\7&6&5x\end{pmatrix}$，$\boldsymbol{B}=\begin{pmatrix}x&1&3\\7&y&8-z\end{pmatrix}$，已知 $\boldsymbol{A}=\boldsymbol{B}$，求 x,y,z。

【解】　由于 $\boldsymbol{A}=\boldsymbol{B}$，则有 $2-x=x,y=6,5x=8-z$，可求得：

$$x=1,y=6,z=3$$

习题 2-1

1. 写出行列式与矩阵的区别。

2. 某石油公司所属的 3 个炼油厂 A_1, A_2, A_3，在 2021 年和 2022 年生产的 4 种油品 B_1, B_2, B_3, B_4 的产量如表 2-2 所示。

表 2-2　3 个炼油厂生产的 4 种油品的产量　　单位：吨

炼油厂	2021 年				2022 年			
	B_1	B_2	B_3	B_4	B_1	B_2	B_3	B_4
A_1	58	27	15	4	63	25	13	5
A_2	72	30	18	5	90	32	17	7
A_3	65	25	14	3	85	27	12	5

作矩阵 $\boldsymbol{A}_{3\times4}$ 和 $\boldsymbol{B}_{3\times4}$ 分别表示 3 个炼油厂 2021 年和 2022 年各种油品的产量。

3. 设 $\begin{pmatrix} a+2b & 2a-b \\ 2c+d & c-2d \end{pmatrix} = \begin{pmatrix} 4 & -2 \\ 4 & -3 \end{pmatrix}$，求 a,b,c,d。

2-1 参考答案

§2.2　矩阵的运算

只有对矩阵定义了一些有理论意义和实际意义的运算后，才能使它成为进行理论研究和解决实际问题的有力工具。

2.2.1　矩阵的加法与减法

【例 1】　由上一节例 2 可以知道甲、乙、丙、丁 4 名学生的 3 门课期中考试成绩矩阵 $\boldsymbol{A}$，如果还知道这 4 名学生的期末考试成绩矩阵 $\boldsymbol{B}$，即

$$\boldsymbol{A} = \begin{pmatrix} 92 & 83 & 95 \\ 87 & 71 & 79 \\ 76 & 96 & 85 \\ 84 & 89 & 72 \end{pmatrix} \qquad \boldsymbol{B} = \begin{pmatrix} 94 & 90 & 97 \\ 83 & 85 & 76 \\ 98 & 95 & 97 \\ 80 & 85 & 91 \end{pmatrix}$$

则这 4 名学生各门课期中与期末的总成绩为

$$\boldsymbol{A}+\boldsymbol{B} = \begin{pmatrix} 92 & 83 & 95 \\ 87 & 71 & 79 \\ 76 & 96 & 85 \\ 84 & 89 & 72 \end{pmatrix} + \begin{pmatrix} 94 & 90 & 97 \\ 83 & 85 & 76 \\ 98 & 95 & 97 \\ 80 & 85 & 91 \end{pmatrix} = \begin{pmatrix} 186 & 173 & 192 \\ 170 & 156 & 155 \\ 174 & 191 & 182 \\ 164 & 174 & 163 \end{pmatrix}$$

定义2.2.1　设有两个 $m\times n$ 矩阵 $\boldsymbol{A}=(a_{ij})$，$\boldsymbol{B}=(b_{ij})$，矩阵 $\boldsymbol{A}$ 与 $\boldsymbol{B}$ 的和记作 $\boldsymbol{A}$

$+\boldsymbol{B}$,且

$$\boldsymbol{A}+\boldsymbol{B}=\begin{pmatrix} a_{11}+b_{11} & a_{12}+b_{12} & \cdots & a_{1n}+b_{1n} \\ a_{21}+b_{21} & a_{22}+b_{22} & \cdots & a_{2n}+b_{2n} \\ \vdots & \vdots & & \vdots \\ a_{m1}+b_{m1} & a_{m2}+b_{m2} & \cdots & a_{mn}+b_{mn} \end{pmatrix}$$

注:

1. 只有当两个矩阵是同型矩阵时,才能进行矩阵的加法运算,两个同型矩阵相加即为两个矩阵对应位置元素相加。

2. 阶数大于1的方阵与数不能相加。

若 $\boldsymbol{A}=(a_{ij})$ 为 $n(n>1)$ 阶方阵,λ 为一个数,则 $\boldsymbol{A}+\lambda$ 无意义,但是方阵 $\boldsymbol{A}$ 与同阶的数量矩阵 $\lambda\boldsymbol{E}$ 可以相加,即

$$\boldsymbol{A}+\lambda\boldsymbol{E}=\begin{pmatrix} a_{11} & a_{12} & \cdots & a_{1n} \\ a_{21} & a_{22} & \cdots & a_{2n} \\ \vdots & \vdots & & \vdots \\ a_{n1} & a_{n2} & \cdots & a_{nn} \end{pmatrix}+\begin{pmatrix} \lambda & 0 & \cdots & 0 \\ 0 & \lambda & \cdots & 0 \\ \vdots & \vdots & & \vdots \\ 0 & 0 & \cdots & \lambda \end{pmatrix}=\begin{pmatrix} a_{11}+\lambda & a_{12} & \cdots & a_{1n} \\ a_{21} & a_{22}+\lambda & \cdots & a_{2n} \\ \vdots & \vdots & & \vdots \\ a_{n1} & a_{n2} & \cdots & a_{nn}+\lambda \end{pmatrix}$$

定义2.2.2　设 $m\times n$ 矩阵 $\boldsymbol{A}=(a_{ij})$,称矩阵

$$\begin{pmatrix} -a_{11} & -a_{12} & \cdots & -a_{1n} \\ -a_{21} & -a_{22} & \cdots & -a_{2n} \\ \vdots & \vdots & & \vdots \\ -a_{m1} & -a_{m2} & \cdots & -a_{mn} \end{pmatrix}$$

为矩阵 $\boldsymbol{A}$ 的负矩阵,记为 $-\boldsymbol{A}$。

定义2.2.3　设有两个 $m\times n$ 矩阵 $\boldsymbol{A}=(a_{ij})$,$\boldsymbol{B}=(b_{ij})$,矩阵 $\boldsymbol{A}$ 与 $\boldsymbol{B}$ 的差记作 $\boldsymbol{A}-\boldsymbol{B}$,且

$$\boldsymbol{A}-\boldsymbol{B}=\boldsymbol{A}+(-\boldsymbol{B})=\begin{pmatrix} a_{11}-b_{11} & a_{12}-b_{12} & \cdots & a_{1n}-b_{1n} \\ a_{21}-b_{21} & a_{22}-b_{22} & \cdots & a_{2n}-b_{2n} \\ \vdots & \vdots & & \vdots \\ a_{m1}-b_{m1} & a_{m2}-b_{m2} & \cdots & a_{mn}-b_{mn} \end{pmatrix}$$

2.2.2　矩阵的数乘运算

定义2.2.4　数 k 与 $m\times n$ 矩阵 $\boldsymbol{A}=(a_{ij})$ 相乘称为数乘运算,记作 $k\boldsymbol{A}$ 或 $\boldsymbol{A}k$,规定:

$$k\boldsymbol{A}=\boldsymbol{A}k=\begin{pmatrix} ka_{11} & ka_{12} & \cdots & ka_{1n} \\ ka_{21} & ka_{22} & \cdots & ka_{2n} \\ \vdots & \vdots & & \vdots \\ ka_{m1} & ka_{m2} & \cdots & ka_{mn} \end{pmatrix}$$

矩阵的加法与数乘两种运算统称为矩阵的线性运算,它满足下列运算规律。

设 $\boldsymbol{A},\boldsymbol{B},\boldsymbol{C},\boldsymbol{O}$ 为同型矩阵，k,l 是常数，则：

(1)$\boldsymbol{A}+\boldsymbol{B}=\boldsymbol{B}+\boldsymbol{A}$　　(2)$(\boldsymbol{A}+\boldsymbol{B})+\boldsymbol{C}=\boldsymbol{A}+(\boldsymbol{B}+\boldsymbol{C})$

(3)$\boldsymbol{A}+\boldsymbol{O}=\boldsymbol{A}$　　(4)$\boldsymbol{A}+(-\boldsymbol{A})=\boldsymbol{O}$

(5)$1\boldsymbol{A}=\boldsymbol{A}$　　(6)$k(l\boldsymbol{A})=(kl)\boldsymbol{A}$

(7)$(k+l)\boldsymbol{A}=k\boldsymbol{A}+l\boldsymbol{A}$　　(8)$k(\boldsymbol{A}+\boldsymbol{B})=k\boldsymbol{A}+k\boldsymbol{B}$

【例 2】 设 $\boldsymbol{A}=\begin{pmatrix}-1&2&3&1\\0&3&-2&1\\4&0&3&2\end{pmatrix},\boldsymbol{B}=\begin{pmatrix}4&3&2&-1\\5&-3&0&1\\1&2&-5&0\end{pmatrix}$，求：(1)$2\boldsymbol{A}-3\boldsymbol{B}$；(2) 已知 $\boldsymbol{A}-2\boldsymbol{X}=2\boldsymbol{B}$，求 $\boldsymbol{X}$。

【解】 (1)

$$2\boldsymbol{A}-3\boldsymbol{B}=2\times\begin{pmatrix}-1&2&3&1\\0&3&-2&1\\4&0&3&2\end{pmatrix}-3\times\begin{pmatrix}4&3&2&-1\\5&-3&0&1\\1&2&-5&0\end{pmatrix}$$

$$=\begin{pmatrix}-2&4&6&2\\0&6&-4&2\\8&0&6&4\end{pmatrix}-\begin{pmatrix}12&9&6&-3\\15&-9&0&3\\3&6&-15&0\end{pmatrix}$$

$$=\begin{pmatrix}-2-12&4-9&6-6&2+3\\0-15&6+9&-4-0&2-3\\8-3&0-6&6+15&4-0\end{pmatrix}$$

$$=\begin{pmatrix}-14&-5&0&5\\-15&15&-4&-1\\5&-6&21&4\end{pmatrix}$$

(2) 由 $\boldsymbol{A}-2\boldsymbol{X}=2\boldsymbol{B}$，得：

$$\boldsymbol{X}=\frac{1}{2}(\boldsymbol{A}-2\boldsymbol{B})=\frac{1}{2}\times\begin{pmatrix}-9&-4&-1&3\\-10&9&-2&-1\\2&-4&13&2\end{pmatrix}=\begin{pmatrix}-\frac{9}{2}&-2&-\frac{1}{2}&\frac{3}{2}\\-5&\frac{9}{2}&-1&-\frac{1}{2}\\1&-2&\frac{13}{2}&1\end{pmatrix}$$

2.2.3 矩阵的乘法运算

【例 3】 设某地区有甲、乙、丙 3 个工厂，每个工厂都生产 P_1,P_2,P_3,P_4 这 4 种产品，用矩阵 $\boldsymbol{A}$ 表示他们每天的产量(单位：个)，矩阵 $\boldsymbol{B}$ 表示 4 种产品的单价(元 / 个) 和单位利润(元/个)，求各工厂一天的总收入和总利润。

$$\boldsymbol{A}=\begin{pmatrix}20&30&10&45\\15&10&70&20\\20&15&35&25\end{pmatrix}\begin{matrix}甲\\乙\\丙\end{matrix}\quad(列：P_1\ P_2\ P_3\ P_4)\qquad \boldsymbol{B}=\begin{pmatrix}100&20\\150&45\\300&120\\200&60\end{pmatrix}\begin{matrix}P_1\\P_2\\P_3\\P_4\end{matrix}\quad(列：单价\ 单位利润)$$

【解】　由题意知：

$$C=\begin{pmatrix}20\times100+30\times150+10\times300+45\times200 & 20\times20+30\times45+10\times120+45\times60\\15\times100+10\times150+70\times300+20\times200 & 15\times20+10\times45+70\times120+20\times60\\20\times100+15\times150+35\times300+25\times200 & 20\times20+15\times45+35\times120+25\times60\end{pmatrix}\begin{matrix}甲\\乙\\丙\end{matrix}$$

总产值　　　　　　　　　　　总利润

$$=\begin{pmatrix}18500 & 5650\\28000 & 10350\\19750 & 6775\end{pmatrix}$$

矩阵 $\boldsymbol{C}$ 的第一行元素分别表示甲厂的总产值和总利润，第二行元素分别表示乙厂的总产值和总利润，第三行元素分别表示丙厂的总产值和总利润，从这个矩阵能够清楚地看到所求的结果。

定义2.2.5　设

$$\boldsymbol{A}=(a_{ij})_{m\times s}=\begin{pmatrix}a_{11} & a_{12} & \cdots & a_{1s}\\a_{21} & a_{22} & \cdots & a_{2s}\\\vdots & \vdots & & \vdots\\a_{m1} & a_{m2} & \cdots & a_{ms}\end{pmatrix},\boldsymbol{B}=(b_{ij})_{s\times n}=\begin{pmatrix}b_{11} & b_{12} & \cdots & b_{1n}\\b_{21} & b_{22} & \cdots & b_{2n}\\\vdots & \vdots & & \vdots\\b_{s1} & b_{s2} & \cdots & b_{sn}\end{pmatrix}$$

矩阵 $\boldsymbol{A}$ 与矩阵 $\boldsymbol{B}$ 的乘积记作 $\boldsymbol{AB}$，规定为

$$\boldsymbol{AB}=(c_{ij})_{m\times n}=\begin{pmatrix}c_{11} & c_{12} & \cdots & c_{1n}\\c_{21} & c_{22} & \cdots & c_{2n}\\\vdots & \vdots & & \vdots\\c_{m1} & c_{m2} & \cdots & c_{mn}\end{pmatrix}$$

其中 $c_{ij}=a_{i1}b_{1j}+a_{i2}b_{2j}+\cdots+a_{is}b_{sj}=\sum_{k=1}^{s}a_{ik}b_{kj}(i=1,2,\cdots,m;j=1,2,\cdots,n)$。记号 $\boldsymbol{AB}$ 常读作 $\boldsymbol{A}$ 左乘 $\boldsymbol{B}$ 或 $\boldsymbol{B}$ 右乘 $\boldsymbol{A}$。

注：只有当左边矩阵的列数等于右边矩阵的行数时，两个矩阵才能进行乘法运算。

【例4】　设矩阵 $\boldsymbol{A}=\begin{pmatrix}3 & 1 & 1\\2 & 1 & 2\\1 & 2 & 3\end{pmatrix},\boldsymbol{B}=\begin{pmatrix}1 & 1 & -1\\2 & -1 & 0\\1 & 0 & 1\end{pmatrix}$，求 $\boldsymbol{AB}$。

【解】　$\boldsymbol{AB}=\begin{pmatrix}3 & 1 & 1\\2 & 1 & 2\\1 & 2 & 3\end{pmatrix}\begin{pmatrix}1 & 1 & -1\\2 & -1 & 0\\1 & 0 & 1\end{pmatrix}$

$$=\begin{pmatrix}3\times1+1\times2+1\times1 & 3\times1+1\times(-1)+1\times0 & 3\times(-1)+1\times0+1\times1\\2\times1+1\times2+2\times1 & 2\times1+1\times(-1)+2\times0 & 2\times(-1)+1\times0+2\times1\\1\times1+2\times2+3\times1 & 1\times1+2\times(-1)+3\times0 & 1\times(-1)+2\times0+3\times1\end{pmatrix}$$

$$=\begin{pmatrix}6 & 2 & -2\\6 & 1 & 0\\8 & -1 & 2\end{pmatrix}$$

【例 5】 设 $\boldsymbol{A}=\begin{pmatrix}3&0&4\\-1&5&2\end{pmatrix}$，$\boldsymbol{B}=\begin{pmatrix}1&0\\0&-1\\1&1\end{pmatrix}$，求 $\boldsymbol{AB}$ 和 $\boldsymbol{BA}$。

【解】 $$\boldsymbol{AB}=\begin{pmatrix}3&0&4\\-1&5&2\end{pmatrix}\begin{pmatrix}1&0\\0&-1\\1&1\end{pmatrix}$$

$$=\begin{pmatrix}3\times1+0\times0+4\times1 & 3\times0+0\times(-1)+4\times1\\-1\times1+5\times0+2\times1 & -1\times0+5\times(-1)+2\times1\end{pmatrix}$$

$$=\begin{pmatrix}7&4\\1&-3\end{pmatrix}$$

$$\boldsymbol{BA}=\begin{pmatrix}1&0\\0&-1\\1&1\end{pmatrix}\begin{pmatrix}3&0&4\\-1&5&2\end{pmatrix}$$

$$=\begin{pmatrix}1\times3+0\times(-1) & 1\times0+0\times5 & 1\times4+0\times2\\0\times3+(-1)\times(-1) & 0\times0+(-1)\times5 & 0\times4+(-1)\times2\\1\times3+1\times(-1) & 1\times0+1\times5 & 1\times4+1\times2\end{pmatrix}$$

$$=\begin{pmatrix}3&0&4\\1&-5&-2\\2&5&6\end{pmatrix}$$

需要注意的是：

(1) 矩阵的乘法不满足交换律。

$\boldsymbol{AB}$ 有定义，$\boldsymbol{BA}$ 不一定有定义，如例 3 中，$\boldsymbol{AB}$ 有定义，$\boldsymbol{BA}$ 就没有定义，即使 $\boldsymbol{AB}$ 和 $\boldsymbol{BA}$ 都有定义，它们也不一定相等，比如例 5，$\boldsymbol{AB}$ 和 $\boldsymbol{BA}$ 不是同型矩阵，因而也不可能相等。

(2) 两个非零矩阵的乘积可能是零矩阵，例如 $\boldsymbol{A}=\begin{pmatrix}1&1\\2&2\end{pmatrix}$，$\boldsymbol{B}=\begin{pmatrix}1&-1\\-1&1\end{pmatrix}$ 都不是零矩阵，但 $\boldsymbol{AB}=\begin{pmatrix}0&0\\0&0\end{pmatrix}$。

(3) 矩阵的乘法不满足消去律，即如果 $\boldsymbol{AB}=\boldsymbol{CB}$，$\boldsymbol{B}\neq\boldsymbol{O}$，不能得出 $\boldsymbol{A}=\boldsymbol{C}$。如：

$$\boldsymbol{A}=\begin{pmatrix}1&-1\\2&3\end{pmatrix},\boldsymbol{B}=\begin{pmatrix}-1&1\\1&-1\end{pmatrix},\boldsymbol{C}=\begin{pmatrix}2&0\\4&5\end{pmatrix}$$

$$\boldsymbol{AB}=\boldsymbol{CB}=\begin{pmatrix}-2&2\\1&-1\end{pmatrix},\text{但 }\boldsymbol{A}\neq\boldsymbol{C}$$

(4) 矩阵的乘法虽不满足交换律和消去律，但仍然满足结合律和分配律。

设 $\boldsymbol{A}$、$\boldsymbol{B}$、$\boldsymbol{C}$ 是矩阵，k 是常数，则：

(1) $\boldsymbol{A}(\boldsymbol{BC})=(\boldsymbol{AB})\boldsymbol{C}$ (2) $(\boldsymbol{A}+\boldsymbol{B})\boldsymbol{C}=\boldsymbol{AC}+\boldsymbol{BC}$

(3) $\boldsymbol{A}(\boldsymbol{B}+\boldsymbol{C})=\boldsymbol{AB}+\boldsymbol{AC}$ (4) $k(\boldsymbol{AB})=(k\boldsymbol{A})\boldsymbol{B}=\boldsymbol{A}(k\boldsymbol{B})$

2.2.4　方阵的幂

定义2.2.6　设 $\boldsymbol{A}$ 是一个 n 阶方阵，规定 $\boldsymbol{A}^0=\boldsymbol{E}$，$\boldsymbol{A}^k=\overbrace{\boldsymbol{AA}\cdots\boldsymbol{A}}^{k个}$，$k\in\mathbf{N}$，称 $\boldsymbol{A}^k$ 为 $\boldsymbol{A}$ 的 k 次幂。

方阵的幂满足以下运算规律：

(1)$\boldsymbol{A}^m\boldsymbol{A}^n=\boldsymbol{A}^{m+n}$　(2)$(\boldsymbol{A}^m)^n=\boldsymbol{A}^{mn}$

注：

由于矩阵的乘法不满足交换律，即一般情况下，$\boldsymbol{AB}\neq\boldsymbol{BA}$，所以有以下结论：

(1)$(\boldsymbol{AB})^2$ 不一定等于 $\boldsymbol{A}^2\boldsymbol{B}^2$；

(2)$(\boldsymbol{A}+\boldsymbol{B})^2$ 不一定等于 $\boldsymbol{A}^2+2\boldsymbol{AB}+\boldsymbol{B}^2$；

(3)$(\boldsymbol{A}+\boldsymbol{B})(\boldsymbol{A}-\boldsymbol{B})$ 不一定等于 $\boldsymbol{A}^2-\boldsymbol{B}^2$。

定义2.2.7　设 x 的多项式为 $f(x)=a_mx^m+a_{m-1}x^{m-1}+\cdots+a_1x+a_0$，将 x 换成方阵 $\boldsymbol{A}$，得到 $f(\boldsymbol{A})=a_m\boldsymbol{A}^m+a_{m-1}\boldsymbol{A}^{m-1}+\cdots+a_1\boldsymbol{A}+a_0\boldsymbol{E}$，称为方阵 $\boldsymbol{A}$ 的多项式。

【例6】　设 $\boldsymbol{A}=\begin{pmatrix}1&-1&2\\-2&2&-4\\1&-1&2\end{pmatrix}$，求 $\boldsymbol{A}^2,\boldsymbol{A}^3,\boldsymbol{A}^n$。

【解】

$$\boldsymbol{A}^2=\begin{pmatrix}1&-1&2\\-2&2&-4\\1&-1&2\end{pmatrix}\begin{pmatrix}1&-1&2\\-2&2&-4\\1&-1&2\end{pmatrix}=\begin{pmatrix}5&-5&10\\-10&10&-20\\5&-5&10\end{pmatrix}=5\times\begin{pmatrix}1&-1&2\\-2&2&-4\\1&-1&2\end{pmatrix}=5\boldsymbol{A}$$

$$\boldsymbol{A}^3=\boldsymbol{A}^2\boldsymbol{A}=5\boldsymbol{AA}=5\boldsymbol{A}^2$$

归纳可得：

$$\boldsymbol{A}^n=5^{n-1}\boldsymbol{A}=\begin{pmatrix}5^{n-1}&-5^{n-1}&2\cdot5^{n-1}\\-2\cdot5^{n-1}&2\cdot5^{n-1}&-4\cdot5^{n-1}\\5^{n-1}&-5^{n-1}&2\cdot5^{n-1}\end{pmatrix}$$

【例7】　设 $\boldsymbol{A}=\begin{pmatrix}a&0&0\\0&b&0\\0&0&c\end{pmatrix}$，求 $\boldsymbol{A}^2,\boldsymbol{A}^4,\boldsymbol{A}^n$。

【解】　$\boldsymbol{A}^2=\begin{pmatrix}a&0&0\\0&b&0\\0&0&c\end{pmatrix}\begin{pmatrix}a&0&0\\0&b&0\\0&0&c\end{pmatrix}=\begin{pmatrix}a^2&0&0\\0&b^2&0\\0&0&c^2\end{pmatrix}$

$$\boldsymbol{A}^4=\boldsymbol{A}^2\boldsymbol{A}^2=\begin{pmatrix}a^2&0&0\\0&b^2&0\\0&0&c^2\end{pmatrix}\begin{pmatrix}a^2&0&0\\0&b^2&0\\0&0&c^2\end{pmatrix}=\begin{pmatrix}a^4&0&0\\0&b^4&0\\0&0&c^4\end{pmatrix}$$

利用数学归纳法可得：

$$\boldsymbol{A}^n=\begin{pmatrix}a^n&0&0\\0&b^n&0\\0&0&c^n\end{pmatrix}$$

【例 8】 已知二阶方阵 $A=\begin{pmatrix}2&-1\\-3&3\end{pmatrix}$，求 $f(A)=A^2-5A+3E$。

【解】 $f(A)=A^2-5A+3E$

$$=\begin{pmatrix}2&-1\\-3&3\end{pmatrix}\begin{pmatrix}2&-1\\-3&3\end{pmatrix}-5\times\begin{pmatrix}2&-1\\-3&3\end{pmatrix}+3\times\begin{pmatrix}1&0\\0&1\end{pmatrix}$$

$$=\begin{pmatrix}7&-5\\-15&12\end{pmatrix}-\begin{pmatrix}10&-5\\-15&15\end{pmatrix}+\begin{pmatrix}3&0\\0&3\end{pmatrix}$$

$$=\begin{pmatrix}0&0\\0&0\end{pmatrix}$$

【例 9】 设 $A=\begin{pmatrix}\lambda&1&0\\0&\lambda&1\\0&0&\lambda\end{pmatrix}$，求 $A^2,A^3,A^n(n>3)$。

【解】 (1)$A^2=\begin{pmatrix}\lambda&1&0\\0&\lambda&1\\0&0&\lambda\end{pmatrix}\begin{pmatrix}\lambda&1&0\\0&\lambda&1\\0&0&\lambda\end{pmatrix}=\begin{pmatrix}\lambda^2&2\lambda&1\\0&\lambda^2&2\lambda\\0&0&\lambda^2\end{pmatrix}$

(2)$A^3=A^2A=\begin{pmatrix}\lambda^2&2\lambda&1\\0&\lambda^2&2\lambda\\0&0&\lambda^2\end{pmatrix}\begin{pmatrix}\lambda&1&0\\0&\lambda&1\\0&0&\lambda\end{pmatrix}=\begin{pmatrix}\lambda^3&3\lambda&3\lambda\\0&\lambda^3&3\lambda\\0&0&\lambda^3\end{pmatrix}$

(3) 矩阵 A 可以表示为：

$$A=\lambda E+B$$

其中 $B=\begin{pmatrix}0&1&0\\0&0&1\\0&0&0\end{pmatrix}$，由于 λE 是数量矩阵，它与方阵 B 可交换，因而

$$A^n=(\lambda E+B)^n=\lambda^nE+n\lambda^{n-1}B+\frac{n(n-1)}{2!}\lambda^{n-2}B^2+\cdots+B^n$$

注意到：$B^2=\begin{pmatrix}0&0&1\\0&0&0\\0&0&0\end{pmatrix}$，$B^3=B^4=\cdots=B^n=O$，所以

$$A^n=(\lambda E+B)^n=\lambda^nE+n\lambda^{n-1}B+\frac{n(n-1)}{2!}\lambda^{n-2}B^2$$

$$=\begin{pmatrix}\lambda^n&n\lambda^{n-1}&\frac{n(n-1)}{2!}\lambda^{n-2}\\0&\lambda^n&n\lambda^{n-1}\\0&0&\lambda^n\end{pmatrix}(n>3)$$

2.2.5 矩阵的转置

定义2.2.8 将矩阵 A 的行和列互换得到的新矩阵称为 A 的转置矩阵，记作 A^T。

例如：$A=\begin{pmatrix}1&0&2\\-2&3&-5\end{pmatrix}$，则 $A^T=\begin{pmatrix}1&-2\\0&3\\2&-5\end{pmatrix}$。

矩阵的转置满足以下运算规律：

(1) $(\boldsymbol{A}^{\mathrm{T}})^{\mathrm{T}}=\boldsymbol{A}$　　(2) $(\boldsymbol{A}+\boldsymbol{B})^{\mathrm{T}}=\boldsymbol{A}^{\mathrm{T}}+\boldsymbol{B}^{\mathrm{T}}$

(3) $(k\boldsymbol{A})^{\mathrm{T}}=k\boldsymbol{A}^{\mathrm{T}}$　　(4) $(\boldsymbol{AB})^{\mathrm{T}}=\boldsymbol{B}^{\mathrm{T}}\boldsymbol{A}^{\mathrm{T}}$

习题 2-2

1. 设矩阵

$$\boldsymbol{A}=\begin{pmatrix}2&-1&0&-2\\3&5&-4&1\\1&0&2&0\end{pmatrix},\boldsymbol{B}=\begin{pmatrix}0&3&-5&1\\1&-4&2&-1\\3&-7&0&3\end{pmatrix},\boldsymbol{C}=\begin{pmatrix}1&2&-5&2\\-6&0&3&4\\4&-1&0&-1\end{pmatrix}$$

求：(1) $\boldsymbol{A}+\boldsymbol{B}$；(2) $\boldsymbol{A}-\boldsymbol{B}$；(3) $\boldsymbol{A}+2\boldsymbol{B}-3\boldsymbol{C}$；(4) 若矩阵 $\boldsymbol{X}$ 满足 $\boldsymbol{X}+\boldsymbol{C}=2\boldsymbol{A}-\boldsymbol{X}$，求 $\boldsymbol{X}$。

2. 计算。

(1) $\begin{pmatrix}4&3&1\\1&-2&3\\5&0&-1\end{pmatrix}\begin{pmatrix}2\\1\\3\end{pmatrix}$　　(2) $\begin{pmatrix}1&0&-1\\2&1&0\\3&2&-1\end{pmatrix}\begin{pmatrix}1&0\\3&1\\0&2\end{pmatrix}$

(3) $(1,2,3)\begin{pmatrix}1\\2\\3\end{pmatrix}$　　(4) $\begin{pmatrix}1\\2\\3\end{pmatrix}(1,2,3)$

(5) $\begin{pmatrix}1&2&3\\-2&1&2\end{pmatrix}\begin{pmatrix}1&2&0\\0&1&1\\3&0&-1\end{pmatrix}$　　(6) $\begin{pmatrix}1&-1&1\\2&1&-1\\4&-1&1\end{pmatrix}\begin{pmatrix}0&1&1\\1&0&-1\\1&1&1\end{pmatrix}$

3. 计算。

(1) 设 $\boldsymbol{A}=\begin{pmatrix}1&4&2\\0&-3&-2\\0&4&3\end{pmatrix}$，求 $\boldsymbol{A}^3,\boldsymbol{A}^4,\boldsymbol{A}^5,\boldsymbol{A}^n$。

(2) 设 $\boldsymbol{B}=\begin{pmatrix}1&2&3\\0&1&4\\0&0&1\end{pmatrix}$，求 $\boldsymbol{B}^n$。

4. 已知矩阵 $\boldsymbol{A}=\boldsymbol{PQ}$，其中 $\boldsymbol{P}=\begin{pmatrix}1\\2\\1\end{pmatrix}$，$\boldsymbol{Q}=(2,-1,2)$，求 $\boldsymbol{A}^2,\boldsymbol{A}^3,\boldsymbol{A}^{100}$。

5. 已知方阵 $\boldsymbol{A}=\begin{pmatrix}1&1&0\\0&1&1\\0&0&1\end{pmatrix}$，求 $f(\boldsymbol{A})=3\boldsymbol{A}^2-2\boldsymbol{A}+2\boldsymbol{E}$。

6. 设矩阵 $\boldsymbol{X}=(x_1,x_2,\cdots,x_n)^{\mathrm{T}}$ 满足 $\boldsymbol{X}^{\mathrm{T}}\boldsymbol{X}=1$，$\boldsymbol{E}$ 为 n 阶单位矩阵，$\boldsymbol{H}=\boldsymbol{E}-2\boldsymbol{XX}^{\mathrm{T}}$，证明：$\boldsymbol{H}$ 是对称矩阵，且 $\boldsymbol{HH}^{\mathrm{T}}=\boldsymbol{E}$。

2-2 参考答案

§2.3 矩阵的逆

2.3.1 方阵行列式

定义2.3.1 由 n 阶方阵 $\boldsymbol{A}$ 的元素所构成的行列式(各元素的位置不变),称为方阵 $\boldsymbol{A}$ 的行列式,记作 $|\boldsymbol{A}|$ 或 $\det\boldsymbol{A}$。

例如:$\boldsymbol{A}=\begin{pmatrix}1 & 2\\ 3 & 4\end{pmatrix}$ 是一个二阶方阵,它的行列式为 $|\boldsymbol{A}|=\begin{vmatrix}1 & 2\\ 3 & 4\end{vmatrix}=-2$。

> 注:方阵与行列式是两个不同的概念,n 阶方阵是 n^2 个数按一定方式排成的数表,而 n 阶行列式则是这些数按一定的运算法则所确定的一个数值。

方阵 $\boldsymbol{A}$ 的行列式 $|\boldsymbol{A}|$ 满足以下运算规律。

设 $\boldsymbol{A}$、$\boldsymbol{B}$ 为 n 阶方阵,k 为常数,则:

(1) $|\boldsymbol{A}^{\mathrm{T}}|=|\boldsymbol{A}|$ (2) $|k\boldsymbol{A}|=k^n|\boldsymbol{A}|$

(3) $|\boldsymbol{AB}|=|\boldsymbol{A}||\boldsymbol{B}|$

> 注:对于 n 阶方阵 $\boldsymbol{A}$,$\boldsymbol{B}$,虽然一般 $\boldsymbol{AB}\neq\boldsymbol{BA}$,但 $|\boldsymbol{AB}|=|\boldsymbol{A}||\boldsymbol{B}|=|\boldsymbol{B}||\boldsymbol{A}|=|\boldsymbol{BA}|$。

【例 1】 已知方阵 $\boldsymbol{A}$ 是三阶方阵,且行列式 $|\boldsymbol{A}|=4$,求下列行列式的值。

(1) $|-\boldsymbol{A}|$ (2) $||\boldsymbol{A}|\boldsymbol{A}^{\mathrm{T}}|$

【解】 (1) $|-\boldsymbol{A}|=(-1)^3|\boldsymbol{A}|=-4$。

(2) $||\boldsymbol{A}|\boldsymbol{A}^{\mathrm{T}}|=|4\boldsymbol{A}|=4^3|\boldsymbol{A}|=4^3\times 3=192$。

2.3.2 伴随矩阵

定义2.3.2 设 $\boldsymbol{A}$ 为 n 阶方阵,A_{ij} 是行列式 $|\boldsymbol{A}|$ 中的元素 a_{ij} 的代数余子式,$i,j=1,2,\cdots,n$,则矩阵

$$\begin{pmatrix}A_{11} & A_{21} & \cdots & A_{n1}\\ A_{12} & A_{22} & \cdots & A_{n2}\\ \vdots & \vdots & & \vdots\\ A_{1n} & A_{2n} & \cdots & A_{nn}\end{pmatrix}$$

称为 $\boldsymbol{A}$ 的伴随矩阵,记作 $\boldsymbol{A}^*$。

【例 2】 已知三阶方阵

$$\boldsymbol{A}=\begin{pmatrix}1 & 2 & 1\\ 1 & 3 & 2\\ 1 & 2 & 4\end{pmatrix}$$

求:(1) 计算行列式 $|\boldsymbol{A}|$。

(2) 矩阵 $\boldsymbol{A}$ 的伴随矩阵 $\boldsymbol{A}^*$。

(3) 若行列式 $|\boldsymbol{A}|\neq 0$，求 $\frac{1}{|\boldsymbol{A}|}\boldsymbol{A}^*\boldsymbol{A}$。

【解】 (1) $|\boldsymbol{A}| = \begin{vmatrix} 1 & 2 & 1 \\ 1 & 3 & 2 \\ 1 & 2 & 4 \end{vmatrix} = 3$

(2) $A_{11} = (-1)^{1+1}\begin{vmatrix} 3 & 2 \\ 2 & 4 \end{vmatrix} = 8 \qquad A_{12} = (-1)^{1+2}\begin{vmatrix} 1 & 2 \\ 1 & 4 \end{vmatrix} = -2$

$A_{13} = (-1)^{1+3}\begin{vmatrix} 1 & 3 \\ 1 & 2 \end{vmatrix} = -1 \qquad A_{21} = (-1)^{2+1}\begin{vmatrix} 2 & 1 \\ 2 & 4 \end{vmatrix} = -6$

$A_{22} = (-1)^{2+2}\begin{vmatrix} 1 & 1 \\ 1 & 4 \end{vmatrix} = 3 \qquad A_{23} = (-1)^{2+3}\begin{vmatrix} 1 & 2 \\ 1 & 2 \end{vmatrix} = 0$

$A_{31} = (-1)^{3+1}\begin{vmatrix} 2 & 1 \\ 3 & 2 \end{vmatrix} = 1 \qquad A_{32} = (-1)^{3+2}\begin{vmatrix} 1 & 1 \\ 1 & 2 \end{vmatrix} = -1$

$A_{33} = (-1)^{3+3}\begin{vmatrix} 1 & 2 \\ 1 & 3 \end{vmatrix} = 1$

由此可得伴随矩阵：

$$\boldsymbol{A}^* = \begin{pmatrix} 8 & -6 & 1 \\ -2 & 3 & -1 \\ -1 & 0 & 1 \end{pmatrix}$$

(3) $\frac{1}{|\boldsymbol{A}|}\boldsymbol{A}^*\boldsymbol{A} = \frac{1}{3}\times\begin{pmatrix} 8 & -6 & 1 \\ -2 & 3 & -1 \\ -1 & 0 & 1 \end{pmatrix}\begin{pmatrix} 1 & 2 & 1 \\ 1 & 3 & 2 \\ 1 & 2 & 4 \end{pmatrix} = \begin{pmatrix} 1 & 0 & 0 \\ 0 & 1 & 0 \\ 0 & 0 & 1 \end{pmatrix}$

2.3.3　逆矩阵的概念及求法

定义2.3.3　对于 n 阶矩阵 $\boldsymbol{A}$，如果存在一个 n 阶矩阵 $\boldsymbol{B}$，使得 $\boldsymbol{AB} = \boldsymbol{BA} = \boldsymbol{E}$，则称 $\boldsymbol{A}$ 为可逆矩阵，简称 $\boldsymbol{A}$ 可逆；并称矩阵 $\boldsymbol{B}$ 为 $\boldsymbol{A}$ 的逆矩阵，记作 $\boldsymbol{A}^{-1}$，即 $\boldsymbol{B} = \boldsymbol{A}^{-1}$，于是有 $\boldsymbol{AA}^{-1} = \boldsymbol{A}^{-1}\boldsymbol{A} = \boldsymbol{E}$。

注：

1. $\boldsymbol{E}^{-1} = \boldsymbol{E}$。
2. $\boldsymbol{O}_n$ 不可逆。
3. 特别地，若矩阵 $\boldsymbol{A}$ 是可逆的，则 $\boldsymbol{A}$ 的逆矩阵是唯一的。

不是所有的矩阵都可逆，那么什么时候矩阵才可逆？可逆矩阵的逆矩阵又是什么？如何求呢？

定理2.3.1　n 阶矩阵 $\boldsymbol{A}$ 可逆的充分必要条件是行列式 $|\boldsymbol{A}|\neq 0$，且当 $\boldsymbol{A}$ 可逆时，有 $\boldsymbol{A}^{-1} = \frac{1}{|\boldsymbol{A}|}\boldsymbol{A}^*$，其中 $\boldsymbol{A}^*$ 为 $\boldsymbol{A}$ 的伴随矩阵。

【证】

1. 必要性

由 $\boldsymbol{A}$ 可逆知，存在 n 阶可逆矩阵 $\boldsymbol{B}$，满足 $\boldsymbol{AB}=\boldsymbol{E}$，从而

$$|\boldsymbol{AB}|=|\boldsymbol{A}||\boldsymbol{B}|=|\boldsymbol{E}|=1\neq 0$$

因此，$|\boldsymbol{A}|\neq 0$，同时 $|\boldsymbol{B}|\neq 0$。

2. 充分性

设 $\boldsymbol{A}=(a_{ij})_{n\times n}$，则

$$\boldsymbol{AA}^*=\begin{pmatrix} a_{11} & a_{12} & \cdots & a_{1n} \\ a_{21} & a_{22} & \cdots & a_{2n} \\ \vdots & \vdots & & \vdots \\ a_{n1} & a_{n2} & \cdots & a_{nn} \end{pmatrix}\begin{pmatrix} A_{11} & A_{21} & \cdots & A_{n1} \\ A_{12} & A_{22} & \cdots & A_{n2} \\ \vdots & \vdots & & \vdots \\ A_{1n} & A_{2n} & \cdots & A_{nn} \end{pmatrix}=\begin{pmatrix} |\boldsymbol{A}| & 0 & \cdots & 0 \\ 0 & |\boldsymbol{A}| & \cdots & 0 \\ \vdots & \vdots & & \vdots \\ 0 & 0 & \cdots & |\boldsymbol{A}| \end{pmatrix}=|\boldsymbol{A}|\boldsymbol{E}$$

当 $|\boldsymbol{A}|\neq 0$ 时，有

$$\boldsymbol{A}\left(\frac{1}{|\boldsymbol{A}|}\boldsymbol{A}^*\right)=\boldsymbol{E}$$

所以，$\boldsymbol{A}$ 可逆，且 $\boldsymbol{A}^{-1}=\dfrac{1}{|\boldsymbol{A}|}\boldsymbol{A}^*$。

注：由证明过程得到伴随矩阵的一个基本性质：$\boldsymbol{AA}^*=|\boldsymbol{A}|\boldsymbol{E}$。

2.3.4 逆矩阵的性质

(1) 若矩阵 $\boldsymbol{A}$ 可逆，则 $\boldsymbol{A}^{-1}$ 也可逆，且 $(\boldsymbol{A}^{-1})^{-1}=\boldsymbol{A}$；

(2) 若矩阵 $\boldsymbol{A}$ 可逆，数 $k\neq 0$，则 $(k\boldsymbol{A})^{-1}=\dfrac{1}{k}\boldsymbol{A}^{-1}$；

(3) 两个同阶可逆矩阵 $\boldsymbol{A}$、$\boldsymbol{B}$ 的乘积是可逆矩阵，且 $(\boldsymbol{AB})^{-1}=\boldsymbol{B}^{-1}\boldsymbol{A}^{-1}$；

(4) 若矩阵 $\boldsymbol{A}$ 可逆，则 $\boldsymbol{A}^{\mathrm{T}}$ 也可逆，且有 $(\boldsymbol{A}^{\mathrm{T}})^{-1}=(\boldsymbol{A}^{-1})^{\mathrm{T}}$；

(5) 若矩阵 $\boldsymbol{A}$ 可逆，则 $|\boldsymbol{A}^{-1}|=|\boldsymbol{A}|^{-1}$。

【例 3】 判断矩阵 $\boldsymbol{A}=\begin{pmatrix} 1 & -1 & 3 \\ 2 & -1 & 4 \\ -1 & 2 & -4 \end{pmatrix}$ 是否可逆。若可逆，求出它的逆矩阵。

【解】 由于

$$|\boldsymbol{A}|=\begin{vmatrix} 1 & -1 & 3 \\ 2 & -1 & 4 \\ -1 & 2 & -4 \end{vmatrix}\xlongequal[r_1+r_3]{-2r_1+r_2}\begin{vmatrix} 1 & -1 & 2 \\ 0 & 1 & -2 \\ 0 & 1 & -1 \end{vmatrix}=\begin{vmatrix} 1 & -2 \\ 1 & -1 \end{vmatrix}=1\neq 0$$

故矩阵 $\boldsymbol{A}$ 可逆。

再求出代数余子式：

$$A_{11}=(-1)^{1+1}\begin{vmatrix} -1 & 4 \\ 2 & -4 \end{vmatrix}=-4 \qquad A_{12}=(-1)^{1+2}\begin{vmatrix} 2 & 4 \\ -1 & -4 \end{vmatrix}=4$$

$$A_{13}=(-1)^{1+3}\begin{vmatrix} 2 & -1 \\ -1 & 2 \end{vmatrix}=3 \qquad A_{21}=(-1)^{2+1}\begin{vmatrix} -1 & 3 \\ 2 & -4 \end{vmatrix}=2$$

$$A_{22}=(-1)^{2+2}\begin{vmatrix}1&3\\-1&-4\end{vmatrix}=-1 \qquad A_{23}=(-1)^{2+3}\begin{vmatrix}1&-1\\-1&2\end{vmatrix}=-1$$

$$A_{31}=(-1)^{3+1}\begin{vmatrix}-1&3\\-1&4\end{vmatrix}=-1 \qquad A_{32}=(-1)^{3+2}\begin{vmatrix}1&3\\2&4\end{vmatrix}=2$$

$$A_{33}=(-1)^{3+3}\begin{vmatrix}1&-1\\2&-1\end{vmatrix}=1$$

故伴随矩阵为

$$\boldsymbol{A}^*=\begin{pmatrix}-4&2&-1\\4&-1&2\\3&-1&1\end{pmatrix}$$

于是

$$\boldsymbol{A}^{-1}=\frac{1}{|\boldsymbol{A}|}\boldsymbol{A}^*=\begin{pmatrix}-4&2&-1\\4&-1&2\\3&-1&1\end{pmatrix}$$

【例 4】　设 $\boldsymbol{A}$ 为 n 阶矩阵，证明：$|\boldsymbol{A}^*|=|\boldsymbol{A}|^{n-1}$。

【证】　由 $\boldsymbol{AA}^*=|\boldsymbol{A}|\boldsymbol{E}$ 可得：$|\boldsymbol{A}||\boldsymbol{A}^*|=|\boldsymbol{A}|^n$。

(1) 当 $|\boldsymbol{A}|\neq 0$ 时，显然有 $|\boldsymbol{A}^*|=|\boldsymbol{A}|^{n-1}$。

(2) 当 $|\boldsymbol{A}|=0$ 时，则要证明 $|\boldsymbol{A}^*|=0$，我们使用反证法。

假设 $|\boldsymbol{A}^*|\neq 0$，则 $\boldsymbol{A}^*$ 是可逆矩阵，给矩阵等式 $\boldsymbol{AA}^*=|\boldsymbol{A}|\boldsymbol{E}=\boldsymbol{O}$ 两边右乘 $\boldsymbol{A}^*$ 的逆矩阵。得到 $\boldsymbol{A}=\boldsymbol{O}$，零矩阵的伴随矩阵仍是零矩阵，即 $\boldsymbol{A}^*=\boldsymbol{O}$，这与假设 $|\boldsymbol{A}^*|\neq 0$ 矛盾，故 $|\boldsymbol{A}^*|=0$。

所以必有 $|\boldsymbol{A}^*|=|\boldsymbol{A}|^{n-1}$ 成立。

2.3.4　矩阵方程

考虑矩阵方程

$$\boldsymbol{AX}=\boldsymbol{B},\boldsymbol{XA}=\boldsymbol{B},\boldsymbol{AXB}=\boldsymbol{C}$$

利用矩阵乘法的运算规律和逆矩阵的运算性质，通过在方程两边左乘或右乘相应的矩阵的逆矩阵，可求出其解分别为

$$\boldsymbol{X}=\boldsymbol{A}^{-1}\boldsymbol{B},\boldsymbol{X}=\boldsymbol{BA}^{-1},\boldsymbol{X}=\boldsymbol{A}^{-1}\boldsymbol{CB}^{-1}$$

【例 5】　解矩阵方程 $\begin{pmatrix}1&2\\3&5\end{pmatrix}\boldsymbol{X}=\begin{pmatrix}0&1\\1&0\end{pmatrix}$。

【解】　记 $\boldsymbol{A}=\begin{pmatrix}1&2\\3&5\end{pmatrix}$，$\boldsymbol{B}=\begin{pmatrix}0&1\\1&0\end{pmatrix}$，则矩阵方程是 $\boldsymbol{AX}=\boldsymbol{B}$ 的形式。

因为　$|\boldsymbol{A}|=\begin{vmatrix}1&2\\3&5\end{vmatrix}=-1$，$\boldsymbol{A}^*=\begin{pmatrix}5&-2\\-3&1\end{pmatrix}$，$\boldsymbol{A}^{-1}=\frac{1}{|\boldsymbol{A}|}\boldsymbol{A}^*=\begin{pmatrix}-5&2\\3&-1\end{pmatrix}$，

所以 $\boldsymbol{X}=\boldsymbol{A}^{-1}\boldsymbol{B}=\begin{pmatrix}-5&2\\3&-1\end{pmatrix}\begin{pmatrix}0&1\\1&0\end{pmatrix}=\begin{pmatrix}2&-5\\-1&3\end{pmatrix}$。

【例 6】 设$\boldsymbol{A}=\begin{pmatrix}1&2&3\\2&2&1\\3&4&3\end{pmatrix}$,$\boldsymbol{B}=\begin{pmatrix}2&1\\5&3\end{pmatrix}$,$\boldsymbol{C}=\begin{pmatrix}1&3\\2&0\\5&3\end{pmatrix}$,求矩阵$\boldsymbol{X}$,使其满足$\boldsymbol{AXB}=\boldsymbol{C}$。

【解】 因为$|\boldsymbol{A}|=\begin{vmatrix}1&2&3\\2&2&1\\3&4&3\end{vmatrix}=2\neq 0$,$|\boldsymbol{B}|=\begin{vmatrix}2&1\\5&3\end{vmatrix}=1\neq 0$,所以$\boldsymbol{A}$、$\boldsymbol{B}$都可逆。

$$\boldsymbol{A}^{-1}=\begin{pmatrix}1&3&-2\\-\frac{3}{2}&-3&\frac{5}{2}\\1&1&-1\end{pmatrix},\quad \boldsymbol{B}^{-1}=\begin{pmatrix}3&-1\\-5&2\end{pmatrix}$$

$$\boldsymbol{X}=\boldsymbol{A}^{-1}\boldsymbol{C}\boldsymbol{B}^{-1}=\begin{pmatrix}1&3&-2\\-\frac{3}{2}&-3&\frac{5}{2}\\1&1&-1\end{pmatrix}\begin{pmatrix}1&3\\2&0\\3&1\end{pmatrix}\begin{pmatrix}3&-1\\-5&2\end{pmatrix}=\begin{pmatrix}-2&-1\\10&-4\\-10&4\end{pmatrix}$$

习题 2-3

1. 设$\boldsymbol{A}$为三阶方阵,$|\boldsymbol{A}|=2$,求$\big||\boldsymbol{A}|\boldsymbol{A}\big|$。

2. 判断矩阵$\boldsymbol{A}=\begin{pmatrix}0&1&3\\1&-1&0\\-1&2&1\end{pmatrix}$是否可逆。若可逆,求出它的逆矩阵。

3. 已知n阶矩阵$\boldsymbol{A}$满足$\boldsymbol{A}^2-2\boldsymbol{A}+4\boldsymbol{E}=\boldsymbol{O}$,试证:$\boldsymbol{A}+\boldsymbol{E}$是可逆矩阵,并求$(\boldsymbol{A}+\boldsymbol{E})^{-1}$。

4. 设矩阵

$$\boldsymbol{A}=\begin{pmatrix}1&-1&2\\-2&-1&-2\\4&3&3\end{pmatrix},\boldsymbol{B}=\begin{pmatrix}2&4\\-3&-5\end{pmatrix},\boldsymbol{C}=\begin{pmatrix}-2&0\\0&1\\1&-3\end{pmatrix}$$

解矩阵方程$\boldsymbol{AXB}=\boldsymbol{C}$。

5. 设

$$\boldsymbol{A}=\begin{pmatrix}3&0&1\\1&1&0\\0&1&4\end{pmatrix}$$

若矩阵$\boldsymbol{X}$满足关系式$\boldsymbol{AX}=2\boldsymbol{X}+\boldsymbol{A}$,求$\boldsymbol{X}$。

6. 设$\boldsymbol{A}$是n阶方阵,$|\boldsymbol{A}|=2$,求$\left|\left(\frac{1}{2}\boldsymbol{A}\right)^{-1}-3\boldsymbol{A}^*\right|$。

2-3 参考答案

§2.4　矩阵的分块

对于阶数较高的矩阵，为了简化运算，经常采用分块法，将一个大矩阵分成若干个小矩阵，再进行运算。

2.4.1　分块矩阵的概念

定义2.4.1　用若干条纵线和横线把矩阵 $\boldsymbol{A}$ 分成若干个小矩阵，每一个小矩阵称为 $\boldsymbol{A}$ 的子块，以子块为元素的矩阵称为 $\boldsymbol{A}$ 的分块矩阵。

注：矩阵的分块有多种方式，可根据具体的需要来分块。

【例 1】　将矩阵 $\boldsymbol{A}=\begin{pmatrix}1&0&0&-3\\0&1&0&2\\0&0&1&0\\0&0&0&1\end{pmatrix}$进行分块。

第一种分块方式：

$$\boldsymbol{A}=\left(\begin{array}{ccc:c}1&0&0&-3\\0&1&0&2\\0&0&1&0\\\hdashline 0&0&0&1\end{array}\right)=\begin{pmatrix}\boldsymbol{E}_3&\boldsymbol{B}\\\boldsymbol{O}&\boldsymbol{E}_1\end{pmatrix},\text{其中 }\boldsymbol{B}=\begin{pmatrix}-3\\2\\0\end{pmatrix}$$

第二种分块方式：

$$\boldsymbol{A}=\left(\begin{array}{cc:cc}1&0&0&-3\\0&1&0&2\\\hdashline 0&0&1&0\\0&0&0&1\end{array}\right)=\begin{pmatrix}\boldsymbol{E}_2&\boldsymbol{C}\\\boldsymbol{O}&\boldsymbol{E}_2\end{pmatrix},\text{其中 }\boldsymbol{C}=\begin{pmatrix}0&-3\\0&2\end{pmatrix}$$

第三种分块方式：

$$\boldsymbol{A}=\left(\begin{array}{c:c:c:c}1&0&0&-3\\0&1&0&2\\0&0&1&0\\0&0&0&1\end{array}\right)=(\boldsymbol{\alpha}_1\quad\boldsymbol{\alpha}_2\quad\boldsymbol{\alpha}_3\quad\boldsymbol{\alpha}_4)$$

第四种分块方式：

$$\boldsymbol{A}=\left(\begin{array}{cccc}1&0&0&-3\\\hdashline 0&1&0&2\\\hdashline 0&0&1&0\\\hdashline 0&0&0&1\end{array}\right)=(\boldsymbol{\alpha}_1\quad\boldsymbol{\alpha}_2\quad\boldsymbol{\alpha}_3\quad\boldsymbol{\alpha}_4)^{\mathrm{T}}$$

2.4.2 分块矩阵的运算

分块矩阵的运算与普通矩阵的运算规则相似，分块时要注意：运算的两个矩阵按块能运算，并且参与运算的子块也能运算，即内外都能运算。

1. 分块矩阵的加法运算

设 $\boldsymbol{A}$、$\boldsymbol{B}$ 是两个 $m\times n$ 矩阵，将它们按照同样的方法分块：

$$\boldsymbol{A}=\begin{pmatrix}\boldsymbol{A}_{11} & \boldsymbol{A}_{12} & \cdots & \boldsymbol{A}_{1t}\\ \boldsymbol{A}_{21} & \boldsymbol{A}_{22} & \cdots & \boldsymbol{A}_{2t}\\ \vdots & \vdots & & \vdots\\ \boldsymbol{A}_{s1} & \boldsymbol{A}_{s2} & \cdots & \boldsymbol{A}_{st}\end{pmatrix},\quad \boldsymbol{B}=\begin{pmatrix}\boldsymbol{B}_{11} & \boldsymbol{B}_{12} & \cdots & \boldsymbol{B}_{1t}\\ \boldsymbol{B}_{21} & \boldsymbol{B}_{22} & \cdots & \boldsymbol{B}_{2t}\\ \vdots & \vdots & & \vdots\\ \boldsymbol{B}_{s1} & \boldsymbol{B}_{s2} & \cdots & \boldsymbol{B}_{st}\end{pmatrix}$$

其中 $\boldsymbol{A}_{ij}$ 与 $\boldsymbol{B}_{ij}(i=1,2,\cdots,s;j=1,2,\cdots,t)$ 是同型矩阵，则：

$$\boldsymbol{A}+\boldsymbol{B}=\begin{pmatrix}\boldsymbol{A}_{11}+\boldsymbol{B}_{11} & \boldsymbol{A}_{12}+\boldsymbol{B}_{12} & \cdots & \boldsymbol{A}_{1t}+\boldsymbol{B}_{1t}\\ \boldsymbol{A}_{21}+\boldsymbol{B}_{21} & \boldsymbol{A}_{22}+\boldsymbol{B}_{22} & \cdots & \boldsymbol{A}_{2t}+\boldsymbol{B}_{2t}\\ \vdots & \vdots & & \vdots\\ \boldsymbol{A}_{s1}+\boldsymbol{B}_{s1} & \boldsymbol{A}_{s2}+\boldsymbol{B}_{s2} & \cdots & \boldsymbol{A}_{st}+\boldsymbol{B}_{st}\end{pmatrix}$$

2. 分块矩阵的数乘运算

设 k 是常数，$\boldsymbol{A}$ 是 $m\times n$ 矩阵，分块后得到：

$$\boldsymbol{A}=\begin{pmatrix}\boldsymbol{A}_{11} & \boldsymbol{A}_{12} & \cdots & \boldsymbol{A}_{1t}\\ \boldsymbol{A}_{21} & \boldsymbol{A}_{22} & \cdots & \boldsymbol{A}_{2t}\\ \vdots & \vdots & & \vdots\\ \boldsymbol{A}_{s1} & \boldsymbol{A}_{s2} & \cdots & \boldsymbol{A}_{st}\end{pmatrix}$$

则：

$$k\boldsymbol{A}=\begin{pmatrix}k\boldsymbol{A}_{11} & k\boldsymbol{A}_{12} & \cdots & k\boldsymbol{A}_{1t}\\ k\boldsymbol{A}_{21} & k\boldsymbol{A}_{22} & \cdots & k\boldsymbol{A}_{2t}\\ \vdots & \vdots & & \vdots\\ k\boldsymbol{A}_{s1} & k\boldsymbol{A}_{s2} & \cdots & k\boldsymbol{A}_{st}\end{pmatrix}$$

3. 分块矩阵的乘法运算

设 $\boldsymbol{A}$ 为 $m\times l$ 矩阵，$\boldsymbol{B}$ 为 $l\times n$ 矩阵，分块为：

$$\boldsymbol{A}=\begin{pmatrix}\boldsymbol{A}_{11} & \boldsymbol{A}_{12} & \cdots & \boldsymbol{A}_{1t}\\ \boldsymbol{A}_{21} & \boldsymbol{A}_{22} & \cdots & \boldsymbol{A}_{2t}\\ \vdots & \vdots & & \vdots\\ \boldsymbol{A}_{s1} & \boldsymbol{A}_{s2} & \cdots & \boldsymbol{A}_{st}\end{pmatrix},\boldsymbol{B}=\begin{pmatrix}\boldsymbol{B}_{11} & \boldsymbol{B}_{12} & \cdots & \boldsymbol{B}_{1r}\\ \boldsymbol{B}_{21} & \boldsymbol{B}_{22} & \cdots & \boldsymbol{B}_{2r}\\ \vdots & \vdots & & \vdots\\ \boldsymbol{B}_{t1} & \boldsymbol{B}_{t2} & \cdots & \boldsymbol{B}_{tr}\end{pmatrix}$$

此处 $\boldsymbol{A}$ 的列的分法与 $\boldsymbol{B}$ 的行的分法一致，即子块 $\boldsymbol{A}_{i1},\boldsymbol{A}_{i2},\cdots,\boldsymbol{A}_{it}$ 的列数分别与子块 $\boldsymbol{B}_{1j}$，$\boldsymbol{B}_{2j},\cdots,\boldsymbol{B}_{tj}$ 的行数相等，则：

$$AB = C = \begin{pmatrix} C_{11} & C_{12} & \cdots & C_{1r} \\ C_{21} & C_{22} & \cdots & C_{2r} \\ \vdots & \vdots & & \vdots \\ C_{s1} & C_{s2} & \cdots & C_{sr} \end{pmatrix}$$

其中 $C_{ij} = \sum_{k=1}^{t} A_{ik}B_{kj}\ (i = 1,2,\cdots,s;j = 1,2,\cdots,r)$。

4. 分块矩阵的转置

设 A 是 $m \times n$ 矩阵,分块后得到:

$$A = \begin{pmatrix} A_{11} & A_{12} & \cdots & A_{1t} \\ A_{21} & A_{22} & \cdots & A_{2t} \\ \vdots & \vdots & & \vdots \\ A_{s1} & A_{s2} & \cdots & A_{st} \end{pmatrix}$$

则矩阵 A 的转置矩阵为:

$$A^{\mathrm{T}} = \begin{pmatrix} A_{11}^{\mathrm{T}} & A_{21}^{\mathrm{T}} & \cdots & A_{s1}^{\mathrm{T}} \\ A_{12}^{\mathrm{T}} & A_{22}^{\mathrm{T}} & \cdots & A_{s2}^{\mathrm{T}} \\ \vdots & \vdots & & \vdots \\ A_{1t}^{\mathrm{T}} & A_{2t}^{\mathrm{T}} & \cdots & A_{st}^{\mathrm{T}} \end{pmatrix}$$

【例 2】 设矩阵 $A = \begin{pmatrix} 1 & 0 & 1 & 3 \\ 0 & 1 & 2 & 1 \\ 0 & 0 & -1 & 0 \\ 0 & 0 & 0 & -1 \end{pmatrix}$,$B = \begin{pmatrix} 1 & 2 & 0 & 0 \\ 2 & 0 & 0 & 0 \\ 6 & 3 & 1 & 0 \\ 0 & -2 & 0 & 1 \end{pmatrix}$,求 $A+B,kA,AB$。

【解】 将矩阵 A、B 分块如下:

$$A = \left(\begin{array}{cc:cc} 1 & 0 & 1 & 3 \\ 0 & 1 & 2 & 1 \\ \hdashline 0 & 0 & -1 & 0 \\ 0 & 0 & 0 & -1 \end{array}\right) = \begin{pmatrix} E & C \\ O & -E \end{pmatrix},\ B = \left(\begin{array}{cc:cc} 1 & 2 & 0 & 0 \\ 2 & 0 & 0 & 0 \\ \hdashline 6 & 3 & 1 & 0 \\ 0 & -2 & 0 & 1 \end{array}\right) = \begin{pmatrix} D & O \\ F & E \end{pmatrix}$$

则:

$$A+B = \begin{pmatrix} E & C \\ O & -E \end{pmatrix} + \begin{pmatrix} D & O \\ F & E \end{pmatrix} = \begin{pmatrix} E+D & C \\ F & O \end{pmatrix} = \left(\begin{array}{cc:cc} 2 & 2 & 1 & 3 \\ 2 & 1 & 2 & 1 \\ \hdashline 6 & 3 & 0 & 0 \\ 0 & -2 & 0 & 0 \end{array}\right)$$

$$kA = k\begin{pmatrix} E & C \\ O & -E \end{pmatrix} = \left(\begin{array}{cc:cc} k & 0 & k & 3k \\ 0 & k & 2k & k \\ \hdashline 0 & 0 & -k & 0 \\ 0 & 0 & 0 & -k \end{array}\right)$$

$$AB=\begin{pmatrix}E & C\\ O & -E\end{pmatrix}\begin{pmatrix}D & O\\ F & E\end{pmatrix}=\begin{pmatrix}D+CF & C\\ -F & -E\end{pmatrix}=\left(\begin{array}{cc:cc}7 & -1 & 1 & 3\\ 14 & -2 & 2 & 1\\ \hdashline -6 & 3 & -1 & 0\\ 0 & 2 & 0 & -1\end{array}\right)$$

2.4.3 几个特殊的分块矩阵

1. 分块对角矩阵

定义2.4.2 设 $\boldsymbol{A}$ 为 n 阶矩阵，若 $\boldsymbol{A}$ 的分块矩阵只在对角线上有非零子块，其余子块都为零矩阵，且在对角线上的子块都是方阵，即

$$\boldsymbol{A}=\begin{pmatrix}\boldsymbol{A}_1 & & & \\ & \boldsymbol{A}_2 & & \\ & & \ddots & \\ & & & \boldsymbol{A}_s\end{pmatrix}\text{（未写出的子块都是零矩阵）}$$

其中 $\boldsymbol{A}_i(i=1,2,\cdots,s)$ 都是方阵，则称 $\boldsymbol{A}$ 为分块对角矩阵。

分块对角矩阵具有以下性质：

(1) 若 $|\boldsymbol{A}_i|\neq 0(i=1,2,\cdots,s)$，则 $|\boldsymbol{A}|\neq 0$，且 $|\boldsymbol{A}|=|\boldsymbol{A}_1||\boldsymbol{A}_2|\cdots|\boldsymbol{A}_s|$；

(2) 当 $\boldsymbol{A}$ 和 $\boldsymbol{D}$ 是任意两个可逆矩阵时，有

$$\begin{pmatrix}\boldsymbol{A} & \boldsymbol{B}\\ \boldsymbol{O} & \boldsymbol{D}\end{pmatrix}^{-1}=\begin{pmatrix}\boldsymbol{A}^{-1} & -\boldsymbol{A}^{-1}\boldsymbol{B}\boldsymbol{D}^{-1}\\ \boldsymbol{O} & \boldsymbol{D}^{-1}\end{pmatrix}$$

特别地

$$\begin{pmatrix}\boldsymbol{A} & \boldsymbol{O}\\ \boldsymbol{O} & \boldsymbol{D}\end{pmatrix}^{-1}=\begin{pmatrix}\boldsymbol{A}^{-1} & \boldsymbol{O}\\ \boldsymbol{O} & \boldsymbol{D}^{-1}\end{pmatrix}$$

(3) $\boldsymbol{A}^{-1}=\begin{pmatrix}\boldsymbol{A}_1^{-1} & & & \\ & \boldsymbol{A}_2^{-1} & & \\ & & \ddots & \\ & & & \boldsymbol{A}_s^{-1}\end{pmatrix}$

(4) 当 $\boldsymbol{B}$ 和 $\boldsymbol{C}$ 是任意两个可逆矩阵时，有

$$\begin{pmatrix}\boldsymbol{O} & \boldsymbol{B}\\ \boldsymbol{C} & \boldsymbol{D}\end{pmatrix}^{-1}=\begin{pmatrix}-\boldsymbol{C}^{-1}\boldsymbol{D}\boldsymbol{B}^{-1} & \boldsymbol{C}^{-1}\\ \boldsymbol{B}^{-1} & \boldsymbol{O}\end{pmatrix}$$

特别地

$$\begin{pmatrix}\boldsymbol{O} & \boldsymbol{B}\\ \boldsymbol{C} & \boldsymbol{O}\end{pmatrix}^{-1}=\begin{pmatrix}\boldsymbol{O} & \boldsymbol{C}^{-1}\\ \boldsymbol{B}^{-1} & \boldsymbol{O}\end{pmatrix}$$

(5) 同结构的分块对角矩阵的和、差、积、数乘及逆仍是分块对角矩阵。

2. 分块上三角形矩阵和分块下三角形矩阵

定义2.4.3 形如 $\boldsymbol{A}=\begin{pmatrix}\boldsymbol{A}_{11} & \boldsymbol{A}_{12} & \cdots & \boldsymbol{A}_{1s}\\ \boldsymbol{O} & \boldsymbol{A}_{22} & \cdots & \boldsymbol{A}_{2s}\\ \vdots & \vdots & & \vdots\\ \boldsymbol{O} & \boldsymbol{O} & \cdots & \boldsymbol{A}_{ss}\end{pmatrix}$ 的矩阵，其中 $\boldsymbol{A}_{ii}(i=1,2,\cdots,s)$ 都是

方阵，称为分块上三角形矩阵；类似地，形如 $A=\begin{pmatrix} A_{11} & O & \cdots & O \\ A_{21} & A_{22} & \cdots & O \\ \vdots & \vdots & & \vdots \\ A_{s1} & A_{s2} & \cdots & A_{ss} \end{pmatrix}$ 的矩阵，其中 $A_{ii}(i=1,2,\cdots,s)$ 都是方阵，称为分块下三角形矩阵。

【例 3】 用矩阵的分块求 $A=\begin{pmatrix} 5 & 0 & 0 \\ 0 & 3 & 1 \\ 0 & 2 & 1 \end{pmatrix}$ 的逆矩阵。

【解】 将矩阵分块：$A=\left(\begin{array}{c:cc} 5 & 0 & 0 \\ \hdashline 0 & 3 & 1 \\ 0 & 2 & 1 \end{array}\right)=\begin{pmatrix} A_1 & O \\ O & A_2 \end{pmatrix}$。

由于 $A_1=(5)$，$A_1^{-1}=\left(\frac{1}{5}\right)$；$A_2=\begin{pmatrix} 3 & 1 \\ 2 & 1 \end{pmatrix}$，$|A_2|=\begin{vmatrix} 3 & 1 \\ 2 & 1 \end{vmatrix}=1\neq 0$，$A_2$ 可逆，$A_2^*=\begin{pmatrix} 1 & -1 \\ -2 & 3 \end{pmatrix}$，$A_2^{-1}=\dfrac{A_2^*}{|A_2|}=\begin{pmatrix} 1 & -1 \\ -2 & 3 \end{pmatrix}$，则 $A^{-1}=\begin{pmatrix} A_1^{-1} & O \\ O & A_2^{-1} \end{pmatrix}=\left(\begin{array}{c:cc} \frac{1}{5} & 0 & 0 \\ \hdashline 0 & 1 & -1 \\ 0 & -2 & 3 \end{array}\right)$。

习题 2-4

1. 已知 $A=\begin{pmatrix} 1 & 2 & 1 & 0 \\ 0 & 1 & 0 & 1 \\ 0 & 0 & 2 & 1 \\ 0 & 0 & 0 & 3 \end{pmatrix}$，$B=\begin{pmatrix} 1 & 0 & 3 & 1 \\ 0 & 1 & 2 & -1 \\ 0 & 0 & -2 & 3 \\ 0 & 0 & 0 & -3 \end{pmatrix}$，利用矩阵分块法计算 $A+B$，kB，AB 及 A^{T}。

2. 使用矩阵的分块求 $A=\begin{pmatrix} 3 & 0 & 0 & 0 & 0 \\ 0 & 0 & 1 & 0 & 0 \\ 0 & 2 & 5 & 0 & 0 \\ 0 & 0 & 0 & 1 & 0 \\ 0 & 0 & 0 & 0 & 1 \end{pmatrix}$ 的逆矩阵。

3. 设 A 和 D 是任意两个可逆矩阵，证明：

$$\begin{pmatrix} A & B \\ O & D \end{pmatrix}^{-1}=\begin{pmatrix} A^{-1} & -A^{-1}BD^{-1} \\ O & D^{-1} \end{pmatrix}$$

4. 设 $D=\begin{pmatrix} A & C \\ O & B \end{pmatrix}$ 为分块矩阵，其中 A 是 k 阶方阵，B 是 r 阶方阵，证明 $|D|=|A||B|$。

2-4 参考答案

§2.5 矩阵的初等变换

在计算行列式时，利用行列式的性质可以将给定的行列式化为上(下)三角形行列式，从而简化行列式的计算。如果把行列式的某些性质引用到矩阵上，会给研究矩阵带来很大的方便，这些性质反映到矩阵上就是矩阵的初等变换。

2.5.1 初等行变换和初等列变换

定义2.5.1 对矩阵实施下列三种变换，则称为矩阵的初等行变换：

(1) 交换矩阵的两行($r_i \leftrightarrow r_j$)；

(2) 用一个非零的常数 k 乘以矩阵的某一行(kr_i)；

(3) 把矩阵某一行的 k 倍加到另一行($kr_i + r_j$)。

将定义中的“行”换成“列”，称为矩阵的初等列变换，矩阵的初等行变换与初等列变换统称为矩阵的初等变换。

经过初等变换后的两个矩阵是否相等?若不相等，那么它们有什么关系?

定义2.5.2 若矩阵$\boldsymbol{A}$经过有限次初等变换变成矩阵$\boldsymbol{B}$，则称矩阵$\boldsymbol{A}$与$\boldsymbol{B}$等价，记为$\boldsymbol{A} \rightarrow \boldsymbol{B}$或$\boldsymbol{A} \sim \boldsymbol{B}$。

矩阵之间的等价关系具有下列性质：

(1) 自反性：$\boldsymbol{A} \rightarrow \boldsymbol{A}$；

(2) 对称性：若 $\boldsymbol{A} \rightarrow \boldsymbol{B}$，则 $\boldsymbol{B} \rightarrow \boldsymbol{A}$；

(3) 传递性：若 $\boldsymbol{A} \rightarrow \boldsymbol{B}$，$\boldsymbol{B} \rightarrow \boldsymbol{C}$，则 $\boldsymbol{A} \rightarrow \boldsymbol{C}$。

一个矩阵可以连续不断地实施初等变换，那么应把矩阵变成什么样的呢?

定义2.5.3 一般地，称满足下列条件的矩阵称为行阶梯矩阵：

(1) 各非零行首个非零元素分布在不同列；

(2) 当有零行时，零行在矩阵的最下端。

例如：$\begin{pmatrix} 1 & 2 & 3 & 4 \\ 0 & -3 & 1 & -2 \\ 0 & 0 & 2 & 5 \\ 0 & 0 & 0 & 0 \end{pmatrix}$是阶梯矩阵，$\begin{pmatrix} -2 & 1 & 5 & -4 \\ 0 & 0 & 1 & 3 \\ 0 & 0 & 0 & -2 \\ 0 & 0 & 0 & 0 \end{pmatrix}$是阶梯矩阵；

$\begin{pmatrix} 2 & -2 & 1 & 0 \\ 0 & 1 & 3 & -5 \\ 0 & -2 & 4 & -2 \\ 0 & 0 & 0 & 0 \end{pmatrix}$不是阶梯矩阵。

定义2.5.4 已知 $\boldsymbol{A}$ 是阶梯矩阵，若它同时满足：

(1) 各非零行首个非零元素皆为 1；

(2) 各非零行首个非零元素所在列的其他元素都是 0；

则称阶梯矩阵 $\boldsymbol{A}$ 为行最简形阶梯矩阵。

例如：$\begin{pmatrix}1&0&0&-2&1\\0&1&0&1&0\\0&0&1&1&0\\0&0&1&3&-5\end{pmatrix}$ 是最简形阶梯矩阵；$\begin{pmatrix}1&2&0&4\\0&1&0&3\\0&0&1&-2\\0&0&0&0\end{pmatrix}$ 不是最简形阶梯矩阵。

如果对最简形阶梯矩阵再做列变换，如：

$$\boldsymbol{A}=\begin{pmatrix}1&0&0&-2&1\\0&1&0&1&0\\0&0&1&3&-5\\0&0&0&0&0\end{pmatrix}\xrightarrow[-c_1+c_5]{2c_1+c_4}\begin{pmatrix}1&0&0&0&0\\0&1&0&1&0\\0&0&1&3&-5\\0&0&0&0&0\end{pmatrix}$$

$$\xrightarrow{-c_2+c_4}\begin{pmatrix}1&0&0&0&0\\0&1&0&0&0\\0&0&1&3&-5\\0&0&0&0&0\end{pmatrix}\xrightarrow[5c_3+c_5]{-3c_3+c_4}\begin{pmatrix}1&0&0&0&0\\0&1&0&0&0\\0&0&1&0&0\\0&0&0&0&0\end{pmatrix}=\boldsymbol{B}$$

定义2.5.5　这里的矩阵 $\boldsymbol{B}$ 左上角是一个单位矩阵，其余元素都为0，称这样的矩阵 $\boldsymbol{B}$ 为原矩阵 $\boldsymbol{A}$ 的标准形。

定理2.5.1　任意一个矩阵 $\boldsymbol{A}=(a_{ij})_{m\times n}$ 经过有限次初等变换，可以化为标准形 $\boldsymbol{B}$。

$$\boldsymbol{B}=\begin{pmatrix}\boldsymbol{E}&\boldsymbol{O}_{r\times(n-r)}\\\boldsymbol{O}_{(m-r)\times r}&\boldsymbol{O}_{(m-r)\times(n-r)}\end{pmatrix}$$

【证】　若 $\boldsymbol{A}$ 的所有 $a_{ij}=0$，则 $\boldsymbol{A}$ 是 $\boldsymbol{B}$ 的形式。

若 $\boldsymbol{A}$ 中至少有一个元素 $a_{ij}\neq 0$，不妨设 $a_{11}\neq 0$（若 $a_{11}=0$，可对矩阵 $\boldsymbol{A}$ 进行换行或换列，使得左上角的元素不为0），用 $r_i-\dfrac{a_{i1}}{a_{11}}r_1(i=2,3,\cdots,m)$，$c_j-\dfrac{a_{1j}}{a_{11}}c_1(j=2,3,\cdots,n)$，然后用 $\dfrac{r_1}{a_{11}}$，于是 $\boldsymbol{A}$ 就化成为

$$\boldsymbol{A}_1=\begin{pmatrix}1&0&\cdots&0\\0&a'_{22}&\cdots&a'_{2n}\\\vdots&\vdots&&\vdots\\0&a'_{m2}&\cdots&a'_{mn}\end{pmatrix}=\begin{pmatrix}1&\boldsymbol{O}\\\boldsymbol{O}&\boldsymbol{C}\end{pmatrix}$$

若 $\boldsymbol{C}=\boldsymbol{O}$，则 $\boldsymbol{A}$ 已经化成 $\boldsymbol{B}$ 的形式；若 $\boldsymbol{C}\neq\boldsymbol{O}$，则可以按照上述方法继续化下去，最终总可以化为 $\boldsymbol{B}$ 的形式。

定理2.5.2　任一矩阵 $\boldsymbol{A}$ 总可以经过有限次初等变换化为行阶梯矩阵，进而化成行最简形阶梯矩阵。

定理2.5.3　如果矩阵 $\boldsymbol{A}$ 为 n 阶可逆矩阵，则矩阵 $\boldsymbol{A}$ 经过有限次初等变换可化为单位矩阵 $\boldsymbol{E}$。

【例 1】 将矩阵 $A=\begin{pmatrix}2&1&2&3\\4&1&3&5\\2&0&1&2\end{pmatrix}$ 化为标准形。

【解】 $A=\begin{pmatrix}2&1&2&3\\4&1&3&5\\2&0&1&2\end{pmatrix}\xrightarrow[-r_1+r_3]{-2r_1+r_2}\begin{pmatrix}2&1&2&3\\0&-1&-1&-1\\0&-1&-1&-1\end{pmatrix}\xrightarrow[-r_2+r_3]{r_2+r_1}$

$$\begin{pmatrix}2&0&1&2\\0&-1&-1&-1\\0&0&0&0\end{pmatrix}\xrightarrow[-r_2]{\frac{1}{2}r_1}\begin{pmatrix}1&0&\frac{1}{2}&1\\0&1&1&1\\0&0&0&0\end{pmatrix}\xrightarrow[-c_1+c_4]{-\frac{1}{2}c_1+c_3}\begin{pmatrix}1&0&0&0\\0&1&1&1\\0&0&0&0\end{pmatrix}$$

$$\xrightarrow[-c_2+c_4]{-c_2+c_3}\begin{pmatrix}1&0&0&0\\0&1&0&0\\0&0&0&0\end{pmatrix}$$

2.5.2 初等矩阵

定义2.5.6 对单位矩阵 E 实施一次初等变换得到的矩阵称为初等矩阵，三种初等变换分别对应三种初等矩阵。

(1) 交换 E 的第 i,j 行(列) 互换得到的矩阵：

$$E(i,j)=\begin{pmatrix}1&&&&&&&&\\&\ddots&&&&&&&\\&&1&&&&&&\\&&&0&\cdots&&1&&\\&&&&1&&&&\\&&&\vdots&\ddots&&\vdots&&\\&&&&&1&&&\\&&&1&\cdots&&0&&\\&&&&&&&1&\\&&&&&&&&\ddots\\&&&&&&&&&1\end{pmatrix}\begin{matrix}\\\\\\i\text{ 行}\\\\\\\\j\text{ 行}\\\\\\\\\end{matrix}$$

$\qquad\qquad\qquad i$ 列 $\qquad\qquad j$ 列

(2)E 的第 i 行(列) 乘以非零常数 k 得到的矩阵：

$$E(i(k))=\begin{pmatrix}1&&&&\\&\ddots&&&\\&&k&&\\&&&\ddots&\\&&&&1\end{pmatrix}\begin{matrix}\\\\i\text{ 行}\\\\\\\end{matrix}$$

$\qquad\qquad i$ 列

(3)E 的第 j 行乘以非零常数 k 加到第 i 行，或第 i 列乘以非零常数 k 加到第 j 列上得到的矩阵：

$$
\boldsymbol{E}(i,j(k))=\begin{pmatrix}1 & & & & & \\ & \ddots & & & & \\ & & 1 & \cdots & k & \\ & & & \ddots & \vdots & \\ & & & & 1 & \\ & & & & & \ddots\end{pmatrix}\begin{matrix} \\ \\ i\text{ 行} \\ \\ j\text{ 行} \\ \\ \end{matrix}
$$

i 列　　j 列

初等矩阵具有下列性质：

(1) 初等矩阵都是可逆的，因为：

$$|\boldsymbol{E}(i,j)|=-1,|\boldsymbol{E}(i(k))|=k,|\boldsymbol{E}(i,j(k))|=1$$

(2) 初等矩阵的逆矩阵仍为同类型的初等矩阵，且有

$$\boldsymbol{E}(i,j)^{-1}=\boldsymbol{E}(i,j),\boldsymbol{E}(i(k))^{-1}=\boldsymbol{E}\left(i\left(\frac{1}{k}\right)\right),\boldsymbol{E}(i,j(k))^{-1}=\boldsymbol{E}(i,j(-k))$$

(3) 初等矩阵的转置仍是同类型的初等矩阵，且有

$$\boldsymbol{E}(i,j)^{\mathrm{T}}=\boldsymbol{E}(i,j),\boldsymbol{E}(i(k))^{\mathrm{T}}=\boldsymbol{E}(i(k)),\boldsymbol{E}(i,j(k))^{\mathrm{T}}=\boldsymbol{E}(j,i(k))$$

矩阵的初等变换与初等矩阵有着密切关系：

定理2.5.4　设 $\boldsymbol{A}=(a_{ij})$ 是 $m\times n$ 的矩阵，则

(1) 对 $\boldsymbol{A}$ 进行一次初等行变换，相当于用一个 m 阶初等矩阵左乘 $\boldsymbol{A}$；

(2) 对 $\boldsymbol{A}$ 进行一次初等列变换，相当于用一个 n 阶初等矩阵右乘 $\boldsymbol{A}$；

【例 2】　设矩阵 $\boldsymbol{A}=\begin{pmatrix}3 & 0 & 1\\ 1 & -1 & 2\\ 0 & 1 & 1\end{pmatrix}$，而 $\boldsymbol{E}(1,2)=\begin{pmatrix}0 & 1 & 0\\ 1 & 0 & 0\\ 0 & 0 & 1\end{pmatrix}$，$\boldsymbol{E}(3,1(2))=\begin{pmatrix}1 & 0 & 0\\ 0 & 1 & 0\\ 2 & 0 & 1\end{pmatrix}$，则：

$$\boldsymbol{E}(1,2)\boldsymbol{A}=\begin{pmatrix}0 & 1 & 0\\ 1 & 0 & 0\\ 0 & 0 & 1\end{pmatrix}\begin{pmatrix}3 & 0 & 1\\ 1 & -1 & 2\\ 0 & 1 & 1\end{pmatrix}=\begin{pmatrix}1 & -1 & 2\\ 3 & 0 & 1\\ 0 & 1 & 1\end{pmatrix}$$

即用 $\boldsymbol{E}(1,2)$ 左乘 $\boldsymbol{A}$，相当于交换 $\boldsymbol{A}$ 的第 1 行与第 2 行，又

$$\boldsymbol{A}\boldsymbol{E}(3,1(2))=\begin{pmatrix}3 & 0 & 1\\ 1 & -1 & 2\\ 0 & 1 & 1\end{pmatrix}\begin{pmatrix}1 & 0 & 0\\ 0 & 1 & 0\\ 2 & 0 & 1\end{pmatrix}=\begin{pmatrix}5 & 0 & 1\\ 5 & -1 & 2\\ 2 & 1 & 1\end{pmatrix}$$

即用 $\boldsymbol{E}(3,1(2))$ 右乘 $\boldsymbol{A}$，相当于将矩阵 $\boldsymbol{A}$ 的第 3 列的 2 倍加到第 1 列。

2.5.3　求逆矩阵的初等变换法

前面介绍利用伴随矩阵求逆矩阵的方法 —— 伴随矩阵法，即

$$\boldsymbol{A}^{-1}=\frac{1}{|\boldsymbol{A}|}\boldsymbol{A}^{*}$$

但是，当矩阵阶数较高时，用伴随矩阵的方法求逆矩阵的计算量太大，下面介绍一种较为简便的方法 —— 初等变换法。

定理2.5.5 n 阶矩阵 $\boldsymbol{A}$ 可逆的充分必要条件是 $\boldsymbol{A}$ 可以表示为若干初等矩阵的乘积。

【证】 因为初等矩阵都是可逆的，故充分性是显然的。

下面证明必要性。

设矩阵 $\boldsymbol{A}$ 可逆，则由定理2.5.1可知，$\boldsymbol{A}$ 可以经过有限次初等变换化为单位矩阵 $\boldsymbol{E}$，即存在初等矩阵 $\boldsymbol{P}_1,\boldsymbol{P}_2,\cdots,\boldsymbol{P}_s,\boldsymbol{Q}_1,\boldsymbol{Q}_2,\cdots,\boldsymbol{Q}_t$，使得

$$\boldsymbol{P}_s\cdots\boldsymbol{P}_2\boldsymbol{P}_1\boldsymbol{A}\boldsymbol{Q}_1\boldsymbol{Q}_2\cdots\boldsymbol{Q}_t=\boldsymbol{E}$$

所以

$$\boldsymbol{A}=\boldsymbol{P}_1^{-1}\boldsymbol{P}_2^{-1}\cdots\boldsymbol{P}_s^{-1}\boldsymbol{E}\boldsymbol{Q}_t^{-1}\cdots\boldsymbol{Q}_2^{-1}\boldsymbol{Q}_1^{-1}=\boldsymbol{P}_1^{-1}\boldsymbol{P}_2^{-1}\cdots\boldsymbol{P}_s^{-1}\boldsymbol{Q}_t^{-1}\cdots\boldsymbol{Q}_2^{-1}\boldsymbol{Q}_1^{-1}$$

即矩阵 $\boldsymbol{A}$ 可以表示为若干个初等矩阵的乘积。

注意到若 $\boldsymbol{A}$ 可逆，则 $\boldsymbol{A}^{-1}$ 也可逆，根据定理2.5.5可知，存在初等矩阵 $\boldsymbol{G}_1,\boldsymbol{G}_2,\cdots,\boldsymbol{G}_s$，使得 $\boldsymbol{A}^{-1}=\boldsymbol{G}_1,\boldsymbol{G}_2,\cdots,\boldsymbol{G}_s$，两边同时右乘 $\boldsymbol{A}$，可得：

$$\boldsymbol{A}^{-1}\boldsymbol{A}=\boldsymbol{G}_1,\boldsymbol{G}_2,\cdots,\boldsymbol{G}_s\boldsymbol{A}$$

即

$$\boldsymbol{E}=\boldsymbol{G}_1,\boldsymbol{G}_2,\cdots,\boldsymbol{G}_s\boldsymbol{A}$$
$$\boldsymbol{A}^{-1}=\boldsymbol{G}_1,\boldsymbol{G}_2,\cdots,\boldsymbol{G}_s\boldsymbol{E}$$

说明对 $\boldsymbol{A}$ 和 $\boldsymbol{E}$ 实施相同的初等行变换，当 $\boldsymbol{A}$ 变成 $\boldsymbol{E}$ 的同时，$\boldsymbol{E}$ 就变成了 $\boldsymbol{A}^{-1}$。

因此，运用矩阵的初等变换求逆矩阵的方法如下：

假设 n 阶方阵 $\boldsymbol{A}$ 可逆，在方阵 $\boldsymbol{A}$ 的右侧同时写出与它同阶的单位矩阵 $\boldsymbol{E}$，构造一个 $n\times 2n$ 的矩阵 $(\boldsymbol{A}\mid\boldsymbol{E})$，然后对其实施初等行变换，将左边子模块 $\boldsymbol{A}$ 化成单位矩阵 $\boldsymbol{E}$ 的同时，将右边子模块 $\boldsymbol{E}$ 化成了 $\boldsymbol{A}^{-1}$，即

$$(\boldsymbol{A}\mid\boldsymbol{E})\xrightarrow{\text{初等行变换}}(\boldsymbol{E}\mid\boldsymbol{A}^{-1})$$

类似地，也可以构造一个 $2n\times n$ 的矩阵 $\begin{pmatrix}\boldsymbol{A}\\ \boldsymbol{E}\end{pmatrix}$，然后对其实施初等列变换，将上面子模块 $\boldsymbol{A}$ 化成单位矩阵 $\boldsymbol{E}$ 的同时，将下边子模块 $\boldsymbol{E}$ 化成了 $\boldsymbol{A}^{-1}$，即

$$\begin{pmatrix}\boldsymbol{A}\\ \boldsymbol{E}\end{pmatrix}\xrightarrow{\text{初等列变换}}\begin{pmatrix}\boldsymbol{E}\\ \boldsymbol{A}^{-1}\end{pmatrix}$$

【例3】 设 $\boldsymbol{A}=\begin{pmatrix}1&0&1\\2&1&1\\-3&2&-4\end{pmatrix}$，求 $\boldsymbol{A}^{-1}$。

【解】 $$(\boldsymbol{A}\quad\boldsymbol{E})=\left(\begin{array}{ccc|ccc}1&0&1&1&0&0\\2&1&1&0&1&0\\-3&2&-4&0&0&1\end{array}\right)\xrightarrow[3r_1+r_3]{-2r_1+r_2}\left(\begin{array}{ccc|ccc}1&0&1&1&0&0\\0&1&-1&-2&1&0\\0&2&-1&3&0&1\end{array}\right)$$

$$\xrightarrow{-2r_2+r_3}\left(\begin{array}{ccc|ccc}1&0&1&1&0&0\\0&1&-1&-2&1&0\\0&0&1&-1&-2&1\end{array}\right)\xrightarrow[r_3+r_2]{-r_3+r_1}\left(\begin{array}{ccc|ccc}1&0&0&2&2&-1\\0&1&0&-3&-1&1\\0&0&1&-1&-2&1\end{array}\right)$$

所以，$\boldsymbol{A}^{-1}=\begin{pmatrix}2&2&-1\\-3&-1&1\\-1&-2&1\end{pmatrix}$。

【例 4】　设 $\boldsymbol{A}=\begin{pmatrix}4&2&3\\3&1&2\\2&1&1\end{pmatrix}$，求 $\boldsymbol{A}^{-1}$。

【解】　$$(\boldsymbol{A}\ \vdots\ \boldsymbol{E})=\left(\begin{array}{ccc:ccc}4&2&3&1&0&0\\3&1&2&0&1&0\\2&1&1&0&0&1\end{array}\right)\xrightarrow{-r_2+r_1}\left(\begin{array}{ccc:ccc}1&1&1&1&-1&0\\3&1&2&0&1&0\\2&1&1&0&0&1\end{array}\right)$$

$$\xrightarrow[-2r_1+r_3]{-3r_1+r_2}\left(\begin{array}{ccc:ccc}1&1&1&1&-1&0\\0&-2&-1&-3&4&0\\0&-1&-1&-2&2&1\end{array}\right)\xrightarrow{r_2\leftrightarrow r_3}\left(\begin{array}{ccc:ccc}1&1&1&1&-1&0\\0&-1&-1&-2&2&1\\0&-2&-1&-3&4&0\end{array}\right)$$

$$\xrightarrow{-2r_2+r_3}\left(\begin{array}{ccc:ccc}1&1&1&1&-1&0\\0&-1&-1&-2&2&1\\0&0&1&1&0&-2\end{array}\right)\xrightarrow{-r_2}\left(\begin{array}{ccc:ccc}1&1&1&1&-1&0\\0&1&1&2&-2&-1\\0&0&1&1&0&-2\end{array}\right)$$

$$\xrightarrow{-r_2+r_1}\left(\begin{array}{ccc:ccc}1&0&0&-1&1&1\\0&1&1&2&-2&-1\\0&0&1&1&0&-2\end{array}\right)\xrightarrow{-r_3+r_2}\left(\begin{array}{ccc:ccc}1&0&0&-1&1&1\\0&1&0&1&-2&1\\0&0&1&1&0&-2\end{array}\right)$$

所以，$\boldsymbol{A}^{-1}=\begin{pmatrix}-1&1&1\\1&-2&1\\1&0&-2\end{pmatrix}$。

2.5.4　用初等变换法求解矩阵方程

对于矩阵方程 $\boldsymbol{AX}=\boldsymbol{B}$，若 $\boldsymbol{A}$ 为 n 阶可逆矩阵，方程的解为 $\boldsymbol{X}=\boldsymbol{A}^{-1}\boldsymbol{B}$，也可以用初等变换求解，因 $\boldsymbol{A}$ 可逆，故 $\boldsymbol{A}=\boldsymbol{p}_1\boldsymbol{p}_2\cdots\boldsymbol{p}_s$，则 $\boldsymbol{A}^{-1}=\boldsymbol{p}_s^{-1}\boldsymbol{p}_{s-1}^{-1}\cdots\boldsymbol{p}_1^{-1}$（其中 $\boldsymbol{p}_i^{-1}$ 是初等矩阵，$i=1,2,\cdots,s$），于是有：

$$\boldsymbol{p}_s^{-1}\boldsymbol{p}_{s-1}^{-1}\cdots\boldsymbol{p}_1^{-1}\boldsymbol{A}=\boldsymbol{E}\text{ 和 }\boldsymbol{p}_s^{-1}\boldsymbol{p}_{s-1}^{-1}\cdots\boldsymbol{p}_1^{-1}\boldsymbol{B}=\boldsymbol{A}^{-1}\boldsymbol{B}$$

则可以说明，经过一系列的初等变换将 $\boldsymbol{A}$ 化为 $\boldsymbol{E}$ 的同时，将 $\boldsymbol{B}$ 化成了 $\boldsymbol{A}^{-1}\boldsymbol{B}$，即为所求矩阵方程的解。

因此，得到矩阵方程 $\boldsymbol{AX}=\boldsymbol{B}$ 的解法：先构造一个 $n\times 2n$ 的矩阵 $(\boldsymbol{A}\ \vdots\ \boldsymbol{B})$，再通过一系列的初等变换，将左边子模块 $\boldsymbol{A}$ 化为单位矩阵 $\boldsymbol{E}$，同时将右边子模块 $\boldsymbol{B}$ 化为了 $\boldsymbol{A}^{-1}\boldsymbol{B}$，即

$$(\boldsymbol{A}\ \vdots\ \boldsymbol{B})\xrightarrow{\text{初等行变换}}(\boldsymbol{E}\ \vdots\ \boldsymbol{A}^{-1}\boldsymbol{B})$$

类似地，对于矩阵方程 $\boldsymbol{XA}=\boldsymbol{B}$，若 $\boldsymbol{A}$ 为 n 阶可逆矩阵，方程的解为 $\boldsymbol{X}=\boldsymbol{BA}^{-1}$，利用初等变化法就是构造一个 $2n\times n$ 的矩阵 $\begin{pmatrix}\boldsymbol{A}\\\cdots\\\boldsymbol{B}\end{pmatrix}$，再通过一系列的初等变换，将上边子模块 $\boldsymbol{A}$ 化为单位矩阵 $\boldsymbol{E}$，同时将下边子模块 $\boldsymbol{B}$ 化为了 $\boldsymbol{BA}^{-1}$，即

$$\begin{pmatrix}\boldsymbol{A}\\\cdots\\\boldsymbol{B}\end{pmatrix}\xrightarrow{\text{初等列变换}}\begin{pmatrix}\boldsymbol{E}\\\cdots\\\boldsymbol{BA}^{-1}\end{pmatrix}$$

【例 5】　利用初等变换法解矩阵方程。

$$\begin{pmatrix}0&1&-1\\1&1&2\\1&-1&0\end{pmatrix}\boldsymbol{X}=\begin{pmatrix}-2&0\\-3&2\\3&-1\end{pmatrix}$$

【解】 $(\boldsymbol{A}\quad\boldsymbol{B})=\left(\begin{array}{ccc|cc}0&1&-1&-2&0\\1&1&2&-3&2\\0&-1&0&3&-1\end{array}\right)\xrightarrow{r_1\leftrightarrow r_2}\left(\begin{array}{ccc|cc}1&1&2&-3&2\\0&1&-1&-2&0\\0&-1&0&3&-1\end{array}\right)$

$\xrightarrow[r_2+r_3]{-r_2+r_1}\left(\begin{array}{ccc|cc}1&0&3&-1&2\\0&1&-1&-2&0\\0&0&-1&1&-1\end{array}\right)\xrightarrow[-r_3+r_2]{3r_3+r_1}\left(\begin{array}{ccc|cc}1&0&0&2&-1\\0&1&0&-3&1\\0&0&-1&1&-1\end{array}\right)$

$\xrightarrow{-r_3}\left(\begin{array}{ccc|cc}1&0&0&2&-1\\0&1&0&-3&1\\0&0&1&-1&1\end{array}\right)$

矩阵方程的解为：$\boldsymbol{X}=\boldsymbol{A}^{-1}\boldsymbol{B}=\begin{pmatrix}2&-1\\-3&1\\-1&1\end{pmatrix}$。

习题 2-5

1. 将矩阵

$$\boldsymbol{A}=\begin{pmatrix}-2&6&2&6\\1&-2&-1&0\\2&-4&0&2\end{pmatrix}$$

化成行阶梯矩阵、行最简形阶梯矩阵和标准形。

2. 求 $\boldsymbol{A}=\begin{pmatrix}1&-1&3\\2&-1&4\\-1&2&-4\end{pmatrix}$ 的逆矩阵。

3. 用初等变换法解矩阵方程

$$\begin{pmatrix}5&1&-5\\3&-3&2\\1&-2&1\end{pmatrix}\boldsymbol{X}=\begin{pmatrix}-8&-5\\3&9\\0&0\end{pmatrix}$$

4. 已知

$$\boldsymbol{A}=\begin{pmatrix}a_{11}&a_{12}&a_{13}\\a_{21}&a_{22}&a_{23}\\a_{31}&a_{32}&a_{33}\end{pmatrix},\boldsymbol{B}=\begin{pmatrix}a_{11}&a_{13}&a_{12}\\a_{21}+2a_{31}&a_{23}+2a_{33}&a_{22}+2a_{32}\\a_{31}&a_{33}&a_{32}\end{pmatrix}$$

若

$$\boldsymbol{A}^{-1}=\begin{pmatrix}1&2&3\\0&4&5\\0&0&6\end{pmatrix}$$

求 $\boldsymbol{B}^{-1}$。

2-5 参考答案

§2.6　矩阵的秩

矩阵的秩是讨论向量组的线性相关性、线性方程组解的存在性等问题的重要工具。在本节中我们首先利用行列式来定义矩阵的秩，然后给出利用初等变换求矩阵秩的方法。

2.6.1　矩阵的秩的定义

定义2.6.1　在 $m\times n$ 矩阵 $\boldsymbol{A}$ 中，任取 k 行 k 列（$1\leqslant k\leqslant \min(m,n)$），位于这些行列交叉处 k^2 个元素，不改变它们在 $\boldsymbol{A}$ 中所处的位置而得到的 k 阶行列式，称为矩阵的 k 阶子式。

例如，在矩阵 $\boldsymbol{A}=\begin{pmatrix}1&3&2&0\\0&2&1&4\\2&1&5&3\\1&1&0&-1\end{pmatrix}$ 中，取1,3行2,4列，它们交叉点上的元素构成的二阶行列式 $\begin{vmatrix}3&0\\1&3\end{vmatrix}$ 就是一个二阶子式，取2,3,4行1,3,4列，相应的三阶子式为 $\begin{vmatrix}0&1&4\\2&5&3\\1&0&-1\end{vmatrix}$。

定义2.6.2　设 $\boldsymbol{A}$ 为 $m\times n$ 矩阵，如果存在 $\boldsymbol{A}$ 的 r 阶子式不为零，而且任何 $r+1$ 阶子式全为零，则称 r 为矩阵 $\boldsymbol{A}$ 的秩，记为 $r(\boldsymbol{A})=r$。

注：

1. 规定零矩阵的秩等于零。
2. 一个矩阵的秩是唯一确定的。

矩阵的秩具有以下性质：

(1) $r(\boldsymbol{A})=r(\boldsymbol{A}^{\mathrm{T}})=r(k\boldsymbol{A})\ (k\neq 0)$；

(2) 若 $\boldsymbol{A}\neq\boldsymbol{O}$，则 $r(\boldsymbol{A})\geqslant 1$；

(3) 若 $r(\boldsymbol{A})=0$，则 $\boldsymbol{A}=\boldsymbol{O}$；

(4) 由于矩阵 $\boldsymbol{A}$ 的子式的阶数不超过 $\boldsymbol{A}$ 的行数 m 和列数 n，故 $r(\boldsymbol{A})\leqslant\min(m,n)$；

(5) $r(\boldsymbol{A}+\boldsymbol{B})\leqslant r(\boldsymbol{A})+r(\boldsymbol{B})$；

(6) 若 $\boldsymbol{A}$、$\boldsymbol{B}$ 为 n 阶矩阵，若 $\boldsymbol{AB}=\boldsymbol{O}$，则 $r(\boldsymbol{A})+r(\boldsymbol{B})\leqslant n$。

设 $\boldsymbol{A}$ 为 n 阶方阵，若 $r(\boldsymbol{A})=n$，则称 $\boldsymbol{A}$ 为满秩矩阵；若 $r(\boldsymbol{A})<n$，则称 $\boldsymbol{A}$ 为降秩矩阵。

【例1】　求下列矩阵的秩。

(1) $\boldsymbol{A}=\begin{pmatrix}1&0&1\\2&1&0\\-3&2&-5\end{pmatrix}$　　　(2) $\boldsymbol{B}=\begin{pmatrix}1&2&3&0\\0&1&2&1\\2&4&6&0\end{pmatrix}$

【解】 (1) 由于 $|\boldsymbol{A}|=\begin{vmatrix}1 & 0 & 1\\ 2 & 1 & 0\\ -3 & 2 & -5\end{vmatrix}=2\neq 0$,故 $r(\boldsymbol{A})=3$。

(2)$\boldsymbol{B}$ 的所有三阶子式为

$$\begin{vmatrix}2 & 3 & 0\\ 1 & 2 & 1\\ 4 & 6 & 0\end{vmatrix}=0,\begin{vmatrix}1 & 2 & 3\\ 0 & 1 & 2\\ 2 & 4 & 6\end{vmatrix}=0,\begin{vmatrix}1 & 2 & 0\\ 0 & 1 & 1\\ 2 & 4 & 0\end{vmatrix}=0,\begin{vmatrix}1 & 3 & 0\\ 0 & 2 & 1\\ 2 & 6 & 0\end{vmatrix}=0$$

而二阶子式 $\begin{vmatrix}1 & 2\\ 0 & 1\end{vmatrix}=1\neq 0$,所以 $r(\boldsymbol{B})=2$。

从上面的例子可知,利用定义计算矩阵的秩,需要计算很多个行列式的值,显然很麻烦,但是利用阶梯矩阵一眼就能准确地地看出它的秩是多少。

比如,阶梯矩阵

$$\boldsymbol{A}=\begin{pmatrix}1 & 2 & 5 & 7 & 8\\ 0 & 2 & 2 & 1 & 5\\ 0 & 0 & 6 & 2 & 1\\ 0 & 0 & 0 & 0 & 0\end{pmatrix}$$

容易看出,由于存在一个三阶行列式 $\begin{vmatrix}1 & 2 & 5\\ 0 & 2 & 2\\ 0 & 0 & 6\end{vmatrix}\neq 0$,而大于三阶的子式一定都等于零,故 $r(\boldsymbol{A})=3$,也就是 $\boldsymbol{A}$ 的不全为零的行数。

2.6.2 矩阵的秩的求法

定理2.6.1 初等变换不改变矩阵的秩,即:若 $\boldsymbol{A}\xrightarrow{\text{初等变换}}\boldsymbol{B}$,则 $r(\boldsymbol{A})=r(\boldsymbol{B})$。

根据定理 2.6.1,得到利用初等变换求矩阵的秩的方法:将矩阵 $\boldsymbol{A}$ 通过初等变换化为阶梯矩阵 $\boldsymbol{B}$,则矩阵 $\boldsymbol{A}$ 的秩就等于阶梯矩阵 $\boldsymbol{B}$ 的非零行的个数。

【例 2】 设

$$\boldsymbol{A}=\begin{pmatrix}3 & -1 & -4 & 2 & -2\\ 1 & 0 & -1 & 1 & 0\\ 1 & 2 & 1 & 3 & 4\\ -1 & 4 & 3 & -3 & 0\end{pmatrix}$$

求 $r(\boldsymbol{A})$。

【解】 $$\boldsymbol{A}=\begin{pmatrix}3 & -1 & -4 & 2 & -2\\ 1 & 0 & -1 & 1 & 0\\ 1 & 2 & 1 & 3 & 4\\ -1 & 4 & 3 & -3 & 0\end{pmatrix}\xrightarrow{r_1\leftrightarrow r_2}\begin{pmatrix}1 & 0 & -1 & 1 & 0\\ 3 & -1 & -4 & 2 & -2\\ 1 & 2 & 1 & 3 & 4\\ -1 & 4 & 3 & -3 & 0\end{pmatrix}$$

$$\xrightarrow[\substack{-r_1+r_3\\ r_1+r_4}]{-3r_1+r_2}\begin{pmatrix}1 & 0 & -1 & 1 & 0\\ 0 & -1 & -1 & -1 & -2\\ 0 & 2 & 2 & 2 & 4\\ 0 & 4 & 2 & -2 & 0\end{pmatrix}\xrightarrow[4r_2+r_4]{2r_2+r_3}\begin{pmatrix}1 & 0 & -1 & 1 & 0\\ 0 & -1 & -1 & -1 & -2\\ 0 & 0 & 0 & 0 & 0\\ 0 & 0 & -2 & -6 & -8\end{pmatrix}$$

$$\xrightarrow{r_3 \leftrightarrow r_4}\begin{pmatrix}1 & 0 & -1 & 1 & 0\\0 & -1 & -1 & -1 & -2\\0 & 0 & -2 & -6 & -8\\0 & 0 & 0 & 0 & 0\end{pmatrix}$$

故 $r(\boldsymbol{A})=3$。

【例 3】　设 $\boldsymbol{A}=\begin{pmatrix}1 & 2 & -1 & 1\\3 & 2 & \lambda & -1\\5 & 6 & 3 & \mu\end{pmatrix}$，已知 $r(\boldsymbol{A})=2$，求 λ 与 μ 的值。

【解】　$\boldsymbol{A}=\begin{pmatrix}1 & 2 & -1 & 1\\3 & 2 & \lambda & -1\\5 & 6 & 3 & \mu\end{pmatrix}\xrightarrow[-5r_1+r_3]{-3r_1+r_2}\begin{pmatrix}1 & 2 & -1 & 1\\0 & -4 & \lambda+3 & -4\\0 & -4 & 8 & \mu-5\end{pmatrix}$

$$\xrightarrow{-r_2+r_3}\begin{pmatrix}1 & 2 & -1 & 1\\0 & -4 & \lambda+3 & -4\\0 & 0 & 5-\lambda & \mu-1\end{pmatrix}$$

由于 $r(\boldsymbol{A})=2$，故 $\begin{cases}5-\lambda=0\\\mu-1=0\end{cases}$，解得：$\lambda=5,\mu=1$。

习题 2-6

1. 求矩阵

$$\boldsymbol{A}=\begin{pmatrix}1 & -2 & -1 & 2 & 0\\-2 & 4 & 2 & -6 & 6\\2 & -1 & 0 & 3 & 2\\3 & 3 & 3 & 4 & 3\end{pmatrix}$$

的秩。

2. 设 $\boldsymbol{A}=\begin{pmatrix}1 & -2 & 3k\\-1 & 2k & -3\\k & -2 & 3\end{pmatrix}$，当 k 为何值时，可使：(1)$r(\boldsymbol{A})=1$；(2)$r(\boldsymbol{A})=2$；(3)$r(\boldsymbol{A})=3$？

3. 计算矩阵 $\boldsymbol{A}=\begin{pmatrix}1 & 4 & -1 & 0\\2 & \lambda & 2 & 1\\11 & 56 & 5 & 4\\2 & 5 & \mu & -1\end{pmatrix}$ 的秩。

4. 设 $\boldsymbol{A}$ 为 n 阶满秩矩阵，$\boldsymbol{B}$ 为 $n\times m$ 矩阵，证明：$r(\boldsymbol{AB})=r(\boldsymbol{B})$。

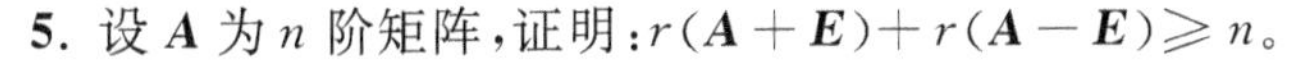

5. 设 $\boldsymbol{A}$ 为 n 阶矩阵，证明：$r(\boldsymbol{A}+\boldsymbol{E})+r(\boldsymbol{A}-\boldsymbol{E})\geqslant n$。

2-6 参考答案

希尔密码的加密与解密

希尔密码是非常著名的古典密码，由希尔在 1929 年提出。希尔密码的主要思想是将 n 个明文字母通过线性变换，将它们转换为 n 个密文字母。解密只需做一次逆变换即可。

记算法的密钥 $\boldsymbol{K}$，明文 $\boldsymbol{M}$ 与密文 $\boldsymbol{C}$ 分别为

$$\boldsymbol{K}=\begin{pmatrix} k_{11} & k_{12} & \cdots & k_{1n} \\ k_{21} & k_{12} & \cdots & k_{1n} \\ \vdots & \vdots & & \vdots \\ k_{n1} & k_{n2} & \cdots & k_{nn} \end{pmatrix}（k_{ij} \text{ 为 } 1 \sim 26 \text{ 的任意整数}）$$

$$\boldsymbol{M}=\begin{pmatrix} m_1 \\ m_2 \\ \vdots \\ m_n \end{pmatrix} \quad \boldsymbol{C}=\begin{pmatrix} c_1 \\ c_2 \\ \vdots \\ c_n \end{pmatrix}$$

则加密过程为

$$\boldsymbol{E}_k(\boldsymbol{M})=\boldsymbol{KM}=\boldsymbol{C}(\bmod 26)$$

解密过程为

$$\boldsymbol{D}_k(\boldsymbol{C})=\boldsymbol{K}^{-1}\boldsymbol{C}=\boldsymbol{M}(\bmod 26)$$

其中，$\boldsymbol{K}^{-1}$ 称为 $\boldsymbol{K}$ 在模 26 上的逆矩阵。

【例】 小丽同学收到了一串密文 23,20,5,20,14,25，又知密钥：

$$\boldsymbol{K}=\boldsymbol{K}^{-1}=\begin{pmatrix} 0 & 1 & 0 \\ 1 & 0 & 0 \\ 0 & 0 & 1 \end{pmatrix}$$

约定：

字母	A	B	C	D	E	F	G	H	I	J	K	L	M
代表值	1	2	3	4	5	6	7	8	9	10	11	12	13
字母	N	O	P	Q	R	S	T	U	V	W	X	Y	Z
代表值	14	15	16	17	18	19	20	21	22	23	24	25	26

由解密过程可得：

$$\begin{pmatrix} 0 & 1 & 0 \\ 1 & 0 & 0 \\ 0 & 0 & 1 \end{pmatrix}\begin{pmatrix} 23 \\ 20 \\ 5 \end{pmatrix}=\begin{pmatrix} 20 \\ 23 \\ 5 \end{pmatrix} \qquad \begin{pmatrix} 0 & 1 & 0 \\ 1 & 0 & 0 \\ 0 & 0 & 1 \end{pmatrix}\begin{pmatrix} 20 \\ 14 \\ 25 \end{pmatrix}=\begin{pmatrix} 14 \\ 20 \\ 25 \end{pmatrix}$$

可得明文为 20,23,5,14,20,25，即 twenty。

第 3 章　向量与向量空间

本章主要讲解 n 维向量的有关概念和向量空间的基本概念。首先讨论向量组的线性相关性和线性无关性，然后引入极大线性无关向量组的概念，定义向量组的秩，并进一步讨论向量组的秩与矩阵的秩之间的关系，最后给出向量空间的概念。

第 3 章课件

§3.1　n 维向量的概念

在几何空间中，给定一个空间直角坐标系，我们可以使用几何向量与有序实数组 (x, y, z) 建立一一对应的关系，从而可以将几何向量记为 (x, y, z)。但是在许多实际问题中仅用三个数字来刻画是不够的，例如：要刻画某一个星球的大小和位置，就需要知道四个数字，即星球的半径 r 与星球中心坐标 (x, y, z)，若要描述星球 t 时刻的状态，则需要用到 5 个数组成的有序数组 (r, x, y, z, t)，因此，有必要将几何向量推广到 n 维向量。

3.1.1　n 维向量的概念

【引例 1】　n 维线性方程 $a_1x_1 + a_2x_2 + \cdots + a_nx_n = b$ 可以用 $n+1$ 个数组成的有序数组 $(a_1, a_2, \cdots, a_n, b)$ 来表示，方程由这个有序数组唯一确定。

【引例 2】　方程组 $\begin{cases} x_1 - x_2 + x_3 = 6 \\ 2x_1 - 3x_2 - x_3 = 1 \\ -2x_1 - 3x_2 + x_3 = 5 \end{cases}$ 的唯一解为 $x_1 = 1, x_2 = -1, x_3 = 4$，可用有序数组 $\begin{pmatrix} 1 \\ -1 \\ 4 \end{pmatrix}$ 表示。

定义3.1.1　由 n 个实数 $a_1, a_2, \cdots, a_n$ 组成的有序数组称为 n 维向量，记为

$$\boldsymbol{\alpha} = \begin{pmatrix} a_1 \\ a_2 \\ \vdots \\ a_n \end{pmatrix} \text{或} \boldsymbol{\alpha} = (a_1, a_2, \cdots, a_n)$$

其中，$a_i (i = 1, 2, \cdots, n)$ 称为向量 $\boldsymbol{\alpha}$ 的第 i 个分量。

说明：

1. n 维向量一般使用小写黑体字母 $\boldsymbol{\alpha},\boldsymbol{\beta},\boldsymbol{\gamma},\boldsymbol{x},\boldsymbol{y},\cdots$ 表示。

2. 分量是实数的向量称为实向量，分量是复数的向量称为复向量。

3. 一般称 $\boldsymbol{\alpha}=\begin{pmatrix}a_1\\a_2\\\vdots\\a_n\end{pmatrix}$ 为列向量，$\boldsymbol{\alpha}^{\mathrm{T}}=(a_1,a_2,\cdots,a_n)$ 为行向量，若无说明，视 $\boldsymbol{\alpha},\boldsymbol{\beta},\boldsymbol{\gamma},\cdots$ 为列向量。

4. 分量全是 0 的向量称为零向量，记为 $\mathbf{0}=\begin{pmatrix}0\\0\\\vdots\\0\end{pmatrix}$。

5. 向量 $(-a_1,-a_2,\cdots,-a_n)^{\mathrm{T}}$ 称为 $\boldsymbol{\alpha}=(a_1,a_2,\cdots,a_n)^{\mathrm{T}}$ 的负向量，记为 $-\boldsymbol{\alpha}$。

3.1.2 向量的运算

定义3.1.2 设 $\boldsymbol{\alpha}=(a_1,a_2,\cdots,a_n)^{\mathrm{T}}$ 和 $\boldsymbol{\beta}=(b_1,b_2,\cdots,b_n)^{\mathrm{T}}$ 都是 n 维向量，称向量 $(a_1+b_1,a_2+b_2,\cdots,a_n+b_n)^{\mathrm{T}}$ 为向量 α 和向量 β 的和，记作 $\boldsymbol{\alpha}+\boldsymbol{\beta}$，即

$$\boldsymbol{\alpha}+\boldsymbol{\beta}=(a_1+b_1,a_2+b_2,\cdots,a_n+b_n)^{\mathrm{T}}$$

有了加法，我们就可以定义向量的减法，向量 α 与 β 的差 $\boldsymbol{\alpha}-\boldsymbol{\beta}$ 定义为 $\boldsymbol{\alpha}+(-\boldsymbol{\beta})$，即

$$\boldsymbol{\alpha}-\boldsymbol{\beta}=\boldsymbol{\alpha}+(-\boldsymbol{\beta})=(a_1-b_1,a_2-b_2,\cdots,a_n-b_n)^{\mathrm{T}}$$

定义3.1.3 设 $\boldsymbol{\alpha}=(a_1,a_2,\cdots,a_n)^{\mathrm{T}}$ 为 n 维向量，k 为实数，则称向量 $(ka_1,ka_2,\cdots,ka_n)^{\mathrm{T}}$ 为数 k 与向量 $\boldsymbol{\alpha}$ 的数量乘积，简称数乘，记作 $k\boldsymbol{\alpha}$，即

$$k\boldsymbol{\alpha}=(ka_1,ka_2,\cdots,ka_n)^{\mathrm{T}}$$

向量的加法和数乘运算统称为向量的线性运算。

n 维列向量和 n 维行向量实质上就是 $1\times n$ 矩阵和 $n\times 1$ 矩阵，所以 n 维向量的线性运算（加、减和数乘运算）与矩阵相应的运算相同，它们也满足以下运算规律（其中 $\boldsymbol{\alpha},\boldsymbol{\beta},\boldsymbol{\gamma}$ 是 n 维向量，k,l 是实数）：

(1) $\boldsymbol{\alpha}+\boldsymbol{\beta}=\boldsymbol{\beta}+\boldsymbol{\alpha}$

(2) $(\boldsymbol{\alpha}+\boldsymbol{\beta})+\boldsymbol{\gamma}=\boldsymbol{\alpha}+(\boldsymbol{\beta}+\boldsymbol{\gamma})$

(3) $\boldsymbol{\alpha}+\mathbf{0}=\boldsymbol{\alpha}$

(4) $\boldsymbol{\alpha}+(-\boldsymbol{\alpha})=\mathbf{0}$

(5) $1\cdot\boldsymbol{\alpha}=\boldsymbol{\alpha}$

(6) $k(l\boldsymbol{\alpha})=(kl)\boldsymbol{\alpha}$

(7) $k(\boldsymbol{\alpha}+\boldsymbol{\beta})=k\boldsymbol{\alpha}+k\boldsymbol{\beta}$

(8) $(k+l)\boldsymbol{\alpha}=k\boldsymbol{\alpha}+l\boldsymbol{\alpha}$

【例 1】 设 $\boldsymbol{\alpha}=\begin{pmatrix}1\\-2\\4\end{pmatrix},\boldsymbol{\beta}=\begin{pmatrix}3\\-2\\1\end{pmatrix},\boldsymbol{\gamma}=\begin{pmatrix}0\\-3\\2\end{pmatrix}$，求 $2\boldsymbol{\alpha}-3\boldsymbol{\beta}+2\boldsymbol{\gamma}$。

【解】 $2\boldsymbol{\alpha}-3\boldsymbol{\beta}+2\boldsymbol{\gamma}=2\begin{pmatrix}1\\-2\\4\end{pmatrix}-3\begin{pmatrix}3\\-2\\1\end{pmatrix}+2\begin{pmatrix}0\\-3\\2\end{pmatrix}=\begin{pmatrix}2\\-4\\8\end{pmatrix}-\begin{pmatrix}9\\-6\\3\end{pmatrix}+\begin{pmatrix}0\\-6\\4\end{pmatrix}=\begin{pmatrix}-7\\-4\\9\end{pmatrix}$

【例 2】 设 $\boldsymbol{\alpha}=(1,0,-2,3)^{\mathrm{T}},\boldsymbol{\beta}=(4,-1,-2,3)^{\mathrm{T}}$，且有 $2\boldsymbol{\alpha}+\boldsymbol{\beta}+3\boldsymbol{\gamma}=\mathbf{0}$，求 $\boldsymbol{\gamma}$。

【解】 $\boldsymbol{\gamma}=-\frac{1}{3}(2\boldsymbol{\alpha}+\boldsymbol{\beta})=-\frac{1}{3}\times\left[2\begin{pmatrix}1\\0\\-2\\3\end{pmatrix}+\begin{pmatrix}4\\-1\\-2\\3\end{pmatrix}\right]=-\frac{1}{3}\times\begin{pmatrix}6\\-1\\-6\\9\end{pmatrix}=\begin{pmatrix}-2\\\frac{1}{3}\\2\\-3\end{pmatrix}$

3.1.3 向量组的概念

定义3.1.4 由若干个同维数的列向量（或行向量）组成的集合称为向量组。m 个 n 维向量 $\boldsymbol{\alpha}_1,\boldsymbol{\alpha}_2,\cdots,\boldsymbol{\alpha}_m$ 组成的向量组记为 $\boldsymbol{A}=(\boldsymbol{\alpha}_1,\boldsymbol{\alpha}_2,\cdots,\boldsymbol{\alpha}_m)$。

【例 3】 将矩阵 $\boldsymbol{A}=\begin{pmatrix}a_{11}&a_{12}&\cdots&a_{1n}\\a_{21}&a_{22}&\cdots&a_{2n}\\\vdots&\vdots&&\vdots\\a_{n1}&a_{n2}&\cdots&a_{nn}\end{pmatrix}$ 按行分块，矩阵 $\boldsymbol{A}$ 的每一行

$$\boldsymbol{\alpha}_i=(a_{i1},a_{i2},\cdots,a_{in})\ (i=1,2,\cdots,n)$$

组成的向量组 $\boldsymbol{\alpha}_1,\boldsymbol{\alpha}_2,\cdots,\boldsymbol{\alpha}_n$ 称为矩阵 $\boldsymbol{A}$ 的行向量组。将矩阵 $\boldsymbol{A}$ 按列分块后的每一列

$$\boldsymbol{\beta}_j=\begin{pmatrix}a_{1j}\\a_{2j}\\\vdots\\a_{nj}\end{pmatrix}(j=1,2,\cdots,n)$$

组成的向量组 $\boldsymbol{\beta}_1,\boldsymbol{\beta}_2,\cdots,\boldsymbol{\beta}_n$ 称为矩阵 $\boldsymbol{A}$ 的列向量组。

这样矩阵 $\boldsymbol{A}$ 就与其列向量组或行向量组之间建立了一一对应关系。

定义3.1.5 由 $\boldsymbol{\varepsilon}_i=(0,\cdots,0,1,0,\cdots,0)^{\mathrm{T}}(i=1,2,\cdots,n)$ 组成的向量组称为 n 维标准单位向量组。其中，$\boldsymbol{\varepsilon}_i$ 中第 i 个分量为 1，其余分量都为 0。

3.1.4 向量组的线性组合

在第 1 章 1.6 节中的例 1，使用克拉默法则求解了非齐次线性方程组

$$\begin{cases}3x_1+2x_2-x_3+x_4=8\\x_1-x_2-x_3+2x_4=5\\2x_1+3x_2-x_3-3x_4=2\\x_1+2x_2+3x_3+4x_4=3\end{cases}$$

的解，为 $x_1=2,x_2=0,x_3=-1,x_4=1$。

令

$$\boldsymbol{\alpha}_1=\begin{pmatrix}3\\1\\2\\1\end{pmatrix},\boldsymbol{\alpha}_2=\begin{pmatrix}2\\-1\\3\\2\end{pmatrix},\boldsymbol{\alpha}_3=\begin{pmatrix}-1\\-1\\-1\\3\end{pmatrix},\boldsymbol{\alpha}_4=\begin{pmatrix}1\\2\\-3\\4\end{pmatrix},\boldsymbol{\beta}=\begin{pmatrix}8\\5\\2\\3\end{pmatrix}$$

则非齐次线性方程组可以表示为

$$\boldsymbol{\beta} = x_1\boldsymbol{\alpha}_1 + x_2\boldsymbol{\alpha}_2 + x_3\boldsymbol{\alpha}_3 + x_4\boldsymbol{\alpha}_4$$

又由于 $x_1 = 2, x_2 = 0, x_3 = -1, x_4 = 1$，则有：

$$\boldsymbol{\beta} = 2 \cdot \boldsymbol{\alpha}_1 + 0 \cdot \boldsymbol{\alpha}_2 + (-1) \cdot \boldsymbol{\alpha}_3 + 1 \cdot \boldsymbol{\alpha}_4$$

这时可以说 $\boldsymbol{\beta}$ 是 $\boldsymbol{\alpha}_1, \boldsymbol{\alpha}_2, \boldsymbol{\alpha}_3, \boldsymbol{\alpha}_4$ 的一个线性组合。

定义3.1.6 对于 n 维向量组 $\boldsymbol{A}: \boldsymbol{\alpha}_1, \boldsymbol{\alpha}_2, \cdots, \boldsymbol{\alpha}_n$ 和向量 $\boldsymbol{\beta}$，若存在一组数 $k_1, k_2, \cdots, k_n$，使：

$$\boldsymbol{\beta} = k_1\boldsymbol{\alpha}_1 + k_2\boldsymbol{\alpha}_2 + \cdots + k_n\boldsymbol{\alpha}_n$$

则称向量 $\boldsymbol{\beta}$ 是向量组 $\boldsymbol{\alpha}_1, \boldsymbol{\alpha}_2, \cdots, \boldsymbol{\alpha}_n$ 的一个线性组合，或称 $\boldsymbol{\beta}$ 可由 $\boldsymbol{\alpha}_1, \boldsymbol{\alpha}_2, \cdots, \boldsymbol{\alpha}_n$ 线性表示。

说明：

1. 任何一个 n 维向量 $\boldsymbol{\alpha} = (a_1, a_2, \cdots, a_n)$ 都是 n 维单位向量组的一个线性组合。即

$$\boldsymbol{\alpha} = a_1\boldsymbol{\varepsilon}_1 + a_2\boldsymbol{\varepsilon}_2 + \cdots + a_n\boldsymbol{\varepsilon}_n$$

2. 零向量是任何一个向量的线性组合，即 $\mathbf{0} = 0 \cdot \boldsymbol{\alpha}_1 + 0 \cdot \boldsymbol{\alpha}_2 + \cdots + 0 \cdot \boldsymbol{\alpha}_n$。

3. 向量组 $\boldsymbol{\alpha}_1, \boldsymbol{\alpha}_2, \cdots, \boldsymbol{\alpha}_n$ 中任何一个向量 $\boldsymbol{\alpha}_j (1 \leqslant j \leqslant n)$ 都是此向量组的线性组合，因为 $\boldsymbol{\alpha}_j = 0 \cdot \boldsymbol{\alpha}_1 + 0 \cdot \boldsymbol{\alpha}_2 + \cdots + 1 \cdot \boldsymbol{\alpha}_j + \cdots + 0 \cdot \boldsymbol{\alpha}_n$。

定理3.1.1 已知由 m 维向量 $\boldsymbol{\beta}$ 和 m 维向量组 $\boldsymbol{A}: \boldsymbol{\alpha}_1, \boldsymbol{\alpha}_2, \cdots, \boldsymbol{\alpha}_n$ 构成如下两个矩阵：

$$\boldsymbol{A} = (\boldsymbol{\alpha}_1, \boldsymbol{\alpha}_2, \cdots, \boldsymbol{\alpha}_n) \text{与} \overline{\boldsymbol{A}} = (\boldsymbol{\alpha}_1, \boldsymbol{\alpha}_2, \cdots, \boldsymbol{\alpha}_n, \boldsymbol{\beta})$$

则：

(1) 如果 $r(\boldsymbol{A}) = r(\overline{\boldsymbol{A}}) = n$，则向量 $\boldsymbol{\beta}$ 可由向量组 $\boldsymbol{A}: \boldsymbol{\alpha}_1, \boldsymbol{\alpha}_2, \cdots, \boldsymbol{\alpha}_n$ 线性表示，且表达式唯一。

(2) 如果 $r(\boldsymbol{A}) = r(\overline{\boldsymbol{A}}) < n$，则向量 $\boldsymbol{\beta}$ 可由向量组 $\boldsymbol{A}: \boldsymbol{\alpha}_1, \boldsymbol{\alpha}_2, \cdots, \boldsymbol{\alpha}_n$ 线性表示，且表达式不唯一。

(3) 如果 $r(\boldsymbol{A}) \neq (\overline{\boldsymbol{A}})$，则向量 $\boldsymbol{\beta}$ 不能由向量组 $\boldsymbol{A}: \boldsymbol{\alpha}_1, \boldsymbol{\alpha}_2, \cdots, \boldsymbol{\alpha}_n$ 线性表示。

【例 4】 判断向量 $\boldsymbol{\beta} = (7, 17, 3, -9)^{\mathrm{T}}$ 是否为向量组 $\boldsymbol{\alpha}_1 = (1, 0, 0, 0)^{\mathrm{T}}, \boldsymbol{\alpha}_2 = (1, 1, 0, 0)^{\mathrm{T}}, \boldsymbol{\alpha}_3 = (2, 5, 1, -3)^{\mathrm{T}}$ 的一个线性组合，若是，写出表达式。

【解】 对矩阵 $\overline{\boldsymbol{A}} = (\boldsymbol{\alpha}_1, \boldsymbol{\alpha}_2, \boldsymbol{\alpha}_3, \boldsymbol{\beta})$ 做初等变换，化为最简形阶梯矩阵。

$$\overline{\boldsymbol{A}} = \begin{pmatrix} 1 & 1 & 2 & 7 \\ 0 & 1 & 5 & 17 \\ 0 & 0 & 1 & 3 \\ 0 & 0 & -3 & -9 \end{pmatrix} \xrightarrow{3r_3 + r_4} \begin{pmatrix} 1 & 1 & 2 & 7 \\ 0 & 1 & 5 & 17 \\ 0 & 0 & 1 & 3 \\ 0 & 0 & 0 & 0 \end{pmatrix}$$

$$\xrightarrow{-r_2 + r_1} \begin{pmatrix} 1 & 0 & -3 & -10 \\ 0 & 1 & 5 & 17 \\ 0 & 0 & 1 & 3 \\ 0 & 0 & 0 & 0 \end{pmatrix} \xrightarrow[-5r_3 + r_2]{3r_3 + r_1} \begin{pmatrix} 1 & 0 & 0 & -1 \\ 0 & 1 & 0 & 2 \\ 0 & 0 & 1 & 3 \\ 0 & 0 & 0 & 0 \end{pmatrix}$$

由于 $r(\boldsymbol{A}) = r(\overline{\boldsymbol{A}}) = 3$，所以 $\boldsymbol{\beta}$ 是 $\boldsymbol{\alpha}_1, \boldsymbol{\alpha}_2, \boldsymbol{\alpha}_3$ 的一个线性组合，表示法唯一，且有

$$\boldsymbol{\beta} = -\boldsymbol{\alpha}_1 + 2\boldsymbol{\alpha}_2 + 3\boldsymbol{\alpha}_3$$

【例 5】 已知向量组 $\boldsymbol{\alpha}_1=(1,4,0)^{\mathrm{T}},\boldsymbol{\alpha}_2=(1,5,-1)^{\mathrm{T}},\boldsymbol{\alpha}_3=(2,7,1)^{\mathrm{T}}$ 与向量 $\boldsymbol{\beta}=(3,10,a)^{\mathrm{T}}$，问：当 a 为何值时，向量 $\boldsymbol{\beta}$ 是向量组 $\boldsymbol{\alpha}_1,\boldsymbol{\alpha}_2,\boldsymbol{\alpha}_3$ 的一个线性组合？

【解】 对矩阵 $\overline{\mathbf{A}}=(\boldsymbol{\alpha}_1,\boldsymbol{\alpha}_2,\boldsymbol{\alpha}_3,\boldsymbol{\beta})$ 做初等变换，化为阶梯矩阵。

$$\overline{\mathbf{A}}=\left(\begin{array}{ccc:c}1&1&2&3\\4&5&7&10\\0&-1&1&a\end{array}\right)\xrightarrow{-4r_1+r_2}\left(\begin{array}{ccc:c}1&1&2&3\\0&1&-1&-2\\0&-1&1&a\end{array}\right)\xrightarrow{r_2+r_3}\left(\begin{array}{ccc:c}1&1&2&3\\0&1&-1&-2\\0&0&0&a-2\end{array}\right)$$

不难看出，当 $a-2=0$ 时，即 $a=2$ 时，$r(\overline{\mathbf{A}})=r(\mathbf{A})=2<n=3$ 成立，根据定理 3.1.1，向量 $\boldsymbol{\beta}$ 是向量组 $\boldsymbol{\alpha}_1,\boldsymbol{\alpha}_2,\boldsymbol{\alpha}_3$ 的一个线性组合，且表示法不唯一。

习题 3-1

1. 设 $\boldsymbol{\alpha}=(1,1,0,1)^{\mathrm{T}},\boldsymbol{\beta}=(-2,1,0,0)^{\mathrm{T}},\boldsymbol{\gamma}=(-1,-2,0,1)^{\mathrm{T}}$，求：

(1)$3\boldsymbol{\alpha}-\boldsymbol{\beta}+5\boldsymbol{\gamma}$　　(2)$\boldsymbol{\alpha}+2\boldsymbol{\beta}-3\boldsymbol{\gamma}$　　(3)$4\boldsymbol{\alpha}-\boldsymbol{\beta}-2\boldsymbol{\gamma}$

2. 已知 $\boldsymbol{\alpha}=(2,0,1)^{\mathrm{T}},\boldsymbol{\beta}=(3,1,-1)^{\mathrm{T}}$，求解下列向量方程。

(1)$3\boldsymbol{x}+\boldsymbol{\alpha}=\boldsymbol{\beta}$　　(2)$2\boldsymbol{x}+3\boldsymbol{\alpha}=3\boldsymbol{x}+\boldsymbol{\beta}$

3. 已知向量 $\boldsymbol{\alpha}_1=(5,-1,3,2,4)^{\mathrm{T}},3\boldsymbol{\alpha}_1-4\boldsymbol{\alpha}_2=(3,-7,17,-2,8)^{\mathrm{T}}$，求：$2\boldsymbol{\alpha}_1+3\boldsymbol{\alpha}_2$。

4. 下列向量 $\boldsymbol{\beta}$ 能否由 $\boldsymbol{\alpha}_1,\boldsymbol{\alpha}_2,\boldsymbol{\alpha}_3$ 线性表示？若能，请写出线性表达式。

(1)$\boldsymbol{\beta}=(3,5,-6)^{\mathrm{T}},\boldsymbol{\alpha}_1=(1,0,1)^{\mathrm{T}},\boldsymbol{\alpha}_2=(1,1,1)^{\mathrm{T}},\boldsymbol{\alpha}_3=(0,-1,-1)^{\mathrm{T}}$

(2)$\boldsymbol{\beta}=(1,1,1)^{\mathrm{T}},\boldsymbol{\alpha}_1=(1,2,0)^{\mathrm{T}},\boldsymbol{\alpha}_2=(2,3,0)^{\mathrm{T}},\boldsymbol{\alpha}_3=(0,0,1)^{\mathrm{T}}$

(3)$\boldsymbol{\beta}=(-3,3,7)^{\mathrm{T}},\boldsymbol{\alpha}_1=(1,-1,2)^{\mathrm{T}},\boldsymbol{\alpha}_2=(2,1,0)^{\mathrm{T}},\boldsymbol{\alpha}_3=(-1,2,1)^{\mathrm{T}}$

(4)$\boldsymbol{\beta}=(1,1,1)^{\mathrm{T}},\boldsymbol{\alpha}_1=(2,3,0)^{\mathrm{T}},\boldsymbol{\alpha}_2=(1,-1,0)^{\mathrm{T}},\boldsymbol{\alpha}_3=(7,5,0)^{\mathrm{T}}$

5. 当 λ 为何值时，向量 $\boldsymbol{\beta}$ 可由向量组 $\boldsymbol{\alpha}_1,\boldsymbol{\alpha}_2,\boldsymbol{\alpha}_3$ 线性表示？

(1) $\boldsymbol{\beta}=(7,-2,\lambda)^{\mathrm{T}},\boldsymbol{\alpha}_1=(1,3,0)^{\mathrm{T}},\boldsymbol{\alpha}_2=(3,7,8)^{\mathrm{T}},$
$\boldsymbol{\alpha}_3=(1,-6,36)^{\mathrm{T}}$

(2) $\boldsymbol{\beta}=(0,1,1)^{\mathrm{T}},\boldsymbol{\alpha}_1=(1,1,-2)^{\mathrm{T}},\boldsymbol{\alpha}_2=(1,-2,1)^{\mathrm{T}},$
$\boldsymbol{\alpha}_3=(-2,1,\lambda)^{\mathrm{T}}$

3-1 参考答案

§3.2　向量组的线性相关性

在 3.1 节中，我们研究了一个向量能否由某一个向量组线性表示的问题，即单个向量与向量组之间的一种线性关系。那么在一个向量组中，是否存在某个向量可以由该向量组中的其他向量线性表示？这个问题是向量组研究的一个重要内容——向量组的线性相关性和线性无关性，许多数学问题都涉及这个概念。

3.2.1　线性相关与线性无关

定义3.2.1　设 $\boldsymbol{\alpha}_1,\boldsymbol{\alpha}_2,\cdots,\boldsymbol{\alpha}_m$ 为 n 维向量，若存在不全为 0 的数 $k_1,k_2,\cdots,k_m$ 使

$$k_1\boldsymbol{\alpha}_1+k_2\boldsymbol{\alpha}_2+\cdots+k_m\boldsymbol{\alpha}_m=\mathbf{0} \tag{3.2.1}$$

则称向量组 $\boldsymbol{\alpha}_1,\boldsymbol{\alpha}_2,\cdots,\boldsymbol{\alpha}_m$ 线性相关，否则称向量组 $\boldsymbol{\alpha}_1,\boldsymbol{\alpha}_2,\cdots,\boldsymbol{\alpha}_m$ 线性无关，即当

$$k_1=k_2=\cdots=k_m=0$$

时式(3.2.1)才成立，则向量组 $\boldsymbol{\alpha}_1,\boldsymbol{\alpha}_2,\cdots,\boldsymbol{\alpha}_m$ 线性无关。

3.2.2 向量组线性相关性的判定

1. 当向量组只有一个向量 $\boldsymbol{\alpha}$ 时

$\boldsymbol{\alpha}$ 线性无关的充要条件是 $\boldsymbol{\alpha}\neq\mathbf{0}$；因此，当 $\boldsymbol{\alpha}=\mathbf{0}$ 时是线性相关的。

进一步可以推出，含有零向量的任何一个向量组都是线性相关的，事实上，对于向量组 $\boldsymbol{\alpha}_1,\cdots,\mathbf{0},\cdots,\boldsymbol{\alpha}_m$，恒有

$$0\cdot\boldsymbol{\alpha}_1+\cdots+k\cdot\mathbf{0}+\cdots+0\cdot\boldsymbol{\alpha}_m=\mathbf{0}$$

其中 k 为任意不为 0 的数，故该向量线性相关。

2. 当向量组含有两个向量 $\boldsymbol{\alpha}_1,\boldsymbol{\alpha}_2$ 时

向量 $\boldsymbol{\alpha}_1,\boldsymbol{\alpha}_2$ 线性相关的充分必要条件是向量 $\boldsymbol{\alpha}_1,\boldsymbol{\alpha}_2$ 的对应分量成比例，即 $\boldsymbol{\alpha}_1=k\boldsymbol{\alpha}_2$。

3. 当向量组向量的个数大于等于 3 时

定理3.2.1 n 维向量组 $\boldsymbol{\alpha}_1,\boldsymbol{\alpha}_2,\cdots,\boldsymbol{\alpha}_m$ 线性相关的充分必要条件是它所构成的矩阵 $\mathbf{A}=(\boldsymbol{\alpha}_1,\boldsymbol{\alpha}_2,\cdots,\boldsymbol{\alpha}_m)$ 的秩小于向量个数 m，即 $r(\mathbf{A})<m$；向量组线性无关的充要条件是 $r(\mathbf{A})=m$。

【推论 1】 n 维向量组 $\boldsymbol{\alpha}_1,\boldsymbol{\alpha}_2,\cdots,\boldsymbol{\alpha}_m$ 线性相关的充分必要条件是齐次线性方程组 $x_1\boldsymbol{\alpha}_1+x_2\boldsymbol{\alpha}_2+\cdots+x_m\boldsymbol{\alpha}_m=\mathbf{0}$ 有非零解；向量组线性无关的充分必要条件是齐次线性方程组 $x_1\boldsymbol{\alpha}_1+x_2\boldsymbol{\alpha}_2+\cdots+x_m\boldsymbol{\alpha}_m=\mathbf{0}$ 只有零解。

【推论 2】 n 个 n 维向量组 $\boldsymbol{\alpha}_1,\boldsymbol{\alpha}_2,\cdots,\boldsymbol{\alpha}_n$ 线性相关的充分必要条件是它所构成的矩阵 $\mathbf{A}=(\boldsymbol{\alpha}_1,\boldsymbol{\alpha}_2,\cdots,\boldsymbol{\alpha}_n)$ 的行列式 $|\mathbf{A}|=0$；向量组线性无关的充分必要条件是 $|\mathbf{A}|\neq 0$。

【推论 3】 任意 m 个 n 维向量，当 $m>n$ 时必线性相关。

【例 1】 讨论向量组 $\boldsymbol{\alpha}_1=(1,-2,3)^{\mathrm{T}},\boldsymbol{\alpha}_2=(0,2,-5)^{\mathrm{T}},\boldsymbol{\alpha}_3=(-1,0,3)^{\mathrm{T}}$ 的线性相关性。

【解】 构造矩阵，并化成阶梯矩阵：

$$\mathbf{A}=(\boldsymbol{\alpha}_1,\boldsymbol{\alpha}_2,\boldsymbol{\alpha}_3)=\begin{pmatrix}1&0&-1\\-2&2&0\\3&-5&2\end{pmatrix}\xrightarrow[-3r_1+r_3]{2r_1+r_2}\begin{pmatrix}1&0&-1\\0&2&-2\\0&-5&5\end{pmatrix}\xrightarrow{\frac{5}{2}r_2+r_3}\begin{pmatrix}1&0&-1\\0&2&-2\\0&0&0\end{pmatrix}$$

由于 $r(\mathbf{A})=2<3$，所以向量组 $\boldsymbol{\alpha}_1,\boldsymbol{\alpha}_2,\boldsymbol{\alpha}_3$ 线性相关。

【例 2】 若向量组 $\boldsymbol{\alpha},\boldsymbol{\beta},\boldsymbol{\gamma}$ 线性无关，证明：向量组 $\boldsymbol{\alpha}+\boldsymbol{\beta},\boldsymbol{\beta}+\boldsymbol{\gamma},\boldsymbol{\gamma}+\boldsymbol{\alpha}$ 也线性无关。

【证】 根据定义 3.2.1，要证明 $\boldsymbol{\alpha}+\boldsymbol{\beta},\boldsymbol{\beta}+\boldsymbol{\gamma},\boldsymbol{\gamma}+\boldsymbol{\alpha}$ 线性无关，只需证明使 $k_1(\boldsymbol{\alpha}+\boldsymbol{\beta})+k_2(\boldsymbol{\beta}+\boldsymbol{\gamma})+k_3(\boldsymbol{\gamma}+\boldsymbol{\alpha})=\mathbf{0}$ 成立的 k_1,k_2,k_3 全等于 0 即可。

由于
$$k_1(\boldsymbol{\alpha}+\boldsymbol{\beta})+k_2(\boldsymbol{\beta}+\boldsymbol{\gamma})+k_3(\boldsymbol{\gamma}+\boldsymbol{\alpha})=\mathbf{0}$$

有
$$(k_1+k_3)\boldsymbol{\alpha}+(k_1+k_2)\boldsymbol{\beta}+(k_2+k_3)\boldsymbol{\gamma}=\mathbf{0}$$

又因为向量组 $\boldsymbol{\alpha},\boldsymbol{\beta},\boldsymbol{\gamma}$ 线性无关，所以就有线性方程组：

$$\begin{cases} k_1+k_3=0 \\ k_1+k_2=0 \\ k_2+k_3=0 \end{cases}$$

齐次线性方程系数行列式：

$$D=\begin{vmatrix} 1 & 0 & 1 \\ 1 & 1 & 0 \\ 0 & 1 & 1 \end{vmatrix}=2\neq 0$$

根据定理1.6.2可得 $k_1=k_2=k_3=0$，故向量组 $\boldsymbol{\alpha}+\boldsymbol{\beta},\boldsymbol{\beta}+\boldsymbol{\gamma},\boldsymbol{\gamma}+\boldsymbol{\alpha}$ 线性无关。

【例3】　证明 n 维单位向量 $\boldsymbol{\varepsilon}_1,\boldsymbol{\varepsilon}_2,\cdots,\boldsymbol{\varepsilon}_n$ 组成的向量组线性无关。

【证】　由单位向量 $\boldsymbol{\varepsilon}_1,\boldsymbol{\varepsilon}_2,\cdots,\boldsymbol{\varepsilon}_n$ 组成的矩阵为

$$\boldsymbol{E}=(\boldsymbol{\varepsilon}_1,\boldsymbol{\varepsilon}_2,\cdots,\boldsymbol{\varepsilon}_n)=\begin{pmatrix} 1 & 0 & \cdots & 0 \\ 0 & 1 & \cdots & 0 \\ \vdots & \vdots & & \vdots \\ 0 & 0 & \cdots & 1 \end{pmatrix}$$

其行列式的值为

$$|\boldsymbol{E}|=\begin{vmatrix} 1 & 0 & \cdots & 0 \\ 0 & 1 & \cdots & 0 \\ \vdots & \vdots & & \vdots \\ 0 & 0 & \cdots & 1 \end{vmatrix}=1\neq 0$$

根据推论2，n 维单位向量 $\boldsymbol{\varepsilon}_1,\boldsymbol{\varepsilon}_2,\cdots,\boldsymbol{\varepsilon}_n$ 组成的向量组线性无关。

【例4】　设向量组 $\boldsymbol{\alpha}_1=(2,-1,1,3)^{\mathrm{T}},\boldsymbol{\alpha}_2=(1,0,4,2)^{\mathrm{T}},\boldsymbol{\alpha}_3=(-4,2,-2,k)^{\mathrm{T}}$，讨论：(1) 当 k 为何值时，$\boldsymbol{\alpha}_1,\boldsymbol{\alpha}_2,\boldsymbol{\alpha}_3$ 线性相关？(2) 当 k 为何值时，$\boldsymbol{\alpha}_1,\boldsymbol{\alpha}_2,\boldsymbol{\alpha}_3$ 线性无关？

【解】　以 $\boldsymbol{\alpha}_1,\boldsymbol{\alpha}_2,\boldsymbol{\alpha}_3$ 构造矩阵，并化成阶梯矩阵：

$$\boldsymbol{A}=(\boldsymbol{\alpha}_1,\boldsymbol{\alpha}_2,\boldsymbol{\alpha}_3,\boldsymbol{\alpha}_4)=\begin{pmatrix} 2 & 1 & -4 \\ -1 & 0 & 2 \\ 1 & 4 & -2 \\ 3 & 2 & k \end{pmatrix}\xrightarrow{\text{初等行变换}}\begin{pmatrix} 1 & 0 & -2 \\ 0 & 1 & 0 \\ 0 & 0 & k+6 \\ 0 & 0 & 0 \end{pmatrix}$$

根据定理3.2.1，当 $k=-6$ 时，$r(\boldsymbol{A})=2<3$，$\boldsymbol{\alpha}_1,\boldsymbol{\alpha}_2,\boldsymbol{\alpha}_3$ 线性相关；当 $k\neq -6$ 时，$r(\boldsymbol{A})=3$，$\boldsymbol{\alpha}_1,\boldsymbol{\alpha}_2,\boldsymbol{\alpha}_3$ 线性无关。

定理3.2.2　向量组 $\boldsymbol{\alpha}_1,\boldsymbol{\alpha}_2,\cdots,\boldsymbol{\alpha}_m(m\geqslant 2)$ 线性相关的充分必要条件是这个向量组中至少有一个向量可由其余 $m-1$ 个向量线性表示。

【证】

1. 充分性

设向量组 $\boldsymbol{\alpha}_1,\boldsymbol{\alpha}_2,\cdots,\boldsymbol{\alpha}_m$ 中有一个向量 $\boldsymbol{\alpha}_i$ 可由其余 $m-1$ 个向量线性表示，即

$$\boldsymbol{\alpha}_i=k_1\boldsymbol{\alpha}_1+k_2\boldsymbol{\alpha}_2+\cdots+k_{i-1}\boldsymbol{\alpha}_{i-1}+k_{i+1}\boldsymbol{\alpha}_{i+1}+\cdots+k_m\boldsymbol{\alpha}_m$$

于是

$$k_1\boldsymbol{\alpha}_1+k_2\boldsymbol{\alpha}_2+\cdots+k_{i-1}\boldsymbol{\alpha}_{i-1}+(-1)\boldsymbol{\alpha}_i+k_{i+1}\boldsymbol{\alpha}_{i+1}+\cdots+k_m\boldsymbol{\alpha}_m=\mathbf{0}$$

因为 $k_1,k_2,\cdots,k_{i-1},-1,k_{i+1},\cdots,k_m$ 不全为0，所以向量组 $\boldsymbol{\alpha}_1,\boldsymbol{\alpha}_2,\cdots,\boldsymbol{\alpha}_m(m\geqslant 2)$ 线性相关。

2. 必要性

若向量组 $\boldsymbol{\alpha}_1,\boldsymbol{\alpha}_2,\cdots,\boldsymbol{\alpha}_m(m\geqslant 2)$ 线性相关，则有不全为 0 的数 $k_1,k_2,\cdots,k_m$ 使得：

$$k_1\boldsymbol{\alpha}_1+k_2\boldsymbol{\alpha}_2+\cdots+k_m\boldsymbol{\alpha}_m=\mathbf{0}$$

由于 $k_1,k_2,\cdots,k_m$ 不全为 0，设 $k_1\neq 0$，则有：

$$\boldsymbol{\alpha}_1=\left(-\frac{k_2}{k_1}\right)\boldsymbol{\alpha}_2+\left(-\frac{k_3}{k_1}\right)\boldsymbol{\alpha}_3\cdots+\left(-\frac{k_m}{k_1}\right)\boldsymbol{\alpha}_m$$

即 $\boldsymbol{\alpha}_1$ 可由其余向量 $\boldsymbol{\alpha}_2,\boldsymbol{\alpha}_3,\cdots,\boldsymbol{\alpha}_m$ 线性表示。

定理3.2.3 设 $\boldsymbol{\alpha}_1,\boldsymbol{\alpha}_2,\cdots,\boldsymbol{\alpha}_m$ 线性无关，而 $\boldsymbol{\alpha}_1,\boldsymbol{\alpha}_2,\cdots,\boldsymbol{\alpha}_m,\boldsymbol{\beta}$ 线性相关，则 $\boldsymbol{\beta}$ 能由 $\boldsymbol{\alpha}_1,\boldsymbol{\alpha}_2,\cdots,\boldsymbol{\alpha}_m$ 线性表示，且表示法是唯一的。

【证】 因 $\boldsymbol{\alpha}_1,\boldsymbol{\alpha}_2,\cdots,\boldsymbol{\alpha}_m,\boldsymbol{\beta}$ 线性相关，故有不全为 0 的数 $k_1,k_2,\cdots,k_m,k$ 使得：

$$k_1\boldsymbol{\alpha}_1+k_2\boldsymbol{\alpha}_2+\cdots+k_m\boldsymbol{\alpha}_m+k\boldsymbol{\beta}=\mathbf{0}$$

要证明 $\boldsymbol{\beta}$ 能由 $\boldsymbol{\alpha}_1,\boldsymbol{\alpha}_2,\cdots,\boldsymbol{\alpha}_m$ 线性表示，只需证 $k\neq 0$。

反证法：假设 $k=0$，则 $k_1,k_2,\cdots,k_m$ 不全为 0，且

$$k_1\boldsymbol{\alpha}_1+k_2\boldsymbol{\alpha}_2+\cdots+k_m\boldsymbol{\alpha}_m=\mathbf{0}$$

成立，因此 $\boldsymbol{\alpha}_1,\boldsymbol{\alpha}_2,\cdots,\boldsymbol{\alpha}_m$ 线性相关，这与 $\boldsymbol{\alpha}_1,\boldsymbol{\alpha}_2,\cdots,\boldsymbol{\alpha}_m$ 线性无关矛盾，所以 $k\neq 0$。

再证唯一性，设有两个表示式

$$\boldsymbol{\beta}=k_1\boldsymbol{\alpha}_1+k_2\boldsymbol{\alpha}_2+\cdots+k_m\boldsymbol{\alpha}_m \text{ 和 } \boldsymbol{\beta}=l_1\boldsymbol{\alpha}_1+l_2\boldsymbol{\alpha}_2+\cdots+l_m\boldsymbol{\alpha}_m$$

两式相减，得

$$(k_1-l_1)\boldsymbol{\alpha}_1+(k_2-l_2)\boldsymbol{\alpha}_2+\cdots+(k_m-l_m)\boldsymbol{\alpha}_m=\mathbf{0}$$

由于 $\boldsymbol{\alpha}_1,\boldsymbol{\alpha}_2,\cdots,\boldsymbol{\alpha}_m$ 线性无关，所以

$$k_i-l_i=0,\text{即 } k_i=l_i(i=1,2,\cdots,n)$$

定理3.2.4 若向量组 $\boldsymbol{\alpha}_1,\boldsymbol{\alpha}_2,\cdots,\boldsymbol{\alpha}_m$ 中有部分向量线性相关，则整个向量组线性相关。

【证】 设 $\boldsymbol{\alpha}_1,\boldsymbol{\alpha}_2,\cdots,\boldsymbol{\alpha}_s$ 线性相关$(s<m)$，于是存在不全为零的数 $k_1,k_2,\cdots,k_s$ 使得：

$$k_1\boldsymbol{\alpha}_1+k_2\boldsymbol{\alpha}_2+\cdots+k_s\boldsymbol{\alpha}_s=\mathbf{0}$$

从而有不全为 0 的数 $k_1,k_2,\cdots,k_s,0,\cdots,0$，使得：

$$k_1\boldsymbol{\alpha}_1+k_2\boldsymbol{\alpha}_2+\cdots+k_s\boldsymbol{\alpha}_s+0\cdot\boldsymbol{\alpha}_{s+1}+\cdots+0\cdot\boldsymbol{\alpha}_m=\mathbf{0}$$

因此 $\boldsymbol{\alpha}_1,\boldsymbol{\alpha}_2,\cdots,\boldsymbol{\alpha}_m$ 线性相关。

【推论 4】 线性无关的向量组中的任一部分组也线性无关。

定理3.2.5 若 n 维向量组 $\boldsymbol{\alpha}_1,\boldsymbol{\alpha}_2,\cdots,\boldsymbol{\alpha}_s$ 线性无关，则在每个分向量上都添加 m 个分量所得到的 $n+m$ 维向量组 $\boldsymbol{\alpha}'_1,\boldsymbol{\alpha}'_2,\cdots,\boldsymbol{\alpha}'_s$ 也线性无关。

【证】 反证法。

假设 $\boldsymbol{\alpha}'_1,\boldsymbol{\alpha}'_2,\cdots,\boldsymbol{\alpha}'_s$ 线性相关，即存在不全为 0 的数 $k_1,k_2,\cdots,k_s$，使得：

$$k_1\boldsymbol{\alpha}'_1+k_2\boldsymbol{\alpha}'_2+\cdots+k_s\boldsymbol{\alpha}'_s=\mathbf{0}$$

令 $\boldsymbol{\alpha}_j=(a_{1j},a_{2j},\cdots,a_{nj})^{\mathrm{T}}$，$\boldsymbol{\alpha}'_j=(a_{1j},a_{2j},\cdots,a_{nj},a_{n+1,j},\cdots,a_{n+m,j})^{\mathrm{T}}$，$j=1,2,\cdots,s$，可得线性方程组：

$$\begin{cases} k_1a_{11}+k_2a_{12}+\cdots+k_sa_{1s}=0 \\ k_1a_{21}+k_2a_{22}+\cdots+k_sa_{2s}=0 \\ \quad\cdots \\ k_1a_{n1}+k_2a_{n2}+\cdots+k_sa_{ns}=0 \\ \quad\cdots \\ k_1a_{n+m,1}+k_2a_{n+m,2}+\cdots+k_sa_{n+m,s}=0 \end{cases}$$

显然，前 n 个方程构成的方程组有非零解 $k_1,k_2,\cdots,k_s$，于是 $\boldsymbol{\alpha}_1,\boldsymbol{\alpha}_2,\cdots,\boldsymbol{\alpha}_s$ 线性相关，这与已知矛盾，因此向量组 $\boldsymbol{\alpha}_1',\boldsymbol{\alpha}_2',\cdots,\boldsymbol{\alpha}_s'$ 也线性无关。

【推论5】　若 n 维向量组 $\boldsymbol{\alpha}_1,\boldsymbol{\alpha}_2,\cdots,\boldsymbol{\alpha}_s$ 线性相关，则在每个分向量上都去掉 m 个分量所得到的 $n-m$ 维向量组 $\boldsymbol{\alpha}_1',\boldsymbol{\alpha}_2',\cdots,\boldsymbol{\alpha}_s'$ 也线性相关。

设有两个向量组

$$\boldsymbol{A}:\boldsymbol{\alpha}_1,\boldsymbol{\alpha}_2,\cdots,\boldsymbol{\alpha}_s;\boldsymbol{B}:\boldsymbol{\beta}_1,\boldsymbol{\beta}_2,\cdots,\boldsymbol{\beta}_t$$

向量组 $\boldsymbol{B}$ 能由向量组 $\boldsymbol{A}$ 线性表示，若 $s<t$，则向量组 $\boldsymbol{B}$ 线性相关。

【证】　因为向量组 $\boldsymbol{B}$ 能由向量组 $\boldsymbol{A}$ 线性表示，设

$$(\boldsymbol{\beta}_1,\boldsymbol{\beta}_2,\cdots,\boldsymbol{\beta}_t)=(\boldsymbol{\alpha}_1,\boldsymbol{\alpha}_2,\cdots,\boldsymbol{\alpha}_s)\begin{pmatrix} k_{11} & k_{12} & \cdots & k_{1t} \\ k_{21} & k_{22} & \cdots & k_{2t} \\ \vdots & \vdots & & \vdots \\ k_{s1} & k_{s2} & \cdots & k_{st} \end{pmatrix}$$

要证明存在不全为零的数 $x_1,x_2,\cdots,x_t$，使得：

$$x_1\boldsymbol{\beta}_1+x_2\boldsymbol{\beta}_2+\cdots+x_t\boldsymbol{\beta}_t=(\boldsymbol{\beta}_1,\boldsymbol{\beta}_2,\cdots,\boldsymbol{\beta}_t)\begin{pmatrix} x_1 \\ x_2 \\ \vdots \\ x_n \end{pmatrix}=\boldsymbol{0}$$

成立。

由此可得齐次线性方程组：

$$\begin{pmatrix} k_{11} & k_{12} & \cdots & k_{1t} \\ k_{21} & k_{22} & \cdots & k_{2t} \\ \vdots & \vdots & & \vdots \\ k_{s1} & k_{s2} & \cdots & k_{st} \end{pmatrix}\begin{pmatrix} x_1 \\ x_2 \\ \vdots \\ x_t \end{pmatrix}=\boldsymbol{0}$$

因为 $s<t$，所以该方程组有非零解，从而向量组 $\boldsymbol{B}$ 线性相关。

【例5】　判断向量组 $\boldsymbol{\alpha}_1=(-2,1,0,0)^{\mathrm{T}},\boldsymbol{\alpha}_2=(1,0,3,0)^{\mathrm{T}},\boldsymbol{\alpha}_3=(4,0,0,5)^{\mathrm{T}}$ 是否线性相关。

【解】　由于向量组后三个元素构成的向量组

$$\boldsymbol{\beta}_1=(1,0,0)^{\mathrm{T}},\boldsymbol{\beta}_2=(0,3,0)^{\mathrm{T}},\boldsymbol{\beta}_3=(0,0,5)^{\mathrm{T}}$$

线性无关，由定理3.2.5，它们添加分量构成的 $\boldsymbol{\alpha}_1,\boldsymbol{\alpha}_2,\boldsymbol{\alpha}_3$ 也线性无关。

习题 3-2

1. 判断下列向量组是否线性相关，为什么？

(1)$\boldsymbol{\alpha}_1=(1,1,3,1)^{\mathrm{T}},\boldsymbol{\alpha}_2=(3,-1,2,4)^{\mathrm{T}},\boldsymbol{\alpha}_3=(2,2,7,-1)^{\mathrm{T}}$

(2)$\boldsymbol{\alpha}_1=(3,1,0,2)^{\mathrm{T}},\boldsymbol{\alpha}_2=(1,-1,2,-1)^{\mathrm{T}},\boldsymbol{\alpha}_3=(1,3,-4,4)^{\mathrm{T}}$

(3)$\boldsymbol{\alpha}_1=(2,0,1,4)^{\mathrm{T}},\boldsymbol{\alpha}_2=(1,0,7,6)^{\mathrm{T}},\boldsymbol{\alpha}_3=(-1,0,5,2)^{\mathrm{T}},\boldsymbol{\alpha}_4=(3,0,-2,8)^{\mathrm{T}}$

(4)$\boldsymbol{\alpha}_1=(a,1,2,3)^{\mathrm{T}},\boldsymbol{\alpha}_2=(b,1,2,3)^{\mathrm{T}},\boldsymbol{\alpha}_3=(c,3,-4,5)^{\mathrm{T}},\boldsymbol{\alpha}_4=(d,0,0,0)^{\mathrm{T}}$

2. 当 t 为何值时，$\boldsymbol{\alpha}_1=(1,3,4,-2)^{\mathrm{T}},\boldsymbol{\alpha}_2=(2,1,3,t)^{\mathrm{T}},\boldsymbol{\alpha}_3=(3,-1,2,0)^{\mathrm{T}}$ 线性相关？

3. 设 n 维向量组 $\boldsymbol{\alpha}_1,\boldsymbol{\alpha}_2,\boldsymbol{\alpha}_3$ 线性无关，证明：

(1)$\boldsymbol{\alpha}_1+\boldsymbol{\alpha}_2+\boldsymbol{\alpha}_3,\boldsymbol{\alpha}_2+\boldsymbol{\alpha}_3,\boldsymbol{\alpha}_3$ 线性无关；

(2)$3\boldsymbol{\alpha}_1+2\boldsymbol{\alpha}_2,\boldsymbol{\alpha}_2-\boldsymbol{\alpha}_3,4\boldsymbol{\alpha}_3-5\boldsymbol{\alpha}_1$ 线性无关。

4. 设 $\boldsymbol{A}$ 是 n 阶矩阵，$\boldsymbol{\alpha}$ 是 n 维向量，若 $\boldsymbol{A}^{m-1}\boldsymbol{\alpha}\neq\boldsymbol{0},\boldsymbol{A}^m\boldsymbol{\alpha}=\boldsymbol{0}$，证明：向量组 $\boldsymbol{\alpha},\boldsymbol{A\alpha},\boldsymbol{A}^2\boldsymbol{\alpha},\cdots,\boldsymbol{A}^{m-1}\boldsymbol{\alpha}$ 线性无关。

3-2 参考答案

§3.3 向量组的秩

对于任意一个 n 维向量组，通常希望找出它的一个部分组，不但要求这个部分组与原向量组等价，而且要求它所含的向量个数最少。为此引入极大线性无关组的概念。

3.3.1 极大线性无关组

定义3.3.1 若在向量组 $\boldsymbol{A}:\boldsymbol{\alpha}_1,\boldsymbol{\alpha}_2,\cdots,\boldsymbol{\alpha}_m$ 中能选出 r 个向量 $\boldsymbol{\alpha}_{i_1},\boldsymbol{\alpha}_{i_2},\cdots,\boldsymbol{\alpha}_{i_r}$，满足：

(1) 向量组 $\boldsymbol{\alpha}_{i_1},\boldsymbol{\alpha}_{i_2},\cdots,\boldsymbol{\alpha}_{i_r}$ 线性无关；

(2) 向量组 $\boldsymbol{A}:\boldsymbol{\alpha}_1,\boldsymbol{\alpha}_2,\cdots,\boldsymbol{\alpha}_m$ 中任意 $r+1$ 个向量(若存在的话) 都线性相关；

则称向量组 $\boldsymbol{\alpha}_{i_1},\boldsymbol{\alpha}_{i_2},\cdots,\boldsymbol{\alpha}_{i_r}$ 是向量组 $\boldsymbol{A}:\boldsymbol{\alpha}_1,\boldsymbol{\alpha}_2,\cdots,\boldsymbol{\alpha}_m$ 的一个极大线性无关组。

注：

1. 向量组的极大线性无关组可能不止一个，但任意两个极大线性无关组所含向量的个数是相等的。

2. 一个线性无关的向量组的极大线性无关组就是这个向量组本身。

3. 仅有零向量组成的向量组没有极大线性无关组。

4. 向量组和它的极大线性无关组等价；任意两个极大线性无关组等价。

定理3.3.1　如果 $\boldsymbol{\alpha}_{i_1},\boldsymbol{\alpha}_{i_2},\cdots,\boldsymbol{\alpha}_{i_r}$ 是向量组 $\boldsymbol{A}:\boldsymbol{\alpha}_1,\boldsymbol{\alpha}_2,\cdots,\boldsymbol{\alpha}_m$ 的线性无关部分组，它是极大线性无关组的充分必要条件是向量组 $\boldsymbol{A}:\boldsymbol{\alpha}_1,\boldsymbol{\alpha}_2,\cdots,\boldsymbol{\alpha}_m$ 中的每一个向量都可由 $\boldsymbol{\alpha}_{i_1},\boldsymbol{\alpha}_{i_2},\cdots,\boldsymbol{\alpha}_{i_r}$ 线性表示。

【证】

1. 必然性

若 $\boldsymbol{\alpha}_{i_1},\boldsymbol{\alpha}_{i_2},\cdots,\boldsymbol{\alpha}_{i_r}$ 是向量组 $\boldsymbol{A}:\boldsymbol{\alpha}_1,\boldsymbol{\alpha}_2,\cdots,\boldsymbol{\alpha}_m$ 的极大线性无关组，则当 i 是 $i_1,i_2,\cdots,i_r$ 中的数时，显然 $\boldsymbol{\alpha}_i$ 可由 $\boldsymbol{\alpha}_{i_1},\boldsymbol{\alpha}_{i_2},\cdots,\boldsymbol{\alpha}_{i_r}$ 线性表示；当 i 不是 $i_1,i_2,\cdots,i_r$ 中的数时，$\boldsymbol{\alpha}_i,\boldsymbol{\alpha}_{i_1},\boldsymbol{\alpha}_{i_2},\cdots,\boldsymbol{\alpha}_{i_r}$ 线性相关，又 $\boldsymbol{\alpha}_{i_1},\boldsymbol{\alpha}_{i_2},\cdots,\boldsymbol{\alpha}_{i_r}$ 线性无关，根据定理 3.2.3，$\boldsymbol{\alpha}_i$ 可由 $\boldsymbol{\alpha}_{i_1},\boldsymbol{\alpha}_{i_2},\cdots,\boldsymbol{\alpha}_{i_r}$ 线性表示。

2. 充分性

如果向量组 $\boldsymbol{A}:\boldsymbol{\alpha}_1,\boldsymbol{\alpha}_2,\cdots,\boldsymbol{\alpha}_m$ 可由 $\boldsymbol{\alpha}_{i_1},\boldsymbol{\alpha}_{i_2},\cdots,\boldsymbol{\alpha}_{i_r}$ 线性表示，则向量组 $\boldsymbol{A}:\boldsymbol{\alpha}_1,\boldsymbol{\alpha}_2,\cdots,\boldsymbol{\alpha}_m$ 中任何包含 $r+1(m>r)$ 个向量的部分向量组都线性相关，于是 $\boldsymbol{\alpha}_{i_1},\boldsymbol{\alpha}_{i_2},\cdots,\boldsymbol{\alpha}_{i_r}$ 是极大线性无关组。

3.3.2　向量组的秩的定义

定义3.3.2　向量组 $\boldsymbol{\alpha}_1,\boldsymbol{\alpha}_2,\cdots,\boldsymbol{\alpha}_m$ 的极大线性无关组所含向量的个数称为该向量组的秩，记为 $r(\boldsymbol{\alpha}_1,\boldsymbol{\alpha}_2,\cdots,\boldsymbol{\alpha}_m)$。

注：零向量组成的向量组的秩为 0。

3.3.3　矩阵与向量组秩的关系

定理3.3.2　设 $\boldsymbol{A}$ 是 $n\times s$ 矩阵，则矩阵 $\boldsymbol{A}$ 的秩等于 $\boldsymbol{A}$ 的列向量组 $\boldsymbol{\alpha}_1,\boldsymbol{\alpha}_2,\cdots,\boldsymbol{\alpha}_s$ 的秩，也等于 $\boldsymbol{A}$ 的行向量组的秩。

【证】　设 $\boldsymbol{A}=(\boldsymbol{\alpha}_1,\boldsymbol{\alpha}_2,\cdots,\boldsymbol{\alpha}_s)$，$r(\boldsymbol{A})=r$，则由矩阵的定义知，存在 $\boldsymbol{A}$ 的 r 阶子式 $D_r\neq 0$，从而 D_r 所在的 r 列向量线性无关，又 $\boldsymbol{A}$ 的所有 $r+1$ 阶子式 $D_{r+1}=0$，故 $\boldsymbol{A}$ 中任意 $r+1$ 个列向量都线性相关。因此 D_r 所在的 r 列向量是 $\boldsymbol{A}$ 的列向量组的一个极大线性无关组，所以 $\boldsymbol{A}$ 的列向量组的秩为 r。

同理可证 $\boldsymbol{A}$ 的行向量组的秩也是 r。

【例 1】　设向量组

$$\boldsymbol{\alpha}_1=\begin{pmatrix}2\\1\\4\\3\end{pmatrix},\boldsymbol{\alpha}_2=\begin{pmatrix}-1\\1\\-6\\6\end{pmatrix},\boldsymbol{\alpha}_3=\begin{pmatrix}-1\\-2\\2\\-9\end{pmatrix},\boldsymbol{\alpha}_4=\begin{pmatrix}1\\1\\-2\\7\end{pmatrix},\boldsymbol{\alpha}_5=\begin{pmatrix}2\\4\\4\\9\end{pmatrix}$$

求该向量组的秩和它的一个极大线性无关组，并将其余向量用极大线性无关组线性表示。

【解】　构造矩阵 $\boldsymbol{A}=(\boldsymbol{\alpha}_1,\boldsymbol{\alpha}_2,\boldsymbol{\alpha}_3,\boldsymbol{\alpha}_4,\boldsymbol{\alpha}_5)$，对 $\boldsymbol{A}$ 做初等行变换，将其化为最简形阶梯矩阵：

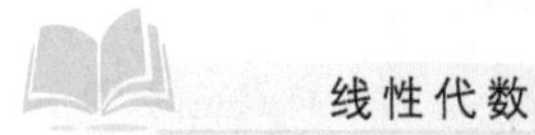

$$\boldsymbol{A}=\begin{pmatrix}2&-1&-1&1&2\\1&1&-2&1&4\\4&-6&2&-2&4\\3&6&-9&7&9\end{pmatrix}\xrightarrow{r_1\leftrightarrow r_2}\begin{pmatrix}1&1&-2&1&4\\2&-1&-1&1&2\\4&-6&2&-2&4\\3&6&-9&7&9\end{pmatrix}\xrightarrow[\substack{-4r_1+r_3\\-3r_1+r_4}]{-2r_1+r_2}$$

$$\begin{pmatrix}1&1&-2&1&4\\0&-3&3&-1&-6\\0&-10&10&-6&-12\\0&3&-3&4&-3\end{pmatrix}\xrightarrow[r_2+r_4]{-3r_2+r_3}\begin{pmatrix}1&1&-2&1&4\\0&-3&3&-1&-6\\0&-1&1&-3&6\\0&0&0&3&-9\end{pmatrix}\xrightarrow{r_2\leftrightarrow r_3}$$

$$\begin{pmatrix}1&1&-2&1&4\\0&-1&1&-3&6\\0&-3&3&-1&-6\\0&0&0&3&-9\end{pmatrix}\xrightarrow{-r_2}\begin{pmatrix}1&1&-2&1&4\\0&1&-1&3&-6\\0&-3&3&-1&-6\\0&0&0&3&-9\end{pmatrix}\xrightarrow{3r_2+r_3}$$

$$\begin{pmatrix}1&1&-2&1&4\\0&1&-1&3&-6\\0&0&0&8&-24\\0&0&0&3&-9\end{pmatrix}\xrightarrow[-3r_3+r_4]{\frac{1}{8}r_3}\begin{pmatrix}1&1&-2&1&4\\0&1&-1&3&-6\\0&0&0&1&-3\\0&0&0&0&0\end{pmatrix}\xrightarrow{-r_2+r_1}$$

$$\begin{pmatrix}1&0&-1&-2&10\\0&1&-1&3&-6\\0&0&0&1&-3\\0&0&0&0&0\end{pmatrix}\xrightarrow[-3r_3+r_2]{2r_3+r_1}\begin{pmatrix}1&0&-1&0&4\\0&1&-1&0&3\\0&0&0&1&-3\\0&0&0&0&0\end{pmatrix}$$

可知$r(\boldsymbol{A})=3$,即向量组$\boldsymbol{\alpha}_1,\boldsymbol{\alpha}_2,\boldsymbol{\alpha}_3,\boldsymbol{\alpha}_4,\boldsymbol{\alpha}_5$的秩为3,极大线性无关组含有3个向量,取3个非零行首个非零元素所在的1,2,4列所对应的向量$\boldsymbol{\alpha}_1,\boldsymbol{\alpha}_2,\boldsymbol{\alpha}_4$为向量组的一个极大线性无关组。

因此有

$$\boldsymbol{\alpha}_3=-\boldsymbol{\alpha}_1-\boldsymbol{\alpha}_2$$
$$\boldsymbol{\alpha}_5=4\boldsymbol{\alpha}_1+3\boldsymbol{\alpha}_2-3\boldsymbol{\alpha}_3$$

【例2】 已知向量组$\boldsymbol{\alpha}_1=(1,2,-1,1)^{\mathrm{T}},\boldsymbol{\alpha}_2=(2,0,t,0)^{\mathrm{T}},\boldsymbol{\alpha}_3=(0,-4,5,-2)^{\mathrm{T}},\boldsymbol{\alpha}_4=(3,-2,t+4,-1)^{\mathrm{T}}$,求向量组的秩和极大线性无关组。

【解】 构造矩阵$\boldsymbol{A}=(\boldsymbol{\alpha}_1,\boldsymbol{\alpha}_2,\boldsymbol{\alpha}_3,\boldsymbol{\alpha}_4)$,对$\boldsymbol{A}$做初等行变换,将其化为最简形阶梯矩阵:

$$\boldsymbol{A}=\begin{pmatrix}1&2&0&3\\2&0&-4&-2\\-1&t&5&t+4\\1&0&-2&-1\end{pmatrix}\xrightarrow[\substack{r_1+r_3\\-r_1+r_4}]{-2r_1+r_2}\begin{pmatrix}1&2&0&3\\0&-4&-4&-8\\0&t+2&5&t+7\\0&-2&-2&-4\end{pmatrix}\xrightarrow{-\frac{1}{4}r_2}$$

$$\begin{pmatrix}1&2&0&3\\0&1&1&2\\0&t+2&5&t+7\\0&-2&-2&-4\end{pmatrix}\xrightarrow[2r_2+r_4]{-(t+2)r_2+r_3}\begin{pmatrix}1&2&0&3\\0&1&1&2\\0&0&3-t&3-t\\0&0&0&0\end{pmatrix}$$

(1) 当 $3-t=0$，即 $t=3$ 时，$r(\boldsymbol{\alpha}_1,\boldsymbol{\alpha}_2,\boldsymbol{\alpha}_3,\boldsymbol{\alpha}_4)=2$，$\boldsymbol{\alpha}_1,\boldsymbol{\alpha}_2$ 是极大线性无关组。

(2) 当 $3-t\neq 0$，即 $t\neq 3$ 时，$r(\boldsymbol{\alpha}_1,\boldsymbol{\alpha}_2,\boldsymbol{\alpha}_3,\boldsymbol{\alpha}_4)=3$，$\boldsymbol{\alpha}_1,\boldsymbol{\alpha}_2,\boldsymbol{\alpha}_3$ 是极大线性无关组。

习题 3-3

1. 求下列向量组的秩。

(1)$\boldsymbol{\alpha}_1=(1,2,3,4)^{\mathrm{T}}$，$\boldsymbol{\alpha}_2=(0,-1,2,3)^{\mathrm{T}}$，$\boldsymbol{\alpha}_3=(2,3,8,11)^{\mathrm{T}}$，$\boldsymbol{\alpha}_4=(2,3,6,8)^{\mathrm{T}}$

(2)$\boldsymbol{\alpha}_1=(1,-1,5,-1)^{\mathrm{T}}$，$\boldsymbol{\alpha}_2=(1,1,-2,3)^{\mathrm{T}}$，$\boldsymbol{\alpha}_3=(3,-1,8,1)^{\mathrm{T}}$，$\boldsymbol{\alpha}_4=(1,3,-9,7)^{\mathrm{T}}$

2. 已知向量组 $\boldsymbol{\alpha}_1=\begin{pmatrix}a\\3\\1\end{pmatrix}$，$\boldsymbol{\alpha}_2=\begin{pmatrix}2\\b\\3\end{pmatrix}$，$\boldsymbol{\alpha}_3=\begin{pmatrix}1\\2\\1\end{pmatrix}$，$\boldsymbol{\alpha}_4=\begin{pmatrix}2\\3\\1\end{pmatrix}$的秩为 2，求 a,b。

3. 已知向量组 $\boldsymbol{\alpha}_1=(1,1,1,3)^{\mathrm{T}}$，$\boldsymbol{\alpha}_2=(1,3,-5,-1)^{\mathrm{T}}$，$\boldsymbol{\alpha}_3=(-2,-6,10,a)^{\mathrm{T}}$，$\boldsymbol{\alpha}_4=(4,1,6,a+10)^{\mathrm{T}}$ 线性相关，求向量组 $\boldsymbol{\alpha}_1,\boldsymbol{\alpha}_2,\boldsymbol{\alpha}_3,\boldsymbol{\alpha}_4$ 的一个极大线性无关组。

4. 求下列向量组的一个极大线性无关组，并将其余向量用此极大线性无关组线性表示。

(1)$\boldsymbol{\alpha}_1=(2,1,1,1)^{\mathrm{T}}$，$\boldsymbol{\alpha}_2=(-1,1,7,10)^{\mathrm{T}}$，$\boldsymbol{\alpha}_3=(3,1,-1,-2)^{\mathrm{T}}$，$\boldsymbol{\alpha}_4=(8,5,9,11)^{\mathrm{T}}$

(2)$\boldsymbol{\alpha}_1=(1,1,1,1)^{\mathrm{T}}$，$\boldsymbol{\alpha}_2=(1,2,3,4)^{\mathrm{T}}$，$\boldsymbol{\alpha}_3=(1,4,9,16)^{\mathrm{T}}$，$\boldsymbol{\alpha}_4=(1,3,7,13)^{\mathrm{T}}$，$\boldsymbol{\alpha}_5=(1,2,5,10)^{\mathrm{T}}$

3-3 参考答案

§3.4　向量组间的线性关系

在 3.1 节中讨论了一个向量与向量组之间的关系，在 3.2 节中讨论了一个向量组内部各向量之间的关系，本节讨论两个向量组之间的关系。

3.4.1　等价向量组

定义3.4.1　设有两个向量组

$$\boldsymbol{A}:\boldsymbol{\alpha}_1,\boldsymbol{\alpha}_2,\cdots,\boldsymbol{\alpha}_s;\quad \boldsymbol{B}:\boldsymbol{\beta}_1,\boldsymbol{\beta}_2,\cdots,\boldsymbol{\beta}_t$$

若向量组 $\boldsymbol{B}$ 中的每一个向量都能由向量组 $\boldsymbol{A}$ 线性表示，则称向量组 $\boldsymbol{B}$ 可由向量组 $\boldsymbol{A}$ 线性表示；若向量组 $\boldsymbol{A}$ 与向量组 $\boldsymbol{B}$ 可以互相线性表示，则称这两个向量组等价，记为 $\boldsymbol{A}\sim\boldsymbol{B}$。

容易验证，向量的等价具有下面的性质：

(1) 自反性：$\boldsymbol{A}\sim\boldsymbol{A}$；

(2) 对称性：若 $\boldsymbol{A}\sim\boldsymbol{B}$，则 $\boldsymbol{B}\sim\boldsymbol{A}$；

(3) 传递性：若 $\boldsymbol{A}\sim\boldsymbol{B}$，$\boldsymbol{B}\sim\boldsymbol{C}$，则 $\boldsymbol{A}\sim\boldsymbol{C}$。

3.4.2 向量组间线性表示的矩阵形式

根据定义 3.4.1,若向量组 $\boldsymbol{B}$ 可由向量组 $\boldsymbol{A}$ 线性表示,即对每一个向量 $\boldsymbol{\beta}_j(j=1,2,\cdots,t)$,都存在一组数 $k_{1j},k_{2j},\cdots,k_{sj}$,使:

$$\boldsymbol{\beta}_j=k_{1j}\boldsymbol{\alpha}_1+k_{2j}\boldsymbol{\alpha}_2+\cdots+k_{sj}\boldsymbol{\alpha}_s=(\boldsymbol{\alpha}_1,\boldsymbol{\alpha}_2,\cdots,\boldsymbol{\alpha}_s)\begin{pmatrix}k_{1j}\\k_{2j}\\\vdots\\k_{sj}\end{pmatrix}$$

从而

$$(\boldsymbol{\beta}_1,\boldsymbol{\beta}_2,\cdots,\boldsymbol{\beta}_t)=(\boldsymbol{\alpha}_1,\boldsymbol{\alpha}_2,\cdots,\boldsymbol{\alpha}_s)\begin{pmatrix}k_{11}&k_{12}&\cdots&k_{1t}\\k_{21}&k_{22}&\cdots&k_{2t}\\\vdots&\vdots&&\vdots\\k_{s1}&k_{s2}&\cdots&k_{st}\end{pmatrix}$$

令

$$\boldsymbol{K}=\begin{pmatrix}k_{11}&k_{12}&\cdots&k_{1t}\\k_{21}&k_{22}&\cdots&k_{2t}\\\vdots&\vdots&&\vdots\\k_{s1}&k_{s2}&\cdots&k_{st}\end{pmatrix}$$

则 $\boldsymbol{B}=\boldsymbol{AK}$,称矩阵 $\boldsymbol{K}=(k_{ij})_{s\times t}$ 为这一线性表示的系数矩阵。

反之,若存在矩阵关系 $\boldsymbol{B}_{n\times t}=\boldsymbol{A}_{n\times s}\boldsymbol{K}_{s\times t}$,则矩阵 $\boldsymbol{B}$ 的列向量组能由矩阵 $\boldsymbol{A}$ 的列向量组线性表示,$\boldsymbol{K}$ 为这一系数矩阵;同样,矩阵 $\boldsymbol{B}$ 的行向量组能由矩阵 $\boldsymbol{K}$ 的列向量组线性表示,此时 $\boldsymbol{A}$ 为这一系数矩阵。

3.4.3 向量组间线性表示的判别

定理3.4.1 若向量组 $\boldsymbol{B}:\boldsymbol{\beta}_1,\boldsymbol{\beta}_2,\cdots,\boldsymbol{\beta}_t$ 可由向量组 $\boldsymbol{A}:\boldsymbol{\alpha}_1,\boldsymbol{\alpha}_2,\cdots,\boldsymbol{\alpha}_s$ 线性表示的充分必要条件是存在 $s\times t$ 矩阵 $\boldsymbol{K}$,使得 $\boldsymbol{B}=\boldsymbol{AK}$。

【例 1】 设 $\boldsymbol{\alpha}_1=\begin{pmatrix}1\\2\end{pmatrix},\boldsymbol{\alpha}_2=\begin{pmatrix}-1\\1\end{pmatrix},\boldsymbol{\beta}_1=\begin{pmatrix}3\\9\end{pmatrix},\boldsymbol{\beta}_2=\begin{pmatrix}0\\3\end{pmatrix}$,判断:(1)$\boldsymbol{\alpha}_1,\boldsymbol{\alpha}_2$ 是否可由 $\boldsymbol{\beta}_1,\boldsymbol{\beta}_2$ 线性表示;(2)$\boldsymbol{\beta}_1,\boldsymbol{\beta}_2$ 是否可由 $\boldsymbol{\alpha}_1,\boldsymbol{\alpha}_2$ 线性表示。

【解】 (1) 设 $\boldsymbol{\beta}_1=k_1\boldsymbol{\alpha}_1+k_2\boldsymbol{\alpha}_2$;$\boldsymbol{\beta}_2=k_3\boldsymbol{\alpha}_1+k_4\boldsymbol{\alpha}_2$,即

$$(\boldsymbol{\beta}_1,\boldsymbol{\beta}_2)=(\boldsymbol{\alpha}_1,\boldsymbol{\alpha}_2)\begin{pmatrix}k_1&k_3\\k_2&k_4\end{pmatrix}=(\boldsymbol{\alpha}_1,\boldsymbol{\alpha}_2)\boldsymbol{K}$$

由

$$(\boldsymbol{\alpha}_1,\boldsymbol{\alpha}_2,\boldsymbol{\beta}_1,\boldsymbol{\beta}_2)=\begin{pmatrix}1&-1&3&0\\2&1&9&3\end{pmatrix}\to\begin{pmatrix}1&0&4&1\\0&1&1&1\end{pmatrix}$$

可得:$\boldsymbol{\beta}_1=4\boldsymbol{\alpha}_1+\boldsymbol{\alpha}_2,\boldsymbol{\beta}_2=\boldsymbol{\alpha}_1+\boldsymbol{\alpha}_2$,故

$$(\boldsymbol{\beta}_1,\boldsymbol{\beta}_2)=(\boldsymbol{\alpha}_1,\boldsymbol{\alpha}_2)\begin{pmatrix}4&1\\1&1\end{pmatrix}$$

根据定理 3.4.1,$\boldsymbol{\alpha}_1,\boldsymbol{\alpha}_2$ 可由 $\boldsymbol{\beta}_1,\boldsymbol{\beta}_2$ 线性表示。

(2) 又 $|\boldsymbol{K}|=\begin{vmatrix}4 & 1\\ 1 & 1\end{vmatrix}\neq 0$,故 $\boldsymbol{K}$ 可逆,且 $\boldsymbol{K}^{-1}=\dfrac{1}{3}\begin{pmatrix}1 & -1\\ -1 & 4\end{pmatrix}$,于是

$$(\boldsymbol{\alpha}_1,\boldsymbol{\alpha}_2)=(\boldsymbol{\beta}_1,\boldsymbol{\beta}_2)\begin{pmatrix}4 & 1\\ 1 & 1\end{pmatrix}^{-1}=(\boldsymbol{\beta}_1,\boldsymbol{\beta}_2)\begin{pmatrix}\dfrac{1}{3} & -\dfrac{1}{3}\\ \dfrac{1}{3} & \dfrac{4}{3}\end{pmatrix}$$

根据定理 3.4.1,$\boldsymbol{\beta}_1,\boldsymbol{\beta}_2$ 可由 $\boldsymbol{\alpha}_1,\boldsymbol{\alpha}_2$ 线性表示。

定理3.4.2 若向量组 $\boldsymbol{B}:\boldsymbol{\beta}_1,\boldsymbol{\beta}_2,\cdots,\boldsymbol{\beta}_t$ 能由向量组 $\boldsymbol{A}:\boldsymbol{\alpha}_1,\boldsymbol{\alpha}_2,\cdots,\boldsymbol{\alpha}_s$ 线性表示,且 $t>s$,则向量组 $\boldsymbol{B}$ 线性相关。

【证】 只要证明存在不全为 0 的数 $k_1,k_2,\cdots,k_t$ 使得 $\sum\limits_{i=1}^{t}k_i\boldsymbol{\beta}_i=\boldsymbol{0}$ 即可,由已知条件,设

$$\boldsymbol{\beta}_i=\sum_{j=1}^{s}l_{ji}\boldsymbol{\alpha}_j=l_{1i}\boldsymbol{\alpha}_1+l_{2i}\boldsymbol{\alpha}_2+\cdots+l_{si}\boldsymbol{\alpha}_s\quad(i=1,2,\cdots,t)$$

从而就有

$$(\boldsymbol{\beta}_1,\boldsymbol{\beta}_2,\cdots,\boldsymbol{\beta}_t)=(\boldsymbol{\alpha}_1,\boldsymbol{\alpha}_2,\cdots,\boldsymbol{\alpha}_s)\begin{pmatrix}l_{11} & l_{12} & \cdots & l_{1t}\\ l_{21} & l_{22} & \cdots & l_{2t}\\ \vdots & \vdots & & \vdots\\ l_{s1} & l_{s2} & \cdots & l_{st}\end{pmatrix}$$

记

$$\boldsymbol{C}=\begin{pmatrix}l_{11} & l_{12} & \cdots & l_{1t}\\ l_{21} & l_{22} & \cdots & l_{2t}\\ \vdots & \vdots & & \vdots\\ l_{s1} & l_{s2} & \cdots & l_{st}\end{pmatrix}$$

因为 $t>s$,故 $r(\boldsymbol{C})<t$,因而,齐次线性方程组 $\boldsymbol{C}(x)=\boldsymbol{0}$ 有非零解,即存在不全为 0 的数 $k_1,k_2,\cdots,k_t$,使得:

$$\boldsymbol{C}\begin{pmatrix}k_1\\ k_2\\ \vdots\\ k_t\end{pmatrix}=\boldsymbol{0}$$

所以

$$\sum_{i=1}^{t}k_i\boldsymbol{\beta}_i=(\boldsymbol{\beta}_1,\boldsymbol{\beta}_2,\cdots,\boldsymbol{\beta}_t)\begin{pmatrix}k_1\\ k_2\\ \vdots\\ k_t\end{pmatrix}=(\boldsymbol{\alpha}_1,\boldsymbol{\alpha}_2,\cdots,\boldsymbol{\alpha}_s)\boldsymbol{C}\begin{pmatrix}k_1\\ k_2\\ \vdots\\ k_t\end{pmatrix}=\boldsymbol{0}$$

故向量组 $\boldsymbol{B}$ 线性相关。

【推论 1】 若向量组 $\boldsymbol{\alpha}_1,\boldsymbol{\alpha}_2,\cdots,\boldsymbol{\alpha}_s$ 线性无关,且它们可由向量组 $\boldsymbol{\beta}_1,\boldsymbol{\beta}_2,\cdots,\boldsymbol{\beta}_t$ 线性表示,则 $s\leqslant t$。

【推论2】 设向量组 $\boldsymbol{A}$ 的秩为 s，向量组 $\boldsymbol{B}$ 的秩为 t，若向量组 $\boldsymbol{B}$ 能由向量组 $\boldsymbol{A}$ 线性表示，则 $s \geqslant t$。

定理3.4.3 设向量组 $\boldsymbol{A}:\boldsymbol{\alpha}_1,\boldsymbol{\alpha}_2,\cdots,\boldsymbol{\alpha}_s;\boldsymbol{B}:\boldsymbol{\beta}_1,\boldsymbol{\beta}_2,\cdots,\boldsymbol{\beta}_t$。

(1) 向量组 $\boldsymbol{B}:\boldsymbol{\beta}_1,\boldsymbol{\beta}_2,\cdots,\boldsymbol{\beta}_t$ 能由向量组 $\boldsymbol{A}:\boldsymbol{\alpha}_1,\boldsymbol{\alpha}_2,\cdots,\boldsymbol{\alpha}_s$ 线性表示的充分必要条件是 $r(\boldsymbol{A}) = r(\boldsymbol{A} \mid \boldsymbol{B})$；

(2) 向量组 $\boldsymbol{A}:\boldsymbol{\alpha}_1,\boldsymbol{\alpha}_2,\cdots,\boldsymbol{\alpha}_s$ 与向量组 $\boldsymbol{B}:\boldsymbol{\beta}_1,\boldsymbol{\beta}_2,\cdots,\boldsymbol{\beta}_t$ 等价的充分必要条件是：$r(\boldsymbol{A}) = r(\boldsymbol{B}) = r(\boldsymbol{A} \mid \boldsymbol{B})$。

【推论1】 向量组与它的极大线性无关组等价。

【证】 设向量组 $\boldsymbol{A}$ 的秩为 r，它的一个极大线性无关组为 $\boldsymbol{A}_1:\boldsymbol{\alpha}_1,\boldsymbol{\alpha}_2,\cdots,\boldsymbol{\alpha}_r$。

(1) $\boldsymbol{A}_1$ 中的向量都是 $\boldsymbol{A}$ 中的向量，故 $\boldsymbol{A}_1$ 可由 $\boldsymbol{A}$ 线性表示；

(2) $\forall \boldsymbol{\alpha} \in \boldsymbol{A}$，当 $\boldsymbol{\alpha} \in \boldsymbol{A}_1$ 时，$\boldsymbol{\alpha}$ 可由 $\boldsymbol{A}_1$ 线性表示；

当 $\boldsymbol{\alpha} \notin \boldsymbol{A}_1$ 时，$\boldsymbol{\alpha}_1,\boldsymbol{\alpha}_2,\cdots,\boldsymbol{\alpha}_r,\boldsymbol{\alpha}$ 线性相关的，而 $\boldsymbol{\alpha}_1,\boldsymbol{\alpha}_2,\cdots,\boldsymbol{\alpha}_r$ 线性无关，则 $\boldsymbol{\alpha}$ 可由 $\boldsymbol{A}_1$ 线性表示；故 $\boldsymbol{A}$ 可由 $\boldsymbol{A}_1$ 线性表示。

综合(1)(2)可知，$\boldsymbol{A}$ 与 $\boldsymbol{A}_1$ 等价。

【推论2】 向量组的两个极大线性无关组等价。

【推论3】 若两个线性无关的向量组等价，则它们所含向量个数相等。

【例2】 设

$$\boldsymbol{\alpha}_1 = \begin{pmatrix} 1 \\ -1 \\ 1 \\ -1 \end{pmatrix}, \boldsymbol{\alpha}_2 = \begin{pmatrix} 3 \\ 1 \\ 1 \\ 3 \end{pmatrix}, \boldsymbol{\beta}_1 = \begin{pmatrix} 2 \\ 0 \\ 1 \\ 1 \end{pmatrix}, \boldsymbol{\beta}_2 = \begin{pmatrix} 1 \\ 1 \\ 0 \\ 2 \end{pmatrix}, \boldsymbol{\beta}_3 = \begin{pmatrix} 3 \\ -1 \\ 2 \\ 0 \end{pmatrix}$$

证明：向量组 $\boldsymbol{\alpha}_1,\boldsymbol{\alpha}_2$ 与向量组 $\boldsymbol{\beta}_1,\boldsymbol{\beta}_2,\boldsymbol{\beta}_3$ 等价。

【证】 设 $\boldsymbol{A} = (\boldsymbol{\alpha}_1,\boldsymbol{\alpha}_2)$，$\boldsymbol{B} = (\boldsymbol{\beta}_1,\boldsymbol{\beta}_2,\boldsymbol{\beta}_3)$，根据定理 3.1.3 的推论，只需证明

$$r(\boldsymbol{A}) = r(\boldsymbol{B}) = r(\boldsymbol{A} \mid \boldsymbol{B})$$

将矩阵 $(\boldsymbol{A} \mid \boldsymbol{B})$ 化为阶梯矩阵：

$$(\boldsymbol{A} \mid \boldsymbol{B}) = \begin{pmatrix} 1 & 3 & 2 & 1 & 3 \\ -1 & 1 & 0 & 1 & -1 \\ 1 & 1 & 1 & 0 & 2 \\ -1 & 3 & 1 & 2 & 0 \end{pmatrix} \xrightarrow[r_1+r_4]{\substack{r_1+r_2 \\ -r_1+r_3}} \begin{pmatrix} 1 & 3 & 2 & 1 & 3 \\ 0 & 4 & 2 & 2 & 2 \\ 0 & -2 & -1 & -1 & -1 \\ 0 & 6 & 3 & 3 & 3 \end{pmatrix} \xrightarrow{\substack{-\frac{1}{2}r_2+r_3 \\ -\frac{3}{2}r_2+r_4}}$$

$$\begin{pmatrix} 1 & 3 & 2 & 1 & 3 \\ 0 & 4 & 2 & 2 & 2 \\ 0 & 0 & 0 & 0 & 0 \\ 0 & 0 & 0 & 0 & 0 \end{pmatrix}$$

因此 $r(\boldsymbol{A}) = r(\boldsymbol{A} \mid \boldsymbol{B}) = 2$。

又很容易看出 $\boldsymbol{B}$ 中有二阶非零子式，所以 $r(\boldsymbol{B}) \geqslant 2$；则有

$$2 \leqslant r(\boldsymbol{B}) \leqslant r(\boldsymbol{A} \mid \boldsymbol{B}) = 2$$

可得 $r(\boldsymbol{B}) = 2$，故有 $r(\boldsymbol{A}) = r(\boldsymbol{B}) = r(\boldsymbol{A} \mid \boldsymbol{B}) = 2$。

习题 3-4

1. 已知

$$\boldsymbol{\alpha}_1=\begin{pmatrix}1\\1\\1\\-2\end{pmatrix},\boldsymbol{\alpha}_2=\begin{pmatrix}2\\0\\-2\\-16\end{pmatrix},\boldsymbol{\beta}_1=\begin{pmatrix}1\\2\\3\\4\end{pmatrix},\boldsymbol{\beta}_2=\begin{pmatrix}-1\\0\\1\\8\end{pmatrix},\boldsymbol{\beta}_3=\begin{pmatrix}2\\1\\0\\1\end{pmatrix}$$

试判断：(1) 向量组 $\boldsymbol{\alpha}_1,\boldsymbol{\alpha}_2$ 能否由向量组 $\boldsymbol{\beta}_1,\boldsymbol{\beta}_2,\boldsymbol{\beta}_3$ 线性表示；

(2) 向量组 $\boldsymbol{\beta}_1,\boldsymbol{\beta}_2,\boldsymbol{\beta}_3$ 能否由向量组 $\boldsymbol{\alpha}_1,\boldsymbol{\alpha}_2$ 线性表示。

2. 设有向量组 $\boldsymbol{\alpha}_1=(1,0,2)^{\mathrm{T}},\boldsymbol{\alpha}_2=(1,1,3)^{\mathrm{T}},\boldsymbol{\alpha}_3=(1,-1,a+2)^{\mathrm{T}}$ 和 $\boldsymbol{\beta}_1=(1,2,2)^{\mathrm{T}},\boldsymbol{\beta}_2=(2,1,5)^{\mathrm{T}},\boldsymbol{\beta}_3=(2,1,3)^{\mathrm{T}}$，判断向量组 $\boldsymbol{\alpha}_1,\boldsymbol{\alpha}_2,\boldsymbol{\alpha}_3$ 与向量组 $\boldsymbol{\beta}_1,\boldsymbol{\beta}_2,\boldsymbol{\beta}_3$ 是否等价。

3. 设向量组 $\boldsymbol{\alpha}_1=(1,0,1)^{\mathrm{T}},\boldsymbol{\alpha}_2=(0,1,1)^{\mathrm{T}},\boldsymbol{\alpha}_3=(1,3,5)^{\mathrm{T}}$ 不能由向量组 $\boldsymbol{\beta}_1=(1,1,1)^{\mathrm{T}},\boldsymbol{\beta}_2=(1,2,3)^{\mathrm{T}},\boldsymbol{\beta}_3=(3,4,a)^{\mathrm{T}}$ 线性表示。

(1) 求 a 的值；

(2) 将 $\boldsymbol{\beta}_1,\boldsymbol{\beta}_2,\boldsymbol{\beta}_3$ 用 $\boldsymbol{\alpha}_1,\boldsymbol{\alpha}_2,\boldsymbol{\alpha}_3$ 线性表示。

4. 已知两个向量组 $\boldsymbol{A}:\boldsymbol{\alpha}_1,\boldsymbol{\alpha}_2,\cdots,\boldsymbol{\alpha}_r$；$\boldsymbol{B}:\boldsymbol{\beta}_1,\boldsymbol{\beta}_2,\cdots,\boldsymbol{\beta}_s$。若 A 线性无关，且向量组 A 可由向量组 B 线性表示，证明：$r\leqslant s$。

5. 设向量组 $\boldsymbol{A}$ 的秩为 r，向量组 $\boldsymbol{B}$ 的秩为 s，若向量组 $\boldsymbol{B}$ 能由向量组 $\boldsymbol{A}$ 线性表示，证明：$s\leqslant r$。

3-4 参考答案

§3.5　向量空间

3.5.1　向量空间的概念

定义3.5.1　设 V 为 n 维向量的集合，如果集合 V 非空，且集合 V 对于加法和数乘两种运算封闭，那么就称集合 V 为向量空间。

说明：

1. 集合 V 对于加法及数乘两种运算封闭是指：
若 $\forall\boldsymbol{\alpha},\boldsymbol{\beta}\in V$，则 $\boldsymbol{\alpha}+\boldsymbol{\beta}\in V$；
若 $\forall\boldsymbol{\alpha}\in V,\lambda\in\mathbf{R}$，则 $\lambda\boldsymbol{\alpha}\in V$。
2. 单独一个零向量构成一个向量空间，称为零空间。
3. 所有 n 维实向量的集合就是一个向量空间，记作 $\mathbf{R}^n$。
4. 显然，向量空间 $V\subseteq\mathbf{R}^n$，称 V 是 $\mathbf{R}^n$ 的子空间。

【例 1】 判断以下集合是不是向量空间。

(1)$V_1 = \{\boldsymbol{x} = (0, x_1, x_2, \cdots, x_n)^{\mathrm{T}} \mid x_1, x_2, \cdots, x_n \in \mathbf{R}\}$

(2)$V_2 = \{\boldsymbol{x} = (1, x_1, x_2, \cdots, x_n)^{\mathrm{T}} \mid x_1, x_2, \cdots, x_n \in \mathbf{R}\}$

【解】 (1) 对于 V_1 中任意两个元素

$$\boldsymbol{\alpha} = (0, \alpha_1, \alpha_2, \cdots, \alpha_n)^{\mathrm{T}}, \boldsymbol{\beta} = (0, \beta_1, \beta_2, \cdots, \beta_n)^{\mathrm{T}} \in V_1, \lambda \in \mathbf{R}$$

有
$$\boldsymbol{\alpha} + \boldsymbol{\beta} = (0, \alpha_1 + \beta_1, \alpha_2 + \beta_2, \cdots, \alpha_n + \beta_n)^{\mathrm{T}} \in V_1$$
$$\lambda\boldsymbol{\alpha} = (0, \lambda\alpha_1, \lambda\alpha_2, \cdots, \lambda\alpha_n)^{\mathrm{T}} \in V_1$$

故 V_1 是向量空间。

(2) 对于 V_2 中任意两个元素

$$\boldsymbol{\alpha} = (1, \alpha_1, \alpha_2, \cdots, \alpha_n)^{\mathrm{T}}, \boldsymbol{\beta} = (1, \beta_1, \beta_2, \cdots, \beta_n)^{\mathrm{T}} \in V_2, \lambda \in \mathbf{R}$$

有
$$\boldsymbol{\alpha} + \boldsymbol{\beta} = (2, \alpha_1 + \beta_1, \alpha_2 + \beta_2, \cdots, \alpha_n + \beta_n)^{\mathrm{T}} \notin V_2$$
$$\lambda\boldsymbol{\alpha} = (\lambda, \lambda\alpha_1, \lambda\alpha_2, \cdots, \lambda\alpha_n)^{\mathrm{T}} \notin V_2$$

故 V_2 不是向量空间。

【例 2】 设 $\boldsymbol{\alpha}, \boldsymbol{\beta}$ 是两个已知的 n 维向量，集合 $V = \{\boldsymbol{\xi} = (\lambda\boldsymbol{\alpha} + \mu\boldsymbol{\beta}) \mid \lambda, \mu \in \mathbf{R}\}$，试判断集合 V 是否为向量空间。

【解】 在 V 中任取两个元素

$$\boldsymbol{\xi}_1 = \lambda_1\boldsymbol{\alpha} + \mu_1\boldsymbol{\beta}, \boldsymbol{\xi}_2 = \lambda_2\boldsymbol{\alpha} + \mu_2\boldsymbol{\beta} \in V$$

则有

$$\boldsymbol{\xi}_1 + \boldsymbol{\xi}_2 = (\lambda_1 + \lambda_2)\boldsymbol{\alpha} + (\mu_1 + \mu_2)\boldsymbol{\beta} \in V$$
$$k\boldsymbol{\xi}_1 = (k\lambda_1)\boldsymbol{\alpha} + (k\mu_1)\boldsymbol{\beta} \in V$$

所以集合 V 是向量空间。

这个向量空间称由 $\boldsymbol{\alpha}, \boldsymbol{\beta}$ 所生成的向量空间。

一般地，由向量组 $\boldsymbol{\alpha}_1, \boldsymbol{\alpha}_2, \cdots, \boldsymbol{\alpha}_m$ 所生成的向量空间记为

$$V = \{\boldsymbol{\xi} = \lambda_1\boldsymbol{\alpha}_1 + \lambda_2\boldsymbol{\alpha}_2 + \cdots + \lambda_m\boldsymbol{\alpha}_m \mid \lambda_1, \lambda_2, \cdots, \lambda_m \in \mathbf{R}\}$$

【例 3】 设向量组 $\boldsymbol{\alpha}_1, \boldsymbol{\alpha}_2, \cdots, \boldsymbol{\alpha}_s$ 与向量组 $\boldsymbol{\beta}_1, \boldsymbol{\beta}_2, \cdots, \boldsymbol{\beta}_t$ 等价，记

$$V_1 = \{\boldsymbol{\xi} = \lambda_1\boldsymbol{\alpha}_1 + \lambda_2\boldsymbol{\alpha}_2 + \cdots + \lambda_s\boldsymbol{\alpha}_s \mid \lambda_1, \lambda_2, \cdots, \lambda_s \in \mathbf{R}\}$$
$$V_2 = \{\boldsymbol{\xi} = \mu_1\boldsymbol{\beta}_1 + \mu_2\boldsymbol{\beta}_2 + \cdots + \mu_t\boldsymbol{\beta}_t \mid \mu_1, \mu_2, \cdots, \mu_t \in \mathbf{R}\}$$

证明：$V_1 = V_2$

【证】 对 $\forall \boldsymbol{x} \in V_1$，则 $\boldsymbol{x}$ 可由 $\boldsymbol{\alpha}_1, \boldsymbol{\alpha}_2, \cdots, \boldsymbol{\alpha}_s$ 线性表示，又因为向量组 $\boldsymbol{\alpha}_1, \boldsymbol{\alpha}_2, \cdots, \boldsymbol{\alpha}_s$ 与向量组 $\boldsymbol{\beta}_1, \boldsymbol{\beta}_2, \cdots, \boldsymbol{\beta}_t$ 等价，则 $\boldsymbol{\alpha}_1, \boldsymbol{\alpha}_2, \cdots, \boldsymbol{\alpha}_s$ 可由 $\boldsymbol{\beta}_1, \boldsymbol{\beta}_2, \cdots, \boldsymbol{\beta}_t$ 线性表示，故 $\boldsymbol{x}$ 可由 $\boldsymbol{\beta}_1, \boldsymbol{\beta}_2, \cdots, \boldsymbol{\beta}_t$ 线性表示，所以 $\boldsymbol{x} \in V_2$，因此 $V_1 \subseteq V_2$。

类似可证 $V_2 \subseteq V_1$。

从而 $V_1 = V_2$。

3.5.2 向量空间的基和维数

定义3.5.2 设 V 是向量空间，如果有 r 个向量 $\boldsymbol{\alpha}_1, \boldsymbol{\alpha}_2, \cdots, \boldsymbol{\alpha}_r \in V$，满足：

(1)$\boldsymbol{\alpha}_1, \boldsymbol{\alpha}_2, \cdots, \boldsymbol{\alpha}_r$ 线性无关；

(2)V 中任意一个向量都可由 $\boldsymbol{\alpha}_1, \boldsymbol{\alpha}_2, \cdots, \boldsymbol{\alpha}_r$ 线性表出；

则称向量组$\alpha_1,\alpha_2,\cdots,\alpha_r$为向量空间$V$的一个基，称$r$为向量空间$V$的维数，记为$\dim V=r$，并称$V$为$r$维向量空间。

说明：

1. 0维向量空间没有基。

2. 若把向量空间V看作向量组，则V的基就是向量组的极大线性无关组，V的维数就是向量组的秩。

3. 若向量组$\boldsymbol{\alpha}_1,\boldsymbol{\alpha}_2,\cdots,\boldsymbol{\alpha}_r$是向量空间$V$的一个基，则$V$可以表示为：

$$V=\{\boldsymbol{x}=\lambda_1\boldsymbol{\alpha}_1+\lambda_2\boldsymbol{\alpha}_2+\cdots+\lambda_r\boldsymbol{\alpha}_r \mid \lambda_1,\lambda_2,\cdots,\lambda_r\in\mathbf{R}\}$$

此时V又称为由基$\alpha_1,\alpha_2,\cdots,\alpha_r$所生成的向量空间。有序数组$\lambda_1,\lambda_2,\cdots,\lambda_r$称为向量$\boldsymbol{x}$在基$\boldsymbol{\alpha}_1,\boldsymbol{\alpha}_2,\cdots,\boldsymbol{\alpha}_r$下的坐标，记作$(\lambda_1,\lambda_2,\cdots,\lambda_r)$；同一向量在不同基下有不同的坐标，求坐标的方法就是求出表出系数。

【例4】 设$\boldsymbol{\alpha}_1=(1,-1,1)^{\mathrm{T}},\boldsymbol{\alpha}_2=(1,2,0)^{\mathrm{T}},\boldsymbol{\alpha}_3=(1,0,3)^{\mathrm{T}},\boldsymbol{\alpha}_4=(2,-3,7)^{\mathrm{T}}$，证明：$\boldsymbol{\alpha}_1,\boldsymbol{\alpha}_2,\boldsymbol{\alpha}_3$是向量组$\mathbf{R}^3$的一个基，并求$\boldsymbol{\alpha}_4$关于基$\boldsymbol{\alpha}_1,\boldsymbol{\alpha}_2,\boldsymbol{\alpha}_3$的坐标。

【解】 构造矩阵$\mathbf{A}=(\boldsymbol{\alpha}_1,\boldsymbol{\alpha}_2,\boldsymbol{\alpha}_3,\boldsymbol{\alpha}_4)$，对其进行行变换，化为最简形阶梯矩阵。

$$\mathbf{A}=(\boldsymbol{\alpha}_1,\boldsymbol{\alpha}_2,\boldsymbol{\alpha}_3,\boldsymbol{\alpha}_4)=\begin{pmatrix}1&1&1&2\\-1&2&0&-3\\1&0&3&7\end{pmatrix}\xrightarrow[-r_1+r_3]{r_1+r_2}\begin{pmatrix}1&1&1&2\\0&3&1&-1\\0&-1&2&5\end{pmatrix}$$

$$\xrightarrow{r_2\leftrightarrow r_3}\begin{pmatrix}1&1&1&2\\0&-1&2&5\\0&3&1&-1\end{pmatrix}\xrightarrow[r_2+r_1]{3r_2+r_3}\begin{pmatrix}1&0&3&7\\0&-1&2&5\\0&0&7&14\end{pmatrix}$$

$$\xrightarrow[\frac{1}{7}r_3]{-r_2}\begin{pmatrix}1&0&3&7\\0&1&-2&-5\\0&0&1&2\end{pmatrix}\xrightarrow[2r_3+r_2]{-3r_3+r_1}\begin{pmatrix}1&0&0&1\\0&1&0&-1\\0&0&1&2\end{pmatrix}$$

由于$r(\mathbf{A})=3$，$\boldsymbol{\alpha}_1,\boldsymbol{\alpha}_2,\boldsymbol{\alpha}_3$是$\mathbf{R}^3$的一个基，又因为$\boldsymbol{\alpha}_4=\boldsymbol{\alpha}_1-\boldsymbol{\alpha}_2+2\boldsymbol{\alpha}_3$，故$\boldsymbol{\alpha}_4$关于基$\boldsymbol{\alpha}_1,\boldsymbol{\alpha}_2,\boldsymbol{\alpha}_3$的坐标为$(1,-1,2)$。

【例5】 若由$\boldsymbol{\alpha}_1=(1,2,-1,0)^{\mathrm{T}},\boldsymbol{\alpha}_2=(1,1,0,2)^{\mathrm{T}},\boldsymbol{\alpha}_3=(2,1,1,a)^{\mathrm{T}}$生成的向量空间维数是2，求$a$的值。

【解】 由于向量空间的维数就是向量组的秩，故构造矩阵$\mathbf{A}=(\boldsymbol{\alpha}_1,\boldsymbol{\alpha}_2,\boldsymbol{\alpha}_3)$，并化为阶梯矩阵。

$$\mathbf{A}=(\boldsymbol{\alpha}_1,\boldsymbol{\alpha}_2,\boldsymbol{\alpha}_3)=\begin{pmatrix}1&1&2\\2&1&1\\-1&0&1\\0&2&a\end{pmatrix}\xrightarrow[r_1+r_3]{-2r_1+r_2}\begin{pmatrix}1&1&2\\0&-1&-3\\0&1&3\\0&2&a\end{pmatrix}$$

$$\xrightarrow[-2r_3+r_4]{r_3+r_2}\begin{pmatrix}1&1&2\\0&0&0\\0&1&3\\0&0&a-6\end{pmatrix}\xrightarrow[r_3\leftrightarrow r_4]{r_2\leftrightarrow r_3}\begin{pmatrix}1&1&2\\0&1&3\\0&0&a-6\\0&0&0\end{pmatrix}$$

由于$r(\mathbf{A})=2$，所以$a-6=0$，即$a=6$。

习题 3-5

1. 判断下列集合是否为向量空间,为什么?

(1)$V_1=\{(x_1,x_2,\cdots,x_n)\mid x_1+x_2+\cdots+x_n=0,x_i\in\mathbf{R},i=1,2,\cdots,n\}$

(2)$V_2=\{(x_1,x_2,\cdots,x_n)\mid x_1+x_2+\cdots+x_n=1,x_i\in\mathbf{R},i=1,2,\cdots,n\}$

2. 求 $\mathbf{R}^4$ 中由向量组 $\boldsymbol{\alpha}_1=(1,2,-2,0)^{\mathrm T},\boldsymbol{\alpha}_2=(0,-1,3,1)^{\mathrm T},\boldsymbol{\alpha}_3=(1,1,-2,5)^{\mathrm T}$,$\boldsymbol{\alpha}_4=(2,1,-4,15)^{\mathrm T}$ 生成的子空间的一组基和维数。

3. 设 $\boldsymbol{\alpha}_1=(1,0,1)^{\mathrm T},\boldsymbol{\alpha}_2=(0,1,0)^{\mathrm T},\boldsymbol{\alpha}_3=(1,2,2)^{\mathrm T}$,证明 $\boldsymbol{\alpha}_1,\boldsymbol{\alpha}_2,\boldsymbol{\alpha}_3$ 是 $\mathbf{R}^3$ 的一个基,并将 $\boldsymbol{\beta}_1=(1,3,0)^{\mathrm T},\boldsymbol{\beta}_2=(-1,0,3)^{\mathrm T}$ 表示为 $\boldsymbol{\alpha}_1,\boldsymbol{\alpha}_2,\boldsymbol{\alpha}_3$ 的线性组合。

4. 由 $\boldsymbol{\alpha}_1=(1,2,1,0)^{\mathrm T},\boldsymbol{\alpha}_2=(1,0,1,0)^{\mathrm T}$ 所生成的向量空间记作 V_1,由 $\boldsymbol{\beta}_1=(0,1,0,0)^{\mathrm T},\boldsymbol{\beta}_2=(3,0,3,0)^{\mathrm T}$ 所生成的向量空间记为 V_2,证明:$V_1=V_2$。

5. 设 $\boldsymbol{\alpha}_1,\boldsymbol{\alpha}_2,\boldsymbol{\alpha}_3$ 是 $\mathbf{R}^3$ 的一个基,且有

$$\boldsymbol{\beta}_1=\boldsymbol{\alpha}_1-\boldsymbol{\alpha}_3,\boldsymbol{\beta}_2=2\boldsymbol{\alpha}_1+3\boldsymbol{\alpha}_2+\boldsymbol{\alpha}_3,\boldsymbol{\beta}_3=-2\boldsymbol{\alpha}_1+3\boldsymbol{\alpha}_2+4\boldsymbol{\alpha}_3$$

证明:$\boldsymbol{\beta}_1,\boldsymbol{\beta}_2,\boldsymbol{\beta}_3$ 也是 $\mathbf{R}^3$ 的一个基。

3-5 参考答案

§3.6 基变换与坐标变换

向量空间 V 的基给定后,V 中的向量在该基下的坐标是唯一确定的,而且同一向量在不同基下有不同的坐标。下面讨论 V 中不同基之间的关系和同一向量在不同基下坐标的关系。

3.6.1 基变换

定义3.6.1 设 $\boldsymbol{\alpha}_1,\boldsymbol{\alpha}_2,\cdots,\boldsymbol{\alpha}_n$ 和 $\boldsymbol{\beta}_1,\boldsymbol{\beta}_2,\cdots,\boldsymbol{\beta}_n$ 是向量空间 V 的两个基,则 $\boldsymbol{\beta}_1,\boldsymbol{\beta}_2,\cdots,\boldsymbol{\beta}_n$ 可由基 $\boldsymbol{\alpha}_1,\boldsymbol{\alpha}_2,\cdots,\boldsymbol{\alpha}_n$ 线性表示,设表示式为

$$\begin{cases}\boldsymbol{\beta}_1=c_{11}\boldsymbol{\alpha}_1+c_{12}\boldsymbol{\alpha}_2+\cdots+c_{1n}\boldsymbol{\alpha}_n\\ \boldsymbol{\beta}_2=c_{21}\boldsymbol{\alpha}_1+c_{22}\boldsymbol{\alpha}_2+\cdots+c_{2n}\boldsymbol{\alpha}_n\\ \qquad\vdots\\ \boldsymbol{\beta}_n=c_{n1}\boldsymbol{\alpha}_1+c_{n2}\boldsymbol{\alpha}_2+\cdots+c_{nn}\boldsymbol{\alpha}_n\end{cases}$$

上式称为基变换公式。对其写出矩阵形式:

$$(\boldsymbol{\beta}_1,\boldsymbol{\beta}_2,\cdots,\boldsymbol{\beta}_n)=(\boldsymbol{\alpha}_1,\boldsymbol{\alpha}_2,\cdots,\boldsymbol{\alpha}_n)\begin{pmatrix}c_{11}&c_{21}&\cdots&c_{n1}\\ c_{12}&c_{22}&\cdots&c_{n2}\\ \vdots&\vdots&&\vdots\\ c_{1n}&c_{2n}&\cdots&c_{nn}\end{pmatrix}$$

其中矩阵

$$
C=\begin{pmatrix} c_{11} & c_{21} & \cdots & c_{n1} \\ c_{12} & c_{22} & \cdots & c_{n2} \\ \vdots & \vdots & & \vdots \\ c_{1n} & c_{2n} & \cdots & c_{nn} \end{pmatrix}
$$

称为由基 $\boldsymbol{\alpha}_1,\boldsymbol{\alpha}_2,\cdots,\boldsymbol{\alpha}_n$ 到基 $\boldsymbol{\beta}_1,\boldsymbol{\beta}_2,\cdots,\boldsymbol{\beta}_n$ 的过渡矩阵。

说明：

1. 过渡矩阵 $\boldsymbol{C}$ 的第 i 列元素是 $\boldsymbol{\beta}_i$ 在基 $\boldsymbol{\alpha}_1,\boldsymbol{\alpha}_2,\cdots,\boldsymbol{\alpha}_n$ 下的坐标。

2. $\boldsymbol{C}$ 是可逆矩阵，并且 $\boldsymbol{C}^{-1}$ 是从基 $\boldsymbol{\beta}_1,\boldsymbol{\beta}_2,\cdots,\boldsymbol{\beta}_n$ 到基 $\boldsymbol{\alpha}_1,\boldsymbol{\alpha}_2,\cdots,\boldsymbol{\alpha}_n$ 的过渡矩阵。

【例 1】 设 $\mathbf{R}^3$ 的两个基为 $\boldsymbol{\alpha}_1=(1,0,-1)^{\mathrm{T}},\boldsymbol{\alpha}_2=(2,1,1)^{\mathrm{T}},\boldsymbol{\alpha}_3=(1,1,1)^{\mathrm{T}}$ 和 $\boldsymbol{\beta}_1=(0,1,1)^{\mathrm{T}},\boldsymbol{\beta}_2=(-1,1,0)^{\mathrm{T}},\boldsymbol{\beta}_3=(1,2,1)^{\mathrm{T}}$，求从基 $\boldsymbol{\alpha}_1,\boldsymbol{\alpha}_2,\boldsymbol{\alpha}_3$ 到基 $\boldsymbol{\beta}_1,\boldsymbol{\beta}_2,\boldsymbol{\beta}_3$ 的过渡矩阵 $\boldsymbol{C}$。

【解】 由 $(\boldsymbol{\beta}_1,\boldsymbol{\beta}_2,\boldsymbol{\beta}_3)=(\boldsymbol{\alpha}_1,\boldsymbol{\alpha}_2,\boldsymbol{\alpha}_3)\boldsymbol{C}$，可得：

$$
\begin{pmatrix} 0 & -1 & 1 \\ 1 & 1 & 2 \\ 1 & 0 & 1 \end{pmatrix}=\begin{pmatrix} 1 & 2 & 1 \\ 0 & 1 & 1 \\ -1 & 1 & 1 \end{pmatrix}\boldsymbol{C}
$$

这是一个矩阵方程，用初等变换的方法容易求出：

$$
\boldsymbol{C}=\begin{pmatrix} 1 & 2 & 1 \\ 0 & 1 & 1 \\ -1 & 1 & 1 \end{pmatrix}^{-1}\begin{pmatrix} 0 & -1 & 1 \\ 1 & 1 & 2 \\ 1 & 0 & 1 \end{pmatrix}=\begin{pmatrix} 0 & 1 & 1 \\ -1 & -3 & -2 \\ 2 & 4 & 4 \end{pmatrix}
$$

3.6.2　坐标变换

设 $\boldsymbol{\alpha}_1,\boldsymbol{\alpha}_2,\cdots,\boldsymbol{\alpha}_n$ 和 $\boldsymbol{\beta}_1,\boldsymbol{\beta}_2,\cdots,\boldsymbol{\beta}_n$ 是向量空间 V 的两个基，对向量 $\boldsymbol{\alpha}\in V$，$\boldsymbol{\alpha}$ 在两个基下的坐标分别为 $\boldsymbol{x}=(x_1,x_2,\cdots,x_n)^{\mathrm{T}}$ 和 $\boldsymbol{y}=(y_1,y_2,\cdots,y_n)^{\mathrm{T}}$，即

$$
\boldsymbol{\alpha}=x_1\boldsymbol{\alpha}_1+x_2\boldsymbol{\alpha}_2+\cdots+x_n\boldsymbol{\alpha}_n=(\boldsymbol{\alpha}_1,\boldsymbol{\alpha}_2,\cdots,\boldsymbol{\alpha}_n)\boldsymbol{x}
$$

$$
\boldsymbol{\alpha}=y_1\boldsymbol{\beta}_1+y_2\boldsymbol{\beta}_2+\cdots+y_n\boldsymbol{\beta}_n=(\boldsymbol{\beta}_1,\boldsymbol{\beta}_2,\cdots,\boldsymbol{\beta}_n)\boldsymbol{y}
$$

根据基变换公式可知

$$
\boldsymbol{\alpha}=(\boldsymbol{\beta}_1,\boldsymbol{\beta}_2,\cdots,\boldsymbol{\beta}_n)\boldsymbol{y}=(\boldsymbol{\alpha}_1,\boldsymbol{\alpha}_2,\cdots,\boldsymbol{\alpha}_n)\boldsymbol{C}\boldsymbol{y}
$$

由于 $\boldsymbol{\alpha}$ 在基 $\boldsymbol{\alpha}_1,\boldsymbol{\alpha}_2,\cdots,\boldsymbol{\alpha}_n$ 下的坐标是唯一的，则有

$$
\boldsymbol{x}=\boldsymbol{C}\boldsymbol{y}
$$

定理3.6.1　设 V 中的向量 $\boldsymbol{\alpha}$ 在基 $\boldsymbol{\alpha}_1,\boldsymbol{\alpha}_2,\cdots,\boldsymbol{\alpha}_n$ 下的坐标为 $\boldsymbol{x}=(x_1,x_2,\cdots,x_n)^{\mathrm{T}}$，在基 $\boldsymbol{\beta}_1,\boldsymbol{\beta}_2,\cdots,\boldsymbol{\beta}_n$ 下的坐标为 $\boldsymbol{y}=(y_1,y_2,\cdots,y_n)^{\mathrm{T}}$，从基 $\boldsymbol{\alpha}_1,\boldsymbol{\alpha}_2,\cdots,\boldsymbol{\alpha}_n$ 到基 $\boldsymbol{\beta}_1,\boldsymbol{\beta}_2,\cdots,\boldsymbol{\beta}_n$ 的过渡矩阵为 $\boldsymbol{C}$，则有坐标变换公式

$$
\boldsymbol{x}=\boldsymbol{C}\boldsymbol{y}
$$

【例 2】 设 4 维向量空间 V 的基变换是把基

$\boldsymbol{\alpha}_1=(1,2,-1,0)^{\mathrm{T}},\boldsymbol{\alpha}_2=(1,-1,1,1)^{\mathrm{T}},\boldsymbol{\alpha}_3=(-1,2,1,1)^{\mathrm{T}},\boldsymbol{\alpha}_4=(-1,-1,0,1)^{\mathrm{T}}$

变为基

$$\boldsymbol{\beta}_1 = (2,1,0,1)^{\mathrm{T}}, \boldsymbol{\beta}_2 = (0,1,2,2)^{\mathrm{T}}, \boldsymbol{\beta}_3 = (-2,1,1,2)^{\mathrm{T}}, \boldsymbol{\beta}_4 = (1,3,1,2)^{\mathrm{T}}$$

求 V 的坐标变换。

【解】 令 $\boldsymbol{A} = (\boldsymbol{\alpha}_1, \boldsymbol{\alpha}_2, \boldsymbol{\alpha}_3, \boldsymbol{\alpha}_4)$，$\boldsymbol{B} = (\boldsymbol{\beta}_1, \boldsymbol{\beta}_2, \boldsymbol{\beta}_3, \boldsymbol{\beta}_4)$，且

$$(\boldsymbol{\beta}_1, \boldsymbol{\beta}_2, \boldsymbol{\beta}_3, \boldsymbol{\beta}_4) = (\boldsymbol{\alpha}_1, \boldsymbol{\alpha}_2, \boldsymbol{\alpha}_3, \boldsymbol{\alpha}_4)\boldsymbol{C}$$

其中 $\boldsymbol{C}$ 是过渡矩阵，于是 $\boldsymbol{C} = \boldsymbol{A}^{-1}\boldsymbol{B}$。

根据定理 3.5.1，坐标变换为

$$\begin{pmatrix} y_1 \\ y_2 \\ y_3 \\ y_4 \end{pmatrix} = \boldsymbol{C}^{-1}\begin{pmatrix} x_1 \\ x_2 \\ x_3 \\ x_4 \end{pmatrix} = (\boldsymbol{A}^{-1}\boldsymbol{B})^{-1}\begin{pmatrix} x_1 \\ x_2 \\ x_3 \\ x_4 \end{pmatrix}$$

$$= \boldsymbol{B}^{-1}\boldsymbol{A}\begin{pmatrix} x_1 \\ x_2 \\ x_3 \\ x_4 \end{pmatrix} = \begin{pmatrix} 0 & 1 & -1 & 1 \\ -1 & 1 & 0 & 0 \\ 0 & 0 & 0 & 1 \\ 1 & -1 & 1 & -1 \end{pmatrix}\begin{pmatrix} x_1 \\ x_2 \\ x_3 \\ x_4 \end{pmatrix}$$

即

$$\begin{cases} y_1 = x_2 - x_3 + x_4 \\ y_2 = -x_1 + x_2 \\ y_3 = x_4 \\ y_4 = x_1 - x_2 + x_3 - x_4 \end{cases}$$

【例 3】 设 $\boldsymbol{\alpha}_1, \boldsymbol{\alpha}_2, \boldsymbol{\alpha}_3$ 是向量空间 V 的一组基，$\boldsymbol{\beta}_1 = 2\boldsymbol{\alpha}_1 + 3\boldsymbol{\alpha}_2 + \boldsymbol{\alpha}_3$，$\boldsymbol{\beta}_2 = 3\boldsymbol{\alpha}_1 + 4\boldsymbol{\alpha}_2 + \boldsymbol{\alpha}_3$，$\boldsymbol{\beta}_3 = \boldsymbol{\alpha}_1 + 2\boldsymbol{\alpha}_2 + 3\boldsymbol{\alpha}_3$ 也是 V 的一组基，又设 $\boldsymbol{\alpha} \in V$ 在基 $\boldsymbol{\alpha}_1, \boldsymbol{\alpha}_2, \boldsymbol{\alpha}_3$ 下的坐标为 $(3,2,1)^{\mathrm{T}}$，求 $\boldsymbol{\alpha}$ 在基 $\boldsymbol{\beta}_1, \boldsymbol{\beta}_2, \boldsymbol{\beta}_3$ 下的坐标。

【解】 由已知，可知

$$(\boldsymbol{\beta}_1, \boldsymbol{\beta}_2, \boldsymbol{\beta}_3) = (\boldsymbol{\alpha}_1, \boldsymbol{\alpha}_2, \boldsymbol{\alpha}_3)\begin{pmatrix} 2 & 3 & 1 \\ 3 & 4 & 2 \\ 1 & 1 & 3 \end{pmatrix}$$

因此过渡矩阵为

$$\boldsymbol{C} = \begin{pmatrix} 2 & 3 & 1 \\ 3 & 4 & 2 \\ 1 & 1 & 3 \end{pmatrix}$$

过渡矩阵的逆矩阵为

$$\boldsymbol{C}^{-1} = \begin{pmatrix} -6 & 5 & -2 \\ 4 & -3 & 1 \\ 1 & -1 & 1 \end{pmatrix}$$

于是

$$\begin{pmatrix} y_1 \\ y_2 \\ y_3 \end{pmatrix} = \boldsymbol{C}^{-1}\begin{pmatrix} 3 \\ 2 \\ 1 \end{pmatrix} = \begin{pmatrix} -6 & 5 & -2 \\ 4 & -3 & 1 \\ 1 & -1 & 1 \end{pmatrix}\begin{pmatrix} 3 \\ 2 \\ 1 \end{pmatrix} = \begin{pmatrix} -10 \\ 7 \\ 2 \end{pmatrix}$$

习题 3-6

1. 给定向量空间 V 的两组基

$$\boldsymbol{\alpha}_1=\begin{pmatrix}1\\2\\1\end{pmatrix},\boldsymbol{\alpha}_2=\begin{pmatrix}2\\3\\3\end{pmatrix},\boldsymbol{\alpha}_3=\begin{pmatrix}3\\7\\1\end{pmatrix}$$

和

$$\boldsymbol{\beta}_1=\begin{pmatrix}3\\1\\4\end{pmatrix},\boldsymbol{\beta}_2=\begin{pmatrix}5\\2\\1\end{pmatrix},\boldsymbol{\beta}_3=\begin{pmatrix}1\\1\\-6\end{pmatrix}$$

(1) 求由 $\boldsymbol{\alpha}_1,\boldsymbol{\alpha}_2,\boldsymbol{\alpha}_3$ 到 $\boldsymbol{\beta}_1,\boldsymbol{\beta}_2,\boldsymbol{\beta}_3$ 的过渡矩阵 $\boldsymbol{C}$；

(2) 已知向量 $\boldsymbol{\gamma}$ 在 $\boldsymbol{\beta}_1,\boldsymbol{\beta}_2,\boldsymbol{\beta}_3$ 下的坐标为 $(1,-1,0)^{\mathrm{T}}$，求 $\boldsymbol{\gamma}$ 在 $\boldsymbol{\alpha}_1,\boldsymbol{\alpha}_2,\boldsymbol{\alpha}_3$ 的坐标；

(3) 已知向量 $\boldsymbol{\delta}$ 在 $\boldsymbol{\alpha}_1,\boldsymbol{\alpha}_2,\boldsymbol{\alpha}_3$ 下的坐标为 $(1,-1,0)^{\mathrm{T}}$，求 $\boldsymbol{\delta}$ 在 $\boldsymbol{\beta}_1,\boldsymbol{\beta}_2,\boldsymbol{\beta}_3$ 的坐标。

2. 给定向量空间 V 的两组基

$$\boldsymbol{\alpha}_1=(1,0,-1)^{\mathrm{T}},\boldsymbol{\alpha}_2=(2,1,1)^{\mathrm{T}},\boldsymbol{\alpha}_3=(1,1,1)^{\mathrm{T}}$$

和

$$\boldsymbol{\beta}_1=(0,1,1)^{\mathrm{T}},\boldsymbol{\beta}_2=(-1,1,0)^{\mathrm{T}},\boldsymbol{\beta}_3=(1,2,1)^{\mathrm{T}}$$

求 V 的坐标变换。

3. 设 $\boldsymbol{\alpha}$ 在基 $\boldsymbol{\alpha}_1,\boldsymbol{\alpha}_2,\boldsymbol{\alpha}_3$ 下的坐标为 (x_1,x_2,x_3)，求向量 $\boldsymbol{\alpha}$ 在基 $\boldsymbol{\beta}_1=\boldsymbol{\alpha}_1+\boldsymbol{\alpha}_2+\boldsymbol{\alpha}_3$，$\boldsymbol{\beta}_2=\boldsymbol{\alpha}_2+\boldsymbol{\alpha}_3,\boldsymbol{\beta}_3=\boldsymbol{\alpha}_3$ 下的坐标。

4. 在 $\mathbf{R}^3$ 中，由基 $\boldsymbol{\alpha}_1,\boldsymbol{\alpha}_2,\boldsymbol{\alpha}_3$ 到基 $\boldsymbol{\beta}_1=(2,0,-1)^{\mathrm{T}},\boldsymbol{\beta}_2=(1,3,2)^{\mathrm{T}}$，$\boldsymbol{\beta}_3=(-2,1,1)^{\mathrm{T}}$ 的过渡矩阵为 $\boldsymbol{C}=\begin{pmatrix}1&2&3\\0&1&4\\0&0&1\end{pmatrix}$，求基 $\boldsymbol{\alpha}_1,\boldsymbol{\alpha}_2,\boldsymbol{\alpha}_3$。

3-6 参考答案

世界非物质文化遗产——中医药的配方问题

中医药是包括汉族和少数民族医药在内的各民族医药的统称，是反映中华民族对生命、健康和疾病的认识，具有悠久历史传统和独特理论及技术方法的医药学体系。

新冠疫情发生以来，中医药在诊疗新冠病毒感染方面显示了独特优势，发挥了重要作用，有效降低了轻症患者转为重症、危重症的发生率，缩短了病毒清除时间，提升了治愈率。而中医药配伍的变化和用量的大小对中医药疗效起着关键性的作用。下面用向量组的相关知识来解决中医药的精准配方问题。

【例】 某药厂经过科学研究，已经用 9 种中草药材根据不同的比例配置出 7 种治疗新冠病毒感染的药，各用量配比如表 3-1 所示。由于新冠病毒更新换代快，为了防止已有的药失效，药厂又研制了 3 种新的药，各用量配比如表 3-2 所示。

表 3-1 7 种药的用量配比

中草药材	第 1 种药	第 2 种药	第 3 种药	第 4 种药	第 5 种药	第 6 种药	第 7 种药
A	10	2	14	12	20	38	100
B	12	0	12	25	35	60	55
C	5	3	11	0	5	14	0
D	7	9	25	5	15	47	35
E	0	1	2	25	5	33	6
F	25	5	35	5	35	55	50
G	9	4	17	25	2	39	25
H	6	5	16	10	10	35	10
I	8	2	12	0	0	6	20

表 3-2 3 种新药的用量配比

中草药材	1 号新药	2 号新药	3 号新药
A	40	162	88
B	62	141	67
C	14	27	8
D	44	102	51
E	53	60	7
F	50	155	80
G	71	118	38
H	41	68	21
I	14	52	30

(1) 为了抗击新冠疫情，某中医院要采购这 7 种药，但药厂的第 3 种药和第 6 种药已经卖完，请问能否用其他药配制出这两种脱销的药？

(2) 药厂能否用现有的 7 种药配制出 3 种新药？如何配制？

【解】 (1) 把每一种药看成一个 9 维列向量，$\boldsymbol{\alpha}_1,\boldsymbol{\alpha}_2,\boldsymbol{\alpha}_3,\boldsymbol{\alpha}_4,\boldsymbol{\alpha}_5,\boldsymbol{\alpha}_6,\boldsymbol{\alpha}_7$，分析 7 个向量构成的向量组的线性相关性，求出极大线性无关组，并将其余向量用极大线性无关组表示。

令 $\boldsymbol{A}=(\boldsymbol{\alpha}_1,\boldsymbol{\alpha}_2,\boldsymbol{\alpha}_3,\boldsymbol{\alpha}_4,\boldsymbol{\alpha}_5,\boldsymbol{\alpha}_6,\boldsymbol{\alpha}_7)$，采用 MATLAB 将其化为最简形阶梯矩阵，MATLAB 程序及运行结果如下：

```
clc,clear
A = [10 2 14 12 20 38 100
     12 0 12 25 35 60 35 60 55
     5 3 11 0 5 14 0
     7 9 25 5 15 47 35
     0 1 2 25 5 33 6
     25 5 35 5 35 55 50
     9 4 17 25 2 39 25
     6 5 16 10 10 35 10
     8 2 12 0 0 6 20]
rref(A)
```

```
ans =
     1  0  1  0  0  0  0
     0  1  2  0  0  3  0
     0  0  0  1  0  1  0
     0  0  0  0  1  1  0
     0  0  0  0  0  0  1
```

因此 $r(\boldsymbol{A})=5$,极大线性无关组为 $\boldsymbol{\alpha}_1,\boldsymbol{\alpha}_2,\boldsymbol{\alpha}_3,\boldsymbol{\alpha}_4,\boldsymbol{\alpha}_5$,且有

$$\boldsymbol{\alpha}_3=\boldsymbol{\alpha}_1+2\boldsymbol{\alpha}_1,\boldsymbol{\alpha}_6=3\boldsymbol{\alpha}_2+\boldsymbol{\alpha}_4+\boldsymbol{\alpha}_5$$

所以第 3 种药和第 6 种药可以用其他药配制出。

(2)3 种新的药用 $\boldsymbol{\beta}_1,\boldsymbol{\beta}_2,\boldsymbol{\beta}_3$ 表示,问题化为 $\boldsymbol{\beta}_1,\boldsymbol{\beta}_2,\boldsymbol{\beta}_3$ 能否由 $\boldsymbol{\alpha}_1,\boldsymbol{\alpha}_2,\boldsymbol{\alpha}_3,\boldsymbol{\alpha}_4,\boldsymbol{\alpha}_5,\boldsymbol{\alpha}_6,\boldsymbol{\alpha}_7$ 线性表示。

令 $\boldsymbol{B}=(\boldsymbol{\alpha}_1,\boldsymbol{\alpha}_2,\boldsymbol{\alpha}_3,\boldsymbol{\alpha}_4,\boldsymbol{\alpha}_5,\boldsymbol{\alpha}_6,\boldsymbol{\alpha}_7,\boldsymbol{\beta}_1,\boldsymbol{\beta}_2,\boldsymbol{\beta}_3)$,采用 MATLAB 将其化为最简形阶梯矩阵,MATLAB 程序及运行结果如下:

```
clc,clear
B = [10 2 14 12 20 38 100 40 162 88
     12 0 12 25 35 60 55 62 141 67
     5 3 11 0 5 14 0 14 27 8
     7 9 25 5 15 47 35 44 102 51
     0 1 2 25 5 33 6 53 60 7
     25 5 35 5 35 55 50 50 155 80
     9 4 17 25 2 39 25 71 118 38
     6 5 16 10 10 35 10 41 68 21
     8 2 12 0 0 6 20 14 52 30]
rref(B)
```

```
ans =
     1  0  1  0  0  0  0  1
     0  1  2  0  0  3  0  3
     0  0  0  1  0  1  0  2
     0  0  0  0  1  1  0  0
```

因此 $r(\boldsymbol{B})=6$,极大线性无关组为 $\boldsymbol{\alpha}_1,\boldsymbol{\alpha}_2,\boldsymbol{\alpha}_3,\boldsymbol{\alpha}_4,\boldsymbol{\alpha}_5,\boldsymbol{\beta}_3$,且有

$$\boldsymbol{\beta}_1=\boldsymbol{\alpha}_1+3\boldsymbol{\alpha}_2+2\boldsymbol{\alpha}_4,\boldsymbol{\beta}_2=3\boldsymbol{\alpha}_1+4\boldsymbol{\alpha}_2+2\boldsymbol{\alpha}_4+\boldsymbol{\alpha}_7$$

所以能用现有的 7 种药配制出 1 号新药和 2 号新药,由于 $\boldsymbol{\beta}_3$ 在极大线性无关组中不能被表示,故无法配制。

第 4 章　线性方程组

在科学技术、经济管理、交通规划等领域中，大量的问题都可归结为求解一个线性方程组问题，而研究线性方程组的解法和解的理论是线性代数的一个重要内容。本章首先讨论线性方程组有解的充分必要条件，然后讨论线性方程组的求解方法，最后探究线性方程组解的结构。

第 4 章课件

§4.1　线性方程组解的判别

在第 1 章中，讨论了方程的个数和未知量的个数相等的线性方程组是否有解的情况，而实际问题中归结出的线性方程组，方程的个数与未知量的个数不一定相等。如：

【引例】　判断四元线性方程组

$$\begin{cases} x_1 - x_2 - x_3 + x_4 = 0 \\ x_1 - x_2 - 2x_3 + 3x_4 = -1 \\ x_1 - x_2 + x_3 - 3x_4 = 2 \end{cases}$$

是否有解?若有解，有多少个解?

4.1.1　矩阵与线性方程组

设 n 元线性方程组

$$\begin{cases} a_{11}x_1 + a_{12}x_2 + \cdots + a_{1n}x_n = b_1 \\ a_{21}x_1 + a_{22}x_2 + \cdots + a_{2n}x_n = b_2 \\ \qquad\cdots \\ a_{n1}x_1 + a_{n2}x_2 + \cdots + a_{nn}x_n = b_n \end{cases}$$

记

$$\boldsymbol{A} = \begin{pmatrix} a_{11} & a_{12} & \cdots & a_{1n} \\ a_{21} & a_{22} & \cdots & a_{2n} \\ \vdots & \vdots & & \vdots \\ a_{n1} & a_{n2} & \cdots & a_{nn} \end{pmatrix}, \boldsymbol{B} = \begin{pmatrix} b_1 \\ b_2 \\ \vdots \\ b_n \end{pmatrix}, \boldsymbol{X} = \begin{pmatrix} x_1 \\ x_2 \\ \vdots \\ x_n \end{pmatrix}$$

利用矩阵的乘法，可将线性方程组写成矩阵方程的形式

$$\boldsymbol{AX} = \boldsymbol{B}$$

其中，$\boldsymbol{A}$ 为系数矩阵，$\boldsymbol{X}$ 为未知列向量，$\boldsymbol{B}$ 为常向量。

定义4.1.1　称矩阵$(\boldsymbol{A} \mid \boldsymbol{B})$为线性方程组的增广矩阵，记为$\overline{\boldsymbol{A}}$，即

$$\overline{\boldsymbol{A}} = (\boldsymbol{A} \mid \boldsymbol{B}) = \left(\begin{array}{cccc|c} a_{11} & a_{12} & \cdots & a_{1n} & b_1 \\ a_{21} & a_{22} & \cdots & a_{2n} & b_2 \\ \vdots & \vdots & & \vdots & \vdots \\ a_{n1} & a_{n2} & \cdots & a_{nn} & b_n \end{array}\right)$$

4.1.2　线性方程组解的判别定理

定理4.1.1　已知n元非齐次线性方程组$\boldsymbol{AX} = \boldsymbol{B}$，则：

(1) 如果$r(\overline{\boldsymbol{A}}) = r(\boldsymbol{A}) = n$，那么$n$元非齐次线性方程组有唯一解；

(2) 如果$r(\overline{\boldsymbol{A}}) = r(\boldsymbol{A}) < n$，那么$n$元非齐次线性方程组有无穷多解；

(3) 如果$r(\overline{\boldsymbol{A}}) \neq r(\boldsymbol{A})$，那么$n$元非齐次线性方程组无解。

【例1】　讨论线性方程组$\begin{cases} x_1 - 2x_2 + 3x_3 - x_4 = 1 \\ 2x_1 - x_3 - 2x_4 = -2 \\ -x_1 - x_2 + 3x_3 + x_4 = 2 \\ 3x_1 + 2x_2 - x_3 + x_4 = 3 \end{cases}$解的情况。

【解】

$$\overline{\boldsymbol{A}} = \left(\begin{array}{cccc|c} 1 & -2 & 3 & -1 & 1 \\ 2 & 0 & -1 & -2 & -2 \\ -1 & -1 & 3 & 1 & 2 \\ 3 & 2 & -1 & 1 & 3 \end{array}\right) \xrightarrow[-3r_1+r_4]{\substack{-2r_1+r_2 \\ r_1+r_3}} \left(\begin{array}{cccc|c} 1 & -2 & 3 & -1 & 1 \\ 0 & 4 & -7 & 0 & -4 \\ 0 & -3 & 6 & 0 & 3 \\ 0 & 8 & -10 & 4 & 0 \end{array}\right)$$

$$\xrightarrow{-\frac{1}{3}r_3} \left(\begin{array}{cccc|c} 1 & -2 & 3 & -1 & 1 \\ 0 & 4 & -7 & 0 & -4 \\ 0 & 1 & -2 & 0 & -1 \\ 0 & 8 & -10 & 4 & 0 \end{array}\right) \xrightarrow{r_2 \leftrightarrow r_3} \left(\begin{array}{cccc|c} 1 & -2 & 3 & -1 & 1 \\ 0 & 1 & -2 & 0 & -1 \\ 0 & 4 & -7 & 0 & -4 \\ 0 & 8 & -10 & 4 & 0 \end{array}\right)$$

$$\xrightarrow[-8r_2+r_4]{-4r_2+r_3} \left(\begin{array}{cccc|c} 1 & -2 & 3 & -1 & 1 \\ 0 & 1 & -2 & 0 & -1 \\ 0 & 0 & 1 & 0 & 0 \\ 0 & 0 & 6 & 4 & 8 \end{array}\right) \xrightarrow{-6r_3+r_4} \left(\begin{array}{cccc|c} 1 & -2 & 3 & -1 & 1 \\ 0 & 1 & -2 & 0 & -1 \\ 0 & 0 & 1 & 0 & 0 \\ 0 & 0 & 0 & 4 & 8 \end{array}\right)$$

$r(\overline{\boldsymbol{A}}) = r(\boldsymbol{A}) = 4$，所以方程组有唯一解。

【例2】　讨论线性方程组$\begin{cases} 2x_1 + 3x_2 + x_3 = 4 \\ x_1 - 2x_2 + 4x_3 = -5 \\ 3x_1 + 8x_2 - 2x_3 = 13 \\ 4x_1 - x_2 + 9x_3 = -6 \end{cases}$解的情况。

【解】

$$\overline{\boldsymbol{A}} = \left(\begin{array}{ccc|c} 2 & 3 & 1 & 4 \\ 1 & -2 & 4 & -5 \\ 3 & 8 & -2 & 13 \\ 4 & -1 & 9 & -6 \end{array}\right) \xrightarrow{r_1 \leftrightarrow r_2} \left(\begin{array}{ccc|c} 1 & -2 & 4 & -5 \\ 2 & 3 & 1 & 4 \\ 3 & 8 & -2 & 13 \\ 4 & -1 & 9 & -6 \end{array}\right)$$

$$\xrightarrow[-4r_1+r_4]{\substack{-2r_1+r_2\\-3r_1+r_3}}\left(\begin{array}{cccc|c}1&-2&4&-5\\0&7&-7&14\\0&14&-14&28\\0&7&-7&14\end{array}\right)\xrightarrow[-r_2+r_4]{-2r_2+r_3}\left(\begin{array}{ccc|c}1&-2&4&-5\\0&7&-7&14\\0&0&0&0\\0&0&0&0\end{array}\right)$$

$r(\bar{\mathbf{A}})=r(\mathbf{A})=2<3$，所以线性方程组有无穷多解。

【例 3】 讨论线性方程组$\begin{cases}x_1-2x_2+3x_3-x_4=1\\3x_1-x_2+5x_3-3x_4=2\\2x_1+x_2+2x_3-2x_4=3\end{cases}$解的情况。

【解】 $\bar{\mathbf{A}}=\left(\begin{array}{cccc|c}1&-2&3&-1&1\\3&-1&5&-3&2\\2&1&2&-2&3\end{array}\right)\xrightarrow[-2r_1+r_3]{-3r_1+r_2}\left(\begin{array}{cccc|c}1&-2&3&-1&1\\0&5&-4&0&-1\\0&5&-4&0&1\end{array}\right)$

$$\xrightarrow{-r_2+r_3}\left(\begin{array}{cccc|c}1&-2&3&-1&1\\0&5&-4&0&-1\\0&0&0&0&2\end{array}\right)$$

$r(\bar{\mathbf{A}})=3$，$r(\mathbf{A})=2$，$r(\bar{\mathbf{A}})\neq r(\mathbf{A})$，所以线性方程组无解。

定理4.1.2 已知 m 个方程式构成的 n 元齐次线性方程组 $\mathbf{AX}=\mathbf{0}$，则：

(1) 如果 $r(\mathbf{A})<n$，则齐次线性方程组有非零解；

(2) 如果 $r(\mathbf{A})=n$，则齐次线性方程组只有零解。

【例 4】 当 a,b 为何值时，非齐次线性方程组

$$\begin{cases}x_1+x_2+x_3+x_4=1\\x_2-x_3+2x_4=1\\2x_1+3x_2+(a+2)x_3+4x_4=b+3\\3x_1+5x_2+x_3+(a+8)x_4=5\end{cases}$$

有唯一解、无穷多解或无解？

【解】 将方程组的增广矩阵化为阶梯矩阵：

$$\bar{\mathbf{A}}=\left(\begin{array}{cccc|c}1&1&1&1&1\\0&1&-1&2&1\\2&3&a+2&4&b+3\\3&5&1&a+8&5\end{array}\right)\xrightarrow[-3r_1+r_4]{-2r_1+r_3}\left(\begin{array}{cccc|c}1&1&1&1&1\\0&1&-1&2&1\\0&1&a&2&b+1\\0&2&-2&a+5&2\end{array}\right)$$

$$\xrightarrow[-2r_2+r_4]{-r_2+r_3}\left(\begin{array}{cccc|c}1&1&1&1&1\\0&1&-1&2&1\\0&0&a+1&0&b\\0&0&0&a+1&0\end{array}\right)$$

(1) 当 $a+1\neq 0$，即 $a\neq -1$ 时，$r(\bar{\mathbf{A}})=r(\mathbf{A})=4$，方程组有唯一解；

(2) 当 $a+1=0,b=0$，即 $a=-1,b=0$ 时，$r(\bar{\mathbf{A}})=r(\mathbf{A})=2<4$，方程组有无穷多解；

(3) 当 $a+1=0,b\neq 0$，即 $a=-1,b\neq 0$ 时，$r(\bar{\mathbf{A}})=3$，$r(\mathbf{A})=2$，方程组无解。

【例 5】 当 λ,μ 为何值时，齐次线性方程组

$$\begin{cases}\lambda x_1+x_2+x_3=0\\x_1+\mu x_2+x_3=0\\x_1+2\mu x_2+x_3=0\end{cases}$$

有非零解？

【解】 将系数矩阵化为阶梯矩阵：

$$A=\begin{pmatrix}\lambda & 1 & 1\\1 & \mu & 1\\1 & 2\mu & 1\end{pmatrix}\xrightarrow{r_1\leftrightarrow r_2}\begin{pmatrix}1 & \mu & 1\\\lambda & 1 & 1\\1 & 2\mu & 1\end{pmatrix}\xrightarrow[-r_1+r_3]{-\lambda r_1+r_2}\begin{pmatrix}1 & \mu & 1\\0 & -\lambda\mu+1 & -\lambda+1\\0 & \mu & 0\end{pmatrix}$$

$$\xrightarrow{r_2\leftrightarrow r_3}\begin{pmatrix}1 & \mu & 1\\0 & \mu & 0\\0 & -\lambda\mu+1 & -\lambda+1\end{pmatrix}\xrightarrow{\frac{\lambda\mu-1}{\mu}r_2+r_3}\begin{pmatrix}1 & \mu & 1\\0 & \mu & 0\\0 & 0 & -\lambda+1\end{pmatrix}$$

当 $\mu=0$ 或 $-\lambda+1=0$，即 $\mu=0$ 或 $\lambda=1$ 时，$r(A)<3$，齐次线性方程组有非零解。

习题 4-1

1. 讨论下列线性方程组解的情况。

(1) $\begin{cases}2x_1+x_2-5x_3+x_4=8\\x_1-3x_2-6x_4=9\\2x_2-x_3+2x_4=-5\\x_1+4x_2-7x_3+6x_4=0\end{cases}$

(2) $\begin{cases}x_1+2x_2+3x_3=-7\\2x_1-x_2+2x_3=-8\\3x_1+x_2+5x_3=-15\end{cases}$

(3) $\begin{cases}x_1+x_2+x_3+x_4=7\\3x_1+2x_2+x_3+x_4=-2\\x_2+2x_3+2x_4=23\\5x_1+4x_2+3x_3+3x_4=12\end{cases}$

(4) $\begin{cases}x_1-2x_2+4x_3-x_4=3\\3x_1-7x_2+6x_3+x_4=5\\-x_1+x_2-10x_3+5x_4=-8\\4x_1-11x_2-2x_3+8x_4=0\end{cases}$

2. 当 a,b 为何值时，线性方程组

$$\begin{cases}x_1+3x_2+x_3=0\\3x_1+2x_2+3x_3=-1\\-x_1+4x_2+ax_3=b\end{cases}$$

有唯一解、无穷多解或无解？

3. 当 a 为何值时，齐次线性方程组

$$\begin{cases}x_1+2x_2+x_3=0\\2x_1+3x_2+(a+2)x_3=0\\x_1+ax_2-2x_3=0\end{cases}$$

有非零解？

4-1 参考答案

§4.2　高斯消元法

对线性方程组求解的研究，我国比欧洲早了1500多年，在我国古代科学巨作《九章算术》中，第八章“方程”中记载着如下问题：

今有上禾三秉，中禾二秉，下禾一秉，实三十九斗；上禾二秉，中禾三秉，下禾一秉，实三十四斗；上禾一秉，中禾二秉，下禾三秉，实二十六斗。问上、中、下禾实一秉各几何？

这里禾、秉、实分别为庄稼、捆、粮食之意，可用现代符号表达该问题。设 x_1, x_2, x_3 为上、中、下各一秉的实的数量，可得三元一次非齐次线性方程组：

$$\begin{cases} 3x_1 + 2x_2 + x_3 = 39 \\ 2x_1 + 3x_2 + x_3 = 34 \\ x_1 + 2x_2 + 3x_3 = 26 \end{cases}$$

为求解此线性方程组，《九章算术》中还介绍了“遍乘直除”算法，即为高斯消元法，本节主要介绍用矩阵初等变换的方法求解一般线性方程组 —— 高斯消元法。

4.2.1　线性方程组的初等变换

【引例】　用消元法求解线性方程组

$$\begin{cases} 2x_2 - x_3 = 1 & (1) \\ 2x_1 + 2x_2 + 3x_3 = 5 & (2) \\ x_1 + 2x_2 + 2x_3 = 4 & (3) \end{cases}$$

【解】　第一步：交换方程(1)与(3)

$$\begin{cases} x_1 + 2x_2 + 2x_3 = 4 & (1) \\ 2x_1 + 2x_2 + 3x_3 = 5 & (2) \\ 2x_2 - x_3 = 1 & (3) \end{cases}$$

第二步：方程(1)×(−2)+(2)，消去 x_1 得：

$$\begin{cases} x_1 + 2x_2 + 2x_3 = 4 & (1) \\ -2x_2 - x_3 = -3 & (2) \\ 2x_2 - x_3 = 1 & (3) \end{cases}$$

第三步：方程(2)+(1)，(2)+(3)，消去 x_2 得：

$$\begin{cases} x_1 + x_3 = 1 & (1) \\ -2x_2 - x_3 = -3 & (2) \\ -2x_3 = -2 & (3) \end{cases}$$

第四步：方程(3)×$\left(-\dfrac{1}{2}\right)$得：

$$\begin{cases} x_1 + x_3 = 1 & (1) \\ -2x_2 - x_3 = -3 & (2) \\ x_3 = 1 & (3) \end{cases}$$

第五步：方程(3)×(−1)+(1)，(3)+(2)，消去 x_3 得：

$$\begin{cases} x_1 = 0 & (1) \\ -2x_2 = -2 & (2) \\ x_3 = 1 & (3) \end{cases}$$

第六步：方程(2)×$\left(-\dfrac{1}{2}\right)$得：

$$\begin{cases} x_1 = 0 & (1) \\ x_2 = 1 & (2) \\ x_3 = 1 & (3) \end{cases}$$

上面这个求解方程组的方法叫做高斯(Gauss)消元法。

从上面的解题过程可以看出，用消元法求解线性方程组就是对方程组反复实施以下变换：

(1) 交换两个方程的位置；

(2) 用一个非零的数乘以方程的两边；

(3) 将一个方程的 $k(k \neq 0)$ 倍加到另一个方程；

称以上三种变换为线性方程组的初等变换。

在消元法解线性方程组的过程中，实际只对方程的系数和常数项进行运算，未知量并未参与运算，对线性方程组施行一次初等变换，就相当于对它的增广矩阵施行一次相应的初等行变换。

4.2.2　高斯消元法求解线性方程组

为了观察消元的过程中方程组的变化与矩阵初等变换之间的关系，我们把两者一并列出。

$$\begin{cases} 2x_2 - x_3 = 1 & (1) \\ 2x_1 + 2x_2 + 3x_3 = 5 & (2) \\ x_1 + 2x_2 + 2x_3 = 4 & (3) \end{cases} \leftrightarrow \bar{\boldsymbol{A}} = \left(\begin{array}{ccc:c} 0 & 2 & -1 & 1 \\ 2 & 2 & 3 & 5 \\ 1 & 2 & 2 & 4 \end{array}\right)$$

【解】　第一步：交换方程(1)与(3)　　　　交换增广矩阵的第1行和第3行

$$\begin{cases} x_1 + 2x_2 + 2x_3 = 4 & (1) \\ 2x_1 + 2x_2 + 3x_3 = 5 & (2) \\ 2x_2 - x_3 = 1 & (3) \end{cases} \leftrightarrow \xrightarrow{r_1 \leftrightarrow r_3} \left(\begin{array}{ccc:c} 1 & 2 & 2 & 4 \\ 2 & 2 & 3 & 5 \\ 0 & 2 & -1 & 1 \end{array}\right)$$

第二步：方程(1)×(−2)+(2)，消去 x_1　　　　第1行的−2倍加到第2行

$$\begin{cases} x_1 + 2x_2 + 2x_3 = 4 & (1) \\ -2x_2 - x_3 = -3 & (2) \\ 2x_2 - x_3 = 1 & (3) \end{cases} \leftrightarrow \xrightarrow{-2r_1 + r_2} \left(\begin{array}{ccc:c} 1 & 2 & 2 & 4 \\ 0 & -2 & -1 & -3 \\ 0 & 2 & -1 & 1 \end{array}\right)$$

第三步：方程(2)+(1)，(2)+(3)，消去 x_2　　　　第2行加到第1、3行

$$\begin{cases} x_1 + x_3 = 1 & (1) \\ -2x_2 - x_3 = -3 & (2) \\ -2x_3 = -2 & (3) \end{cases} \leftrightarrow \xrightarrow[r_2 + r_3]{r_2 + r_1} \left(\begin{array}{ccc:c} 1 & 0 & 1 & 1 \\ 0 & -2 & -1 & -3 \\ 0 & 0 & -2 & -2 \end{array}\right)$$

第四步：方程(3) $\times\left(-\dfrac{1}{2}\right)$　　　　第 3 行乘以 $-\dfrac{1}{2}$

$$\begin{cases} x_1 + x_3 = 1 & (1) \\ -2x_2 - x_3 = -3 & (2) \\ x_3 = 1 & (3) \end{cases} \leftrightarrow \xrightarrow{-\frac{1}{2}r_3} \left(\begin{array}{ccc|c} 1 & 0 & 1 & 1 \\ 0 & -2 & -1 & -3 \\ 0 & 0 & 1 & 1 \end{array}\right)$$

第五步：方程(3) $\times(-1)+(1)$，$(3)+(2)$，消去 x_3　　　　第 3 行的 -1 倍加到第 1 行，第 3 行加到第 2 行

$$\begin{cases} x_1 = 0 & (1) \\ -2x_2 = -2 & (2) \\ x_3 = 1 & (3) \end{cases} \leftrightarrow \xrightarrow[r_3 + r_2]{-r_3 + r_1} \left(\begin{array}{ccc|c} 1 & 0 & 0 & 0 \\ 0 & -2 & 0 & -2 \\ 0 & 0 & 1 & 1 \end{array}\right)$$

第六步：方程(2) $\times\left(-\dfrac{1}{2}\right)$　　　　第 2 行乘以 $-\dfrac{1}{2}$

$$\begin{cases} x_1 = 0 & (1) \\ x_2 = 1 & (2) \\ x_3 = 1 & (3) \end{cases} \leftrightarrow \xrightarrow{-\frac{1}{2}r_2} \left(\begin{array}{ccc|c} 1 & 0 & 0 & 0 \\ 0 & 1 & 0 & 1 \\ 0 & 0 & 1 & 1 \end{array}\right)$$

通过比较观察，可以得出以下结论：

(1) 交换线性方程组的任意两个线性方程式，相当于交换增广矩阵两行；

(2) 线性方程组的任意一个线性方程式乘以非零常数 k，相当于增广矩阵的相应一行乘以非零常数 k；

(3) 线性方程组任意一个线性方程式的常数 k 倍加到另外一个线性方程式，相当于增广矩阵相应行的 k 倍加到相应行。

因此，用矩阵初等变换求解线性方程组时，只需要写出方程组的增广矩阵，再对增广矩阵做初等行变换，将其化为最简形阶梯矩阵即可。

【例 1】 解线性方程组

$$\begin{cases} x_1 - 2x_2 + 4x_3 - x_4 = 3 \\ 3x_1 - 7x_2 + 6x_3 + x_4 = 5 \\ -x_1 + x_2 - 10x_3 + 5x_4 = -7 \\ 4x_1 - 11x_2 - 2x_3 + 8x_4 = 0 \end{cases}$$

【解】 $$\bar{\boldsymbol{A}} = \begin{pmatrix} 1 & -2 & 4 & -1 & 3 \\ 3 & -7 & 6 & 1 & 5 \\ -1 & 1 & -10 & 5 & -7 \\ 4 & -11 & -2 & 8 & 0 \end{pmatrix} \xrightarrow[\substack{r_1 + r_3 \\ -4r_1 + r_4}]{-3r_1 + r_2} \left(\begin{array}{cccc|c} 1 & -2 & 4 & -1 & 3 \\ 0 & -1 & -6 & 4 & -4 \\ 0 & -1 & -6 & 4 & -4 \\ 0 & -3 & -18 & 12 & -12 \end{array}\right)$$

$$\xrightarrow{-r_2} \left(\begin{array}{cccc|c} 1 & -2 & 4 & -1 & 3 \\ 0 & 1 & 6 & -4 & 4 \\ 0 & -1 & -6 & 4 & -4 \\ 0 & -3 & -18 & 12 & -12 \end{array}\right) \xrightarrow[3r_2 + r_4]{r_2 + r_3} \left(\begin{array}{cccc|c} 1 & -2 & 4 & -1 & 3 \\ 0 & 1 & 6 & -4 & 4 \\ 0 & 0 & 0 & 0 & 0 \\ 0 & 0 & 0 & 0 & 0 \end{array}\right)$$

由于 $r(\bar{\boldsymbol{A}}) = r(\boldsymbol{A}) = 2 < 4$，所以方程组有无穷多解。

继续将上面的阶梯矩阵化为最简形阶梯矩阵：

$$\overline{\boldsymbol{A}} \to \left(\begin{array}{cccc:c} 1 & -2 & 4 & -1 & 3 \\ 0 & 1 & 6 & -4 & 4 \\ 0 & 0 & 0 & 0 & 0 \\ 0 & 0 & 0 & 0 & 0 \end{array}\right) \xrightarrow{2r_2 + r_1} \left(\begin{array}{cccc:c} 1 & 0 & 16 & -9 & 11 \\ 0 & 1 & 6 & -4 & 4 \\ 0 & 0 & 0 & 0 & 0 \\ 0 & 0 & 0 & 0 & 0 \end{array}\right)$$

最简形阶梯矩阵对应的方程组为

$$\begin{cases} x_1 + 16x_3 - 9x_4 = 11 \\ x_2 + 6x_3 - 4x_4 = 4 \end{cases}$$

将 x_3, x_4 移到等号的右边，可得：

$$\begin{cases} x_1 = 11 - 16x_3 + 9x_4 \\ x_2 = 4 - 6x_3 + 4x_4 \end{cases}$$

令 $x_3 = c_1, x_4 = c_2$，得方程组的解为

$$\begin{cases} x_1 = 11 - 16c_1 + 9c_2 \\ x_2 = 4 - 6c_1 + 4c_2 \\ x_3 = c_1 \\ x_4 = c_2 \end{cases} \quad (c_1, c_2 \text{ 为任意实数})$$

其中 x_3, x_4 称为自由未知量，自由未知量的个数为 $n-r$ 个。

参数 c_1, c_2 可任意取值，因此方程组有无穷多个解，这个含有参数的解可以表示方程组的任意解，称为线性方程组的全部解。

一般把解写成向量形式，即

$$\begin{pmatrix} x_1 \\ x_2 \\ x_3 \\ x_4 \end{pmatrix} = c_1 \begin{pmatrix} -16 \\ -6 \\ 1 \\ 0 \end{pmatrix} + c_2 \begin{pmatrix} 9 \\ 4 \\ 0 \\ 1 \end{pmatrix} + \begin{pmatrix} 11 \\ 4 \\ 0 \\ 0 \end{pmatrix} \quad (c_1, c_2 \text{ 为任意实数})$$

上面的解题过程可以推广到一般情况，得到线性方程组 $\boldsymbol{AX} = \boldsymbol{B}$ 的求解步骤。

第一步：写出增广矩阵 $\overline{\boldsymbol{A}}$，对其做若干次初等行变换，化为阶梯矩阵；

第二步：判断线性方程组是否有解；

第三步：若有解，对增广矩阵继续做初等变换，化为最简形阶梯矩阵；

第四步：还原此线性方程组后，得到线性方程组的解。

【例 2】 求解齐次线性方程组

$$\begin{cases} x_1 + 2x_2 + 2x_3 + x_4 = 0 \\ 2x_1 + x_2 - 2x_3 - 2x_4 = 0 \\ x_1 - x_2 - 4x_3 - 3x_4 = 0 \end{cases}$$

【解】 对系数矩阵 $\boldsymbol{A}$ 进行初等变换，化为阶梯矩阵：

$$\boldsymbol{A} = \begin{pmatrix} 1 & 2 & 2 & 1 \\ 2 & 1 & -2 & -2 \\ 1 & -1 & -4 & -3 \end{pmatrix} \xrightarrow[-r_1 + r_3]{-2r_1 + r_2} \begin{pmatrix} 1 & 2 & 2 & 1 \\ 0 & -3 & -6 & -4 \\ 0 & -3 & -6 & -4 \end{pmatrix} \xrightarrow{-r_2 + r_3} \begin{pmatrix} 1 & 2 & 2 & 1 \\ 0 & -3 & -6 & -4 \\ 0 & 0 & 0 & 0 \end{pmatrix}$$

由于 $r(\boldsymbol{A})=3<4$，根据定理 4.1.2，齐次线性方程组有无穷多解，继续将系数矩阵化为最简形阶梯矩阵：

$$\boldsymbol{A}\rightarrow\begin{pmatrix}1&2&2&1\\0&-3&-6&-4\\0&0&0&0\end{pmatrix}\xrightarrow{-\frac{1}{3}r_2}\begin{pmatrix}1&2&2&1\\0&1&2&\frac{4}{3}\\0&0&0&0\end{pmatrix}\xrightarrow{-2r_2+r_1}\begin{pmatrix}1&0&-2&-\frac{5}{3}\\0&1&2&\frac{4}{3}\\0&0&0&0\end{pmatrix}$$

还原线性方程组得：

$$\begin{cases}x_1-2x_3-\frac{5}{3}x_4=0\\x_2+2x_3+\frac{4}{3}x_4=0\end{cases}，移项得：\begin{cases}x_1=2x_3+\frac{5}{3}x_4\\x_2=-2x_3-\frac{4}{3}x_4\end{cases}$$

令 $x_3=c_1,x_4=c_2$，求得线性方程组的解为

$$\begin{pmatrix}x_1\\x_2\\x_3\\x_4\end{pmatrix}=c_1\begin{pmatrix}2\\-2\\1\\0\end{pmatrix}+c_2\begin{pmatrix}\frac{5}{3}\\-\frac{4}{3}\\0\\1\end{pmatrix}\ (c_1,c_2\ 为任意实数)$$

习题 4-2

1. 用消元法求解下列方程组。

(1) $\begin{cases}x_1-2x_2+4x_3-x_4=3\\3x_1-7x_2+6x_3+x_4=5\\-x_1+x_2-10x_3+5x_4=-7\\4x_1-11x_2-2x_3+8x_4=0\end{cases}$　　(2) $\begin{cases}x_1+2x_2+3x_3+2x_4+5x_5=0\\2x_1+2x_2+x_3+3x_4+x_5=0\\3x_1+4x_2+3x_3+4x_4+5x_5=0\end{cases}$

2. 讨论线性方程组

$$\begin{cases}x_1+x_2+2x_3+3x_4=1\\x_1+3x_2+6x_3+x_4=3\\3x_1-x_2-ax_3+15x_4=3\\x_1-5x_2-10x_3+12x_4=b\end{cases}$$

当 a,b 为何值时，方程组无解，有唯一解、无穷多解？在方程组有无穷多解的情况下，求出全部解。

4-2 参考答案

§4.3　齐次线性方程组解的结构

设 n 元齐次线性方程组

$$\begin{cases} a_{11}x_1 + a_{12}x_2 + \cdots + a_{1n}x_n = 0 \\ a_{21}x_1 + a_{22}x_2 + \cdots + a_{2n}x_n = 0 \\ \cdots \\ a_{n1}x_1 + a_{n2}x_2 + \cdots + a_{nn}x_n = 0 \end{cases}$$

记

$$\boldsymbol{A} = \begin{pmatrix} a_{11} & a_{12} & \cdots & a_{1n} \\ a_{21} & a_{22} & \cdots & a_{2n} \\ \vdots & \vdots & & \vdots \\ a_{n1} & a_{n2} & \cdots & a_{nn} \end{pmatrix}, \boldsymbol{X} = \begin{pmatrix} x_1 \\ x_2 \\ \vdots \\ x_n \end{pmatrix}$$

利用矩阵的乘法，可将线性方程组写成矩阵方程的形式

$$\boldsymbol{AX} = \boldsymbol{0}$$

称 $\boldsymbol{X} = \begin{pmatrix} x_1 \\ x_2 \\ \vdots \\ x_n \end{pmatrix}$ 为方程 $\boldsymbol{AX} = \boldsymbol{0}$ 的解向量。

4.3.1　齐次线性方程组解的性质

【性质 1】　若 $\boldsymbol{\xi}_1, \boldsymbol{\xi}_2$ 都是齐次线性方程组 $\boldsymbol{AX} = \boldsymbol{0}$ 的解，则 $\boldsymbol{\xi}_1 + \boldsymbol{\xi}_2$ 也是该方程组的解。

【证明】　因为 $\boldsymbol{\xi}_1, \boldsymbol{\xi}_2$ 都是齐次线性方程组 $\boldsymbol{AX} = \boldsymbol{0}$ 的解，则有：

$$\boldsymbol{A\xi}_1 = \boldsymbol{0}, \boldsymbol{A\xi}_2 = \boldsymbol{0}$$

两式相加可得：

$$\boldsymbol{A\xi}_1 + \boldsymbol{A\xi}_2 = \boldsymbol{A}(\boldsymbol{\xi}_1 + \boldsymbol{\xi}_2) = \boldsymbol{0}$$

所以 $\boldsymbol{\xi}_1 + \boldsymbol{\xi}_2$ 也是方程组 $\boldsymbol{AX} = \boldsymbol{0}$ 的解。

【性质 2】　若 $\boldsymbol{\xi}$ 是齐次线性方程组 $\boldsymbol{AX} = \boldsymbol{0}$ 的解，c 是实数，则 $c\boldsymbol{\xi}$ 也是该方程组的解。

【证明】　因为 $\boldsymbol{\xi}$ 是齐次线性方程组 $\boldsymbol{AX} = \boldsymbol{0}$ 的解，则有 $\boldsymbol{A\xi} = \boldsymbol{0}$。

又因为

$$\boldsymbol{A}(c\boldsymbol{\xi}) = c(\boldsymbol{A\xi}) = \boldsymbol{0}$$

所以 $c\boldsymbol{\xi}$ 也是方程组 $\boldsymbol{AX} = \boldsymbol{0}$ 的解。

【性质 3】　若 $\boldsymbol{\xi}_1, \boldsymbol{\xi}_2, \cdots, \boldsymbol{\xi}_n$ 是齐次线性方程组 $\boldsymbol{AX} = \boldsymbol{0}$ 的解，$c_1, c_2, \cdots, c_n$ 是任意实数，则线性组合 $c_1\boldsymbol{\xi}_1 + c_2\boldsymbol{\xi}_2 + \cdots + c_n\boldsymbol{\xi}_n$ 也是该线性方程组的解。

性质 1、2 表明，齐次线性方程组 $\boldsymbol{AX} = \boldsymbol{0}$ 的全体解向量所组成的集合对于加法和数乘是封闭的，因此它们构成一个向量空间，称此向量空间为齐次线性方程组 $\boldsymbol{AX} = \boldsymbol{0}$ 的解空间。

4.3.2 基础解系及其求法

定义4.3.1 设 $\boldsymbol{\xi}_1,\boldsymbol{\xi}_2,\cdots,\boldsymbol{\xi}_s$ 是齐次线性方程组 $\boldsymbol{AX}=\boldsymbol{0}$ 的解向量，如果：

(1)$\boldsymbol{\xi}_1,\boldsymbol{\xi}_2,\cdots,\boldsymbol{\xi}_s$ 线性无关；

(2)$\boldsymbol{AX}=\boldsymbol{0}$ 的任意一个解向量均可由 $\boldsymbol{\xi}_1,\boldsymbol{\xi}_2,\cdots,\boldsymbol{\xi}_s$ 线性表示；

则称 $\boldsymbol{\xi}_1,\boldsymbol{\xi}_2,\cdots,\boldsymbol{\xi}_s$ 是齐次线性方程组 $\boldsymbol{AX}=\boldsymbol{0}$ 的一个基础解系。

说明：

1. 方程组 $\boldsymbol{AX}=\boldsymbol{0}$ 的一个基础解系就是其解空间的一个基；
2. 方程组 $\boldsymbol{AX}=\boldsymbol{0}$ 的基础解系不是唯一的；
3. 当齐次线性方程组 $\boldsymbol{AX}=\boldsymbol{0}$ 只有零解时，该方程组没有基础解系。

若一个齐次线性方程组有非零解，则它是否有基础解系？若有，应该怎么求它的基础解系？下面的定理回答了这个问题。

定理4.3.1 对于 n 元齐次线性方程组 $\boldsymbol{AX}=\boldsymbol{0}$，若系数矩阵的秩 $r(\boldsymbol{A})=r<n$，则该方程组的基础解系一定存在，且每个基础解系中都含有 $n-r$ 个向量，即解空间的维数是 $n-r$。

【证】 因为 $r(\boldsymbol{A})=r<n$，故对系数矩阵 $\boldsymbol{A}$ 进行初等变换，可化为如下形式：

$$\boldsymbol{A}\rightarrow\begin{pmatrix}1&0&\cdots&0&b_{11}&b_{12}&\cdots&b_{1,n-r}\\0&1&\cdots&0&b_{21}&b_{22}&\cdots&b_{2,n-r}\\\vdots&\vdots&&\vdots&\vdots&\vdots&&\vdots\\0&0&\cdots&1&b_{r1}&b_{r2}&\cdots&b_{r,n-r}\\0&0&\cdots&0&0&0&\cdots&0\\\vdots&\vdots&&\vdots&\vdots&\vdots&&\vdots\\0&0&\cdots&0&0&0&\cdots&0\end{pmatrix}$$

还原线性方程组，移项可得：

$$\begin{cases}x_1=-b_{11}x_{r+1}-b_{12}r_{r+2}-\cdots-b_{1,n-r}x_n\\x_2=-b_{21}x_{r+1}-b_{22}r_{r+2}-\cdots-b_{2,n-r}x_n\\\qquad\vdots\\x_r=-b_{r1}x_{r+1}-b_{r2}r_{r+2}-\cdots-b_{r,n-r}x_n\end{cases}\qquad(*)$$

其中 $x_{r+1},x_{r+2},\cdots,x_n$ 是 $n-r$ 个自由未知量，分别取：

$$\begin{pmatrix}x_{r+1}\\x_{r+2}\\\vdots\\x_n\end{pmatrix}=\begin{pmatrix}1\\0\\\vdots\\0\end{pmatrix},\begin{pmatrix}0\\1\\\vdots\\0\end{pmatrix},\cdots,\begin{pmatrix}0\\0\\\vdots\\1\end{pmatrix}$$

分别代入(*)方程组，可得 $\boldsymbol{AX}=\boldsymbol{0}$ 的 $n-r$ 个解为

$$\boldsymbol{\xi}_1=\begin{pmatrix}-b_{11}\\-b_{21}\\\vdots\\-b_{r1}\\1\\0\\\vdots\\0\end{pmatrix},\boldsymbol{\xi}_2=\begin{pmatrix}-b_{12}\\-b_{22}\\\vdots\\-b_{r2}\\0\\1\\\vdots\\0\end{pmatrix},\cdots,\boldsymbol{\xi}_{n-r}=\begin{pmatrix}-b_{1,n-r}\\-b_{2,n-r}\\\vdots\\-b_{r,n-r}\\0\\0\\\vdots\\1\end{pmatrix}$$

接下来证明 $\boldsymbol{\xi}_1,\boldsymbol{\xi}_2,\cdots,\boldsymbol{\xi}_{n-r}$ 是齐次线性方程组 $\boldsymbol{AX}=\boldsymbol{0}$ 的一个基础解系。

(1) 证明 $\boldsymbol{\xi}_1,\boldsymbol{\xi}_2,\cdots,\boldsymbol{\xi}_{n-r}$ 线性无关。

因为，$n-r$ 个 $n-r$ 维向量 $\begin{pmatrix}1\\0\\\vdots\\0\end{pmatrix},\begin{pmatrix}0\\1\\\vdots\\0\end{pmatrix},\cdots,\begin{pmatrix}0\\0\\\vdots\\1\end{pmatrix}$ 是线性无关的，根据定理 3.2.5，$n-r$ 个 n 维向量 $\boldsymbol{\xi}_1,\boldsymbol{\xi}_2,\cdots,\boldsymbol{\xi}_{n-r}$ 线性无关。

(2) 证明方程组 $\boldsymbol{AX}=\boldsymbol{0}$ 的任意一个解都可以由 $\boldsymbol{\xi}_1,\boldsymbol{\xi}_2,\cdots,\boldsymbol{\xi}_{n-r}$ 线性表出。

由(＊)式可得任意一个解为

$$\boldsymbol{x}=\begin{pmatrix}x_1\\x_2\\\vdots\\x_r\\x_{r+1}\\\vdots\\x_n\end{pmatrix}=\begin{pmatrix}-b_{11}x_{r+1}-b_{12}x_{r+2}-\cdots-b_{1,n-r}x_n\\-b_{21}x_{r+1}-b_{22}x_{r+2}-\cdots-b_{2,n-r}x_n\\\vdots\\-b_{r1}x_{r+1}-b_{r2}x_{r+2}-\cdots-b_{r,n-r}x\\x_{r+1}\\x_{r+2}\\\ddots\\x_n\end{pmatrix}$$

$$=x_{r+1}\begin{pmatrix}-b_{11}\\-b_{21}\\\vdots\\-b_{r1}\\1\\0\\\vdots\\0\end{pmatrix}+x_{r+2}\begin{pmatrix}-b_{12}\\-b_{22}\\\vdots\\-b_{r2}\\0\\1\\\vdots\\0\end{pmatrix}+\cdots+x_n\begin{pmatrix}-b_{1,n-r}\\-b_{2,n-r}\\\vdots\\-b_{r,n-r}\\0\\0\\\vdots\\1\end{pmatrix}$$

$$=x_{r+1}\boldsymbol{\xi}_1+x_{r+2}\boldsymbol{\xi}_2+\cdots+x_n\boldsymbol{\xi}_{n-r}$$

即解 $\boldsymbol{x}$ 可以由 $\boldsymbol{\xi}_1,\boldsymbol{\xi}_2,\cdots,\boldsymbol{\xi}_{n-r}$ 线性表出。

4.3.3　齐次线性方程组的通解

定理4.3.2　已知 n 元齐次线性方程组 $\boldsymbol{AX}=\boldsymbol{0}$ 的系数矩阵的秩 $r(\boldsymbol{A})=r<n$，它的基础解系为 $\boldsymbol{\xi}_1,\boldsymbol{\xi}_2,\cdots,\boldsymbol{\xi}_{n-r}$，则齐次线性方程组的通解可以表示为

$$\boldsymbol{x}=c_1\boldsymbol{\xi}_1+c_2\boldsymbol{\xi}_2+\cdots+c_{n-r}\boldsymbol{\xi}_{n-r}(c_1,c_2,\cdots,c_{n-r}\text{ 为任意实数})$$

【例 1】 求齐次线性方程组的通解。

$$\begin{cases}2x_1+x_2-2x_3+3x_4=0\\3x_1+2x_2-x_3+2x_4=0\\x_1+x_2+x_3-x_4=0\end{cases}$$

【解】 将系数矩阵化为最简形阶梯矩阵：

$$\boldsymbol{A}=\begin{pmatrix}2&1&-2&3\\3&2&-1&2\\1&1&1&-1\end{pmatrix}\xrightarrow{r_1\leftrightarrow r_3}\begin{pmatrix}1&1&1&-1\\3&2&-1&2\\2&1&-2&3\end{pmatrix}\xrightarrow[-2r_2+r_3]{-3r_1+r_2}\begin{pmatrix}1&1&1&-1\\0&-1&-4&5\\0&-1&-4&5\end{pmatrix}$$

$$\xrightarrow[-r_2+r_3]{r_2+r_1}\begin{pmatrix}1&0&-3&4\\0&-1&-4&5\\0&0&0&0\end{pmatrix}\xrightarrow{-r_2}\begin{pmatrix}1&0&-3&4\\0&1&4&-5\\0&0&0&0\end{pmatrix}$$

还原线性方程组：

$$\begin{cases}x_1-3x_3+4x_4=0\\x_2+4x_3-5x_4=0\end{cases}\text{，移项得：}\begin{cases}x_1=3x_3-4x_4\\x_2=-4x_3+5x_4\end{cases}$$

令 $\begin{pmatrix}x_3\\x_4\end{pmatrix}=\begin{pmatrix}1\\0\end{pmatrix},\begin{pmatrix}0\\1\end{pmatrix}$，代入上式，求得方程组的基础解系：

$$\boldsymbol{\xi}_1=\begin{pmatrix}3\\-4\\1\\0\end{pmatrix},\boldsymbol{\xi}_2=\begin{pmatrix}-4\\5\\0\\1\end{pmatrix}$$

故原方程组的通解为

$$\boldsymbol{x}=c_1\boldsymbol{\xi}_1+c_2\boldsymbol{\xi}_2(c_1,c_2\text{ 为任意实数})$$

【例 2】 设 $\boldsymbol{\xi}_1,\boldsymbol{\xi}_2,\boldsymbol{\xi}_3$ 是齐次线性方程组 $\boldsymbol{AX}=\boldsymbol{0}$ 的一个基础解系，证明：$\boldsymbol{\eta}_1=\boldsymbol{\xi}_1+\boldsymbol{\xi}_2+\boldsymbol{\xi}_3,\boldsymbol{\eta}_2=\boldsymbol{\xi}_2-\boldsymbol{\xi}_3,\boldsymbol{\eta}_3=\boldsymbol{\xi}_2+\boldsymbol{\xi}_3$ 也是方程组 $\boldsymbol{AX}=\boldsymbol{0}$ 的一个基础解系。

【证】 根据性质 1、2、3，显然 $\boldsymbol{\eta}_1,\boldsymbol{\eta}_2,\boldsymbol{\eta}_3$ 是线性方程组 $\boldsymbol{AX}=\boldsymbol{0}$ 的解；故只需要证 $\boldsymbol{\eta}_1,\boldsymbol{\eta}_2,\boldsymbol{\eta}_3$ 线性无关即可。

设现有 c_1,c_2,c_3 使得：

$$c_1\boldsymbol{\eta}_1+c_2\boldsymbol{\eta}_2+c_3\boldsymbol{\eta}_3=\boldsymbol{0}$$

即

$$c_1(\boldsymbol{\xi}_1+\boldsymbol{\xi}_2+\boldsymbol{\xi}_3)+c_2(\boldsymbol{\xi}_2-\boldsymbol{\xi}_3)+c_3(\boldsymbol{\xi}_2+\boldsymbol{\xi}_3)=\boldsymbol{0}$$

整理得：

$$c_1\boldsymbol{\xi}_1+(c_1+c_2+c_3)\boldsymbol{\xi}_2+(c_1-c_2+c_3)\boldsymbol{\xi}_3=\boldsymbol{0}$$

由于 $\boldsymbol{\xi}_1,\boldsymbol{\xi}_2,\boldsymbol{\xi}_3$ 是齐次线性方程组 $\boldsymbol{AX}=\boldsymbol{0}$ 的一个基础解系，则 $\boldsymbol{\xi}_1,\boldsymbol{\xi}_2,\boldsymbol{\xi}_3$ 线性无关，于是

$$\begin{cases}c_1=0\\c_1+c_2+c_3=0\\c_1-c_2+c_3=0\end{cases}$$

解这个齐次线性方程组得：

$$c_1 = c_2 = c_3 = 0$$

所以 $\boldsymbol{\eta}_1,\boldsymbol{\eta}_2,\boldsymbol{\eta}_3$ 线性无关，因此 $\boldsymbol{\eta}_1,\boldsymbol{\eta}_2,\boldsymbol{\eta}_3$ 也是方程组 $\boldsymbol{AX}=\boldsymbol{0}$ 的一个基础解系。

【例 3】 求一个齐次线性方程组 $\boldsymbol{AX}=\boldsymbol{0}$，使 $\boldsymbol{AX}=\boldsymbol{0}$ 的一个基础解系为

$$\boldsymbol{\xi}_1=(0,1,2,3)^{\mathrm{T}},\boldsymbol{\xi}_2=(3,2,1,0)^{\mathrm{T}}$$

【解】 由 $\boldsymbol{AX}=\boldsymbol{0}$ 的一个基础解系可以写出线性方程组的通解：

$$\boldsymbol{X}=\begin{pmatrix}x_1\\x_2\\x_3\\x_4\end{pmatrix}=c_1\begin{pmatrix}0\\1\\2\\3\end{pmatrix}+c_2\begin{pmatrix}3\\2\\1\\0\end{pmatrix}=\begin{pmatrix}3c_2\\c_1+2c_2\\2c_1+c_2\\3c_1\end{pmatrix}$$

利用第三、四个方程求出 c_1,c_2，即

$$\begin{cases}2c_1+c_2=x_3\\3c_1=x_4\end{cases}\quad 求得：\begin{cases}c_1=\dfrac{1}{3}x_4\\c_2=x_3-\dfrac{2}{3}x_4\end{cases}$$

然后将 c_1,c_2 的值代入第一、二个方程，整理可得：

$$\begin{cases}x_1-3x_3+2x_4=0\\x_2-2x_3+x_4=0\end{cases}$$

习题 4-3

1. 求下列线性方程组的通解。

(1) $\begin{cases}x_1+2x_3-x_4=0\\2x_1+x_2+3x_3+x_4=0\\3x_1+4x_2+6x_3+5x_4=0\end{cases}$　　(2) $\begin{cases}x_1+x_2-x_3-x_4=0\\2x_1-5x_2+3x_3+2x_4=0\\7x_1-7x_2+3x_3+x_4=0\end{cases}$

(3) $\begin{cases}x_1+x_2+x_3+4x_4-3x_5=0\\2x_1+x_2+3x_3+5x_4-5x_5=0\\x_1-x_2+3x_3-2x_4-x_5=0\\3x_1+x_2+5x_3+6x_4-7x_5=0\end{cases}$

2. 设 $\boldsymbol{\alpha}_1,\boldsymbol{\alpha}_2,\boldsymbol{\alpha}_3$ 是齐次线性方程组 $\boldsymbol{AX}=\boldsymbol{0}$ 的一个基础解系，证明：$\boldsymbol{\beta}_1=\boldsymbol{\alpha}_2+\boldsymbol{\alpha}_3,\boldsymbol{\beta}_2=\boldsymbol{\alpha}_1+3\boldsymbol{\alpha}_2+2\boldsymbol{\alpha}_3,\boldsymbol{\beta}_3=2\boldsymbol{\alpha}_1+\boldsymbol{\alpha}_2$ 也是方程组 $\boldsymbol{AX}=\boldsymbol{0}$ 的一个基础解系。

3. 求一个齐次线性方程组，使向量 $\boldsymbol{\xi}_1=(1,1,2,3)^{\mathrm{T}},\boldsymbol{\xi}_2=(2,3,4,8)^{\mathrm{T}}$ 成为它的一个基础解系。

4. 给定齐次线性方程组

$$\begin{cases}x_1+x_2+x_3+x_4=0\\x_1+\lambda x_2+x_3-x_4=0\\x_1+x_2+\lambda x_3-x_4=0\end{cases}$$

(1) 当 λ 为何值时，线性方程组的基础解系中只有一个解向量？

(2) 当 $\lambda=1$ 时，求线性方程组的通解。

4-3 参考答案

§4.4　非齐次线性方程组解的结构

设 n 元非齐次线性方程组

$$\begin{cases} a_{11}x_1 + a_{12}x_2 + \cdots + a_{1n}x_n = b_1 \\ a_{21}x_1 + a_{22}x_2 + \cdots + a_{2n}x_n = b_2 \\ \qquad\qquad \cdots \\ a_{n1}x_1 + a_{n2}x_2 + \cdots + a_{nn}x_n = b_n \end{cases}$$

其中 $b_1, b_2, \cdots, b_n$ 不全为 0，令

$$\boldsymbol{A} = \begin{pmatrix} a_{11} & a_{12} & \cdots & a_{1n} \\ a_{21} & a_{22} & \cdots & a_{2n} \\ \vdots & \vdots & & \vdots \\ a_{n1} & a_{n2} & \cdots & a_{nn} \end{pmatrix}, \boldsymbol{X} = \begin{pmatrix} x_1 \\ x_2 \\ \vdots \\ x_n \end{pmatrix}, \boldsymbol{B} = \begin{pmatrix} b_1 \\ b_2 \\ \vdots \\ b_n \end{pmatrix}$$

利用矩阵的乘法，非齐次线性方程组也可以写成矩阵方程的形式

$$\boldsymbol{AX} = \boldsymbol{B}$$

对于每一个非齐次线性方程组 $\boldsymbol{AX} = \boldsymbol{B}$，令它的常数项 $\boldsymbol{B} = \boldsymbol{0}$，就可以得到一个对应的齐次线性方程组 $\boldsymbol{AX} = \boldsymbol{0}$，称这个对应的齐次线性方程组 $\boldsymbol{AX} = \boldsymbol{0}$ 为非齐次线性方程组 $\boldsymbol{AX} = \boldsymbol{B}$ 的导出组。

4.4.1　非齐次线性方程组解的性质

【性质 1】　如果 $\boldsymbol{\eta}_1, \boldsymbol{\eta}_2$ 是非齐次线性方程组 $\boldsymbol{AX} = \boldsymbol{B}$ 的解，则 $\boldsymbol{\xi} = \boldsymbol{\eta}_1 - \boldsymbol{\eta}_2$ 是它的导出组 $\boldsymbol{AX} = \boldsymbol{0}$ 的解。

【证】　因为 $\boldsymbol{\eta}_1, \boldsymbol{\eta}_2$ 是非齐次线性方程组 $\boldsymbol{AX} = \boldsymbol{B}$ 的解，则必有：

$$\boldsymbol{A\eta}_1 = \boldsymbol{B}, \boldsymbol{A\eta}_2 = \boldsymbol{B}$$

而

$$\boldsymbol{A\xi} = \boldsymbol{A}(\boldsymbol{\eta}_1 - \boldsymbol{\eta}_2) = \boldsymbol{A\eta}_1 - \boldsymbol{A\eta}_2 = \boldsymbol{B} - \boldsymbol{B} = \boldsymbol{0}$$

所以 $\boldsymbol{\xi} = \boldsymbol{\eta}_1 - \boldsymbol{\eta}_2$ 是它的导出组 $\boldsymbol{AX} = \boldsymbol{0}$ 的解。

【性质 2】　如果 $\boldsymbol{\eta}$ 是非齐次线性方程组 $\boldsymbol{AX} = \boldsymbol{B}$ 的解，$\boldsymbol{\xi}$ 是它的导出组 $\boldsymbol{AX} = \boldsymbol{0}$ 的解，则 $\boldsymbol{\xi} + \boldsymbol{\eta}$ 必是 $\boldsymbol{AX} = \boldsymbol{B}$ 的解。

【证】　因为 $\boldsymbol{\eta}$ 是非齐次线性方程组 $\boldsymbol{AX} = \boldsymbol{B}$ 的解，则有 $\boldsymbol{A\eta} = \boldsymbol{B}$；$\boldsymbol{\xi}$ 是它的导出组 $\boldsymbol{AX} = \boldsymbol{0}$ 的解，则有 $\boldsymbol{A\xi} = \boldsymbol{0}$；而又

$$\boldsymbol{A}(\boldsymbol{\xi} + \boldsymbol{\eta}) = \boldsymbol{A\xi} + \boldsymbol{A\eta} = \boldsymbol{0} + \boldsymbol{B} = \boldsymbol{B}$$

所以 $\boldsymbol{\xi} + \boldsymbol{\eta}$ 必是 $\boldsymbol{AX} = \boldsymbol{B}$ 的解。

4.4.2　非齐次线性方程组的全部解

任意非齐次线性方程组 $\boldsymbol{AX} = \boldsymbol{B}$ 的两个解 $\boldsymbol{\eta}, \boldsymbol{\eta}^*$，令 $\boldsymbol{\xi} = \boldsymbol{\eta} - \boldsymbol{\eta}^*$，移项后得到 $\boldsymbol{\eta} = \boldsymbol{\eta}^* + \boldsymbol{\xi}$，根据性质 1、2 可知 $\boldsymbol{\xi}$ 是 $\boldsymbol{AX} = \boldsymbol{0}$ 的解，$\boldsymbol{\eta}$ 是 $\boldsymbol{AX} = \boldsymbol{B}$ 的解。这说明 $\boldsymbol{AX} = \boldsymbol{B}$ 的任意一个解 $\boldsymbol{\eta}$ 一定可以写成 $\boldsymbol{AX} = \boldsymbol{B}$ 的一个特解 $\boldsymbol{\eta}^*$ 和其导出组 $\boldsymbol{AX} = \boldsymbol{0}$ 的某个解 $\boldsymbol{\xi}$ 之和，而

$\boldsymbol{\xi}$ 又可以表示成 $\boldsymbol{AX}=\mathbf{0}$ 的任意一个基础解系的线性组合。于是可得到 $\boldsymbol{AX}=\boldsymbol{B}$ 的解的结构定理。

定理4.4.1　设 $\boldsymbol{\eta}^*$ 是非齐次线性方程组 $\boldsymbol{AX}=\boldsymbol{B}$ 的一个特解，$\boldsymbol{\xi}$ 是其导出组 $\boldsymbol{AX}=\mathbf{0}$ 的通解，则 $\boldsymbol{\xi}+\boldsymbol{\eta}^*$ 是非齐次线性方程组 $\boldsymbol{AX}=\boldsymbol{B}$ 的全部解。

注：设 $\boldsymbol{\xi}_1,\boldsymbol{\xi}_2,\cdots,\boldsymbol{\xi}_{n-r}$ 是导出组 $\boldsymbol{AX}=\mathbf{0}$ 的一个基础解系，$\boldsymbol{\eta}^*$ 是非齐次线性方程组 $\boldsymbol{AX}=\boldsymbol{B}$ 的一个特解，则非齐次线性方程组 $\boldsymbol{AX}=\boldsymbol{B}$ 的全部解可以表示为：

$$\boldsymbol{X}=c_1\boldsymbol{\xi}_1+c_2\boldsymbol{\xi}_2+\cdots+c_{n-r}\boldsymbol{\xi}_{n-r}+\boldsymbol{\eta}^*$$

其中 $c_1,c_2,\cdots,c_{n-r}$ 为任意实数。

【例 1】　求解非齐次线性方程组

$$\begin{cases}x_1+2x_2+x_3+x_4=-1\\x_1+3x_2+2x_3+2x_4=-2\\2x_1+x_2-x_3-x_4=1\end{cases}$$

【解】　首先写出增广矩阵 $\overline{\boldsymbol{A}}$，然后将其化成阶梯矩阵：

$$\overline{\boldsymbol{A}}=\left(\begin{array}{cccc:c}1&2&1&1&-1\\1&3&2&2&-2\\2&1&-1&-1&1\end{array}\right)\xrightarrow[-2r_1+r_3]{-r_1+r_2}\left(\begin{array}{cccc:c}1&2&1&1&-1\\0&1&1&1&-1\\0&-3&-3&-3&3\end{array}\right)$$

$$\xrightarrow{3r_2+r_3}\left(\begin{array}{cccc:c}1&2&1&1&-1\\0&1&1&1&-1\\0&0&0&0&0\end{array}\right)$$

由于 $r(\overline{\boldsymbol{A}})=r(\boldsymbol{A})=2<4$，因此非齐次线性方程组有无穷多解；将增广矩阵继续化成最简形阶梯矩阵。

$$\overline{\boldsymbol{A}}\to\left(\begin{array}{cccc:c}1&2&1&1&-1\\0&1&1&1&-1\\0&0&0&0&0\end{array}\right)\xrightarrow{-2r_2+r_1}\left(\begin{array}{cccc:c}1&0&-1&-1&1\\0&1&1&1&-1\\0&0&0&0&0\end{array}\right)$$

最简形阶梯矩阵对应的方程组为

$$\begin{cases}x_1-x_3-x_4=1\\x_2+x_3+x_4=-1\end{cases}，移项得：\begin{cases}x_1=1+x_3+x_4\\x_2=-1-x_3-x_4\end{cases}$$

令 $x_3=x_4=0$，求出非齐次线性方程组一个特解：

$$\boldsymbol{\eta}^*=\begin{pmatrix}1\\-1\\0\\0\end{pmatrix}$$

最简形阶梯矩阵对应的方程组的导出组为

$$\begin{cases}x_1-x_3-x_4=0\\x_2+x_3+x_4=0\end{cases}，移项得：\begin{cases}x_1=x_3+x_4\\x_2=-x_3-x_4\end{cases}$$

令 $\begin{pmatrix}x_3\\x_4\end{pmatrix}=\begin{pmatrix}1\\0\end{pmatrix},\begin{pmatrix}0\\1\end{pmatrix}$，代入上式，求得导出组的基础解系：

$$\boldsymbol{\xi}_1=\begin{pmatrix}1\\-1\\1\\0\end{pmatrix},\boldsymbol{\xi}_2=\begin{pmatrix}1\\-1\\0\\1\end{pmatrix}$$

非齐次线性方程组的通解为

$$\boldsymbol{X}=c_1\begin{pmatrix}1\\-1\\1\\0\end{pmatrix}+c_2\begin{pmatrix}1\\-1\\0\\1\end{pmatrix}+\begin{pmatrix}1\\-1\\0\\0\end{pmatrix}(c_1,c_2\text{ 为任意实数})$$

【例 2】 当 a 为何值时,非齐次线性方程组

$$\begin{cases}x_1+5x_2-x_3-x_4=-1\\x_1+7x_2+x_3+3x_4=3\\3x_1+17x_2-x_3+x_4=a\\x_1+3x_2-3x_3-5x_4=-5\end{cases}$$

有解?当它有解时,求出它的全部解。

【解】 写出增广矩阵 $\overline{\mathbf{A}}$,将其化成阶梯矩阵:

$$\overline{\mathbf{A}}=\left(\begin{array}{cccc:c}1&5&-1&-1&-1\\1&7&1&3&3\\3&17&-1&1&a\\1&3&-3&-5&-5\end{array}\right)\xrightarrow[-r_1+r_4]{\substack{-r_1+r_2\\-3r_1+r_3}}\left(\begin{array}{cccc:c}1&5&-1&-1&-1\\0&2&2&4&4\\0&2&2&4&a+3\\0&-2&-2&-4&-4\end{array}\right)$$

$$\xrightarrow[r_2+r_4]{-r_2+r_3}\left(\begin{array}{cccc:c}1&5&-1&-1&-1\\0&2&2&4&4\\0&0&0&0&a-1\\0&0&0&0&0\end{array}\right)\xrightarrow{\frac{1}{2}r_2}\left(\begin{array}{cccc:c}1&5&-1&-1&-1\\0&1&1&2&2\\0&0&0&0&a-1\\0&0&0&0&0\end{array}\right)$$

(1) 当 $a-1=0$,即 $a=1$ 时,$r(\mathbf{A})=r(\overline{\mathbf{A}})=2<4$,非齐次线性方程组有无穷多解。

(2) 当 $a=1$ 时,将增广矩阵继续化为最简形阶梯矩阵:

$$\overline{\mathbf{A}}\to\left(\begin{array}{cccc:c}1&5&-1&-1&-1\\0&1&1&2&2\\0&0&0&0&0\\0&0&0&0&0\end{array}\right)\xrightarrow{-5r_2+r_1}\left(\begin{array}{cccc:c}1&0&-6&-11&-11\\0&1&1&2&2\\0&0&0&0&0\\0&0&0&0&0\end{array}\right)$$

得到同解方程组:

$$\begin{cases}x_1-6x_3-11x_4=-11\\x_2+x_3+2x_4=2\end{cases},\text{移项得:}\begin{cases}x_1=-11+6x_3+11x_4\\x_2=2-x_3-2x_4\end{cases}$$

令 $x_3=x_4=0$,可求出非齐次线性方程组一个特解:

$$\boldsymbol{\eta}^*=\begin{pmatrix}-11\\2\\0\\0\end{pmatrix}$$

最简形阶梯矩阵对应方程组的导出组为

$$\begin{cases}x_1-6x_3-11x_4=0\\x_2+x_3+2x_4=0\end{cases}\text{，移项得：}\begin{cases}x_1=6x_3+11x_4\\x_2=-x_3-2x_4\end{cases}$$

令 $\begin{pmatrix}x_3\\x_4\end{pmatrix}=\begin{pmatrix}1\\0\end{pmatrix},\begin{pmatrix}0\\1\end{pmatrix}$，代入上式，求得导出组的基础解系：

$$\boldsymbol{\xi}_1=\begin{pmatrix}6\\-1\\1\\0\end{pmatrix},\boldsymbol{\xi}_2=\begin{pmatrix}11\\-2\\0\\1\end{pmatrix}$$

非齐次线性方程组的通解为

$$\boldsymbol{X}=c_1\begin{pmatrix}6\\-1\\1\\0\end{pmatrix}+c_2\begin{pmatrix}11\\-2\\0\\1\end{pmatrix}+\begin{pmatrix}-11\\2\\0\\0\end{pmatrix}\text{（}c_1,c_2\text{ 为任意实数）}$$

【例 3】　设四元非齐次线性方程组 $\boldsymbol{AX}=\boldsymbol{B}$ 的系数矩阵 $\boldsymbol{A}$ 的秩为 3，$\boldsymbol{\eta}_1,\boldsymbol{\eta}_2,\boldsymbol{\eta}_3$ 为 $\boldsymbol{AX}=\boldsymbol{B}$ 的三个解向量，已知

$$\boldsymbol{\eta}_1=\begin{pmatrix}4\\1\\0\\2\end{pmatrix},\boldsymbol{\eta}_2+\boldsymbol{\eta}_3=\begin{pmatrix}1\\0\\1\\2\end{pmatrix}$$

求 $\boldsymbol{AX}=\boldsymbol{B}$ 的全部解。

【解】　根据题意，$\boldsymbol{AX}=\boldsymbol{B}$ 的导出组 $\boldsymbol{AX}=\boldsymbol{0}$ 的基础解系含有 $n-r=4-3=1$ 个向量，于是导出组的任意一个非零解 $\boldsymbol{\xi}$ 都是它的基础解系。

又因为 $\boldsymbol{\eta}_1,\boldsymbol{\eta}_2,\boldsymbol{\eta}_3$ 为 $\boldsymbol{AX}=\boldsymbol{B}$ 的三个解向量，所以 $\boldsymbol{\eta}_1-\boldsymbol{\eta}_2$ 和 $\boldsymbol{\eta}_1-\boldsymbol{\eta}_3$ 是导出组 $\boldsymbol{AX}=\boldsymbol{0}$ 的解，它们的和

$$\boldsymbol{\xi}=(\boldsymbol{\eta}_1-\boldsymbol{\eta}_2)+(\boldsymbol{\eta}_1-\boldsymbol{\eta}_3)=2\boldsymbol{\eta}_1-(\boldsymbol{\eta}_2+\boldsymbol{\eta}_3)=\begin{pmatrix}7\\1\\-1\\2\end{pmatrix}$$

也是导出组 $\boldsymbol{AX}=\boldsymbol{0}$ 的解，且是非零解，故它就是导出组 $\boldsymbol{AX}=\boldsymbol{0}$ 的基础解系。因而 $\boldsymbol{AX}=\boldsymbol{B}$ 的全部解为

$$\boldsymbol{X}=c\boldsymbol{\xi}+\boldsymbol{\eta}_1=c\begin{pmatrix}7\\1\\-1\\2\end{pmatrix}+\begin{pmatrix}4\\1\\0\\2\end{pmatrix}\text{（}c\text{ 为任意实数）}$$

习题 4-4

1. 求下列非齐次线性方程组的全部解。

(1)$\begin{cases}x_1-2x_2+3x_3-x_4=1\\3x_1-5x_2+5x_3-3x_4=2\\2x_1-3x_2+2x_3-2x_4=1\end{cases}$　　(2)$\begin{cases}x_1+x_2+2x_3+x_4+2x_5=7\\x_1+2x_2+3x_3+4x_4+5x_5=15\\2x_1+3x_2+5x_3+5x_4+7x_5=22\end{cases}$

2. 已知非齐次线性方程组

$$\begin{cases}x_1-x_2-2x_3+3x_4=0\\x_1-3x_2-5x_3+2x_4=-1\\x_1+x_2+ax_3+4x_4=1\\x_1+7x_2+10x_3+7x_4=b\end{cases}$$

当 a,b 为何值时，非齐次线性方程组无解、有解？当有解时，求出全部解。

3. 设四元非齐次线性方程组 $\boldsymbol{AX}=\boldsymbol{B}$ 的系数矩阵 $\boldsymbol{A}$ 的秩为 3，$\boldsymbol{\eta}_1,\boldsymbol{\eta}_2,\boldsymbol{\eta}_3$ 为 $\boldsymbol{AX}=\boldsymbol{B}$ 的三个解向量，已知

$$\boldsymbol{\eta}_1+\boldsymbol{\eta}_2=\begin{pmatrix}3\\-4\\1\\2\end{pmatrix},\boldsymbol{\eta}_3=\begin{pmatrix}-4\\3\\5\\-1\end{pmatrix}$$

求 $\boldsymbol{AX}=\boldsymbol{B}$ 的全部解。

4. 设 $\boldsymbol{\eta}_1,\boldsymbol{\eta}_2,\cdots,\boldsymbol{\eta}_s$ 是 $\boldsymbol{AX}=\boldsymbol{B}$ 的 s 个解，$k_1,k_2,\cdots,k_s$ 都是实数，证明：$\boldsymbol{\eta}=\sum\limits_{i=1}^{s}k_i\boldsymbol{\eta}_i$ 是 $\boldsymbol{AX}=\boldsymbol{B}$ 的解当且仅当 $\sum\limits_{i=1}^{s}k_i=1$。

5. 设 $\boldsymbol{\eta}$ 是非齐次线性方程组 $\boldsymbol{AX}=\boldsymbol{B}$ 的任意一个解，$\boldsymbol{\xi}_1,\boldsymbol{\xi}_2,\cdots,\boldsymbol{\xi}_m$ 是其导出组 $\boldsymbol{AX}=\boldsymbol{0}$ 的任意 m 个线性无关解，证明：$\boldsymbol{\eta},\boldsymbol{\xi}_1,\boldsymbol{\xi}_2,\cdots,\boldsymbol{\xi}_m$ 一定线性无关。

4-4 参考答案

北斗卫星定位问题

北斗卫星导航系统(BeiDou Navigation Satellite System, BDS)，是中国着眼于国家安全和经济社会发展需要，自主建设运行的全球卫星导航系统，是为全球用户提供全天候、全天时、高精度的定位、导航和授时服务的国家重要时空基础设施。它也是继美国GPS、俄罗斯GLONASS之后的第三个成熟的卫星导航系统。

北斗卫星导航系统提供服务以来，已在交通运输、农林渔

业、水文监测、气象测报、通信授时、电力调度、救灾减灾、公共安全等领域得到广泛应用，服务国家重要基础设施，产生了显著的经济效益和社会效益，为全球经济和社会发展注入新的活力。

中国北斗卫星导航系统具有以下特点：一是北斗系统空间段采用三种轨道卫星组成的混合星座，与其他卫星导航系统相比高轨卫星更多，抗遮挡能力强，尤其低纬度地区性能优势更为明显。二是北斗系统提供多个频点的导航信号，能够通过多频信号组合使用等方式提高服务精度。三是北斗系统创新融合了导航与通信能力，具备定位导航授时、星基增强、地基增强、精密单点定位、短报文通信和国际搜救等多种服务能力。

卫星导航系统的基本原理是测量出已知位置的卫星与用户接收机之间的距离，然后综合多颗卫星的数据计算出接收机的具体位置。而卫星的位置可以根据星载时钟所记录的时间在卫星星历中查出。

导航系统中的卫星不断地发射导航电文，当用户接受到导航电文时，提取出卫星时间并将其与自己的时钟做对比，便可得知卫星与用户的距离，再利用导航电文中的卫星星历数据推算出卫星发射电文时所处位置，从而用户在大地坐标系中的位置速度等信息便可得知。然而，由于用户接受机使用的时钟与卫星星载时钟不可能总是同步的，所以除了用户的三维坐标 x,y,z 外，还要引进一个 Δt，即卫星与接收机之间的时间差，作为未知数，然后用 4 个方程将这 4 个未知数解出来。所以如果想知道接收机所处的位置，至少要能接收到 4 个卫星的信号。

设汽车的位置为(x,y,z)，四颗卫星的位置分别为(x_1,y_1,z_1)，(x_2,y_2,z_2)，(x_3,y_3,z_3)，(x_4,y_4,z_4)，每颗卫星发射电文到汽车接收机所需时间分别为 t_1,t_2,t_3,t_4，根据接收机与每一个卫星的距离可得方程：

$$\begin{cases}(x-x_1)^2+(y-y_1)^2+(z-z_1)^2=c^2(t-t_1)^2 & (1)\\(x-x_2)^2+(y-y_2)^2+(z-z_2)^2=c^2(t-t_2)^2 & (2)\\(x-x_3)^2+(y-y_3)^2+(z-z_3)^2=c^2(t-t_3)^2 & (3)\\(x-x_4)^2+(y-y_4)^2+(z-z_4)^2=c^2(t-t_4)^2 & (4)\end{cases}$$

其中 c 为光速。

用(1)(2)(3) 式分别减去(4) 式，再将(4) 式变形可得：

$$\begin{cases}(x_1-x_4)x+(y_1-y_4)y+(z_1-z_4)z-c^2(t_1-t_4)t=c_1\\(x_2-x_4)x+(y_2-y_4)y+(z_2-z_4)z-c^2(t_2-t_4)t=c_2\\(x_3-x_4)x+(y_3-y_4)y+(z_3-z_4)z-c^2(t_3-t_4)t=c_3\\2x_4x+2y_4y+2z_4z-2c^2t_4t=c_4\end{cases}\qquad(*)$$

其中

$$c_i=\frac{1}{2}(x_i^2+y_i^2+z_i^2-x_4^2-y_4^2-z_4^2-c^2t_i^2+c^2t_4^2)\qquad i=1,2,3$$

$$c_4=x^2+y^2+z^2+x_4^2+y_4^2+z_4^2-c^2t^2-c^2t_4^2$$

设汽车接收机在 0 点时接收到的 4 颗卫星的数据如表 4-1 所示。

表 4-1　接收到的数据

卫星	位置	时间
1	(1.12,2.10,1.40)	00:00:1.06
2	(0.00,1.53,2.30)	00:00:0.56
3	(1.40,1.12,2.10)	00:00:1.16
4	(2.30,0.00,1.53)	00:00:0.75

其中长度单位为地球半径(6378千米),时间单位为0.01秒,则光速 $c = 299792.458\text{km/s} = 0.469(6378\text{km}/0.01\text{s})$。

代入(*)方程组可得

$$\begin{cases} -1.18x + 2.10y - 0.13z - 0.15t = -0.12 \\ -2.3x + 1.53y + 0.77z + 0.04t = 0.04 \\ -0.9x + 1.12y + 0.57z - 0.136t = -0.17 \\ 4.60x + 3.06z - 0.33t = x^2 + y^2 + z^2 - 0.22t^2 + 7.75 \end{cases}$$

从前三个线性方程解得:

$$\begin{cases} x = -0.139 + 0.153t \\ y = -0.118 + 0.128t \\ z = -0.144 + 0.149t \end{cases}$$

代入第4个方程,解得 $t = 4.985$。

所以汽车接收机在00:00:4.985时刻的位置是 $(x,y,z) = (0.624,0.519,0.598)$。

第 5 章　特征值与特征向量

矩阵的特征值、特征向量和相似矩阵的理论是矩阵理论重要的组成部分,它们不仅在微分方程、差分方程等数学分支有着重要作用,而且在数量经济分析等各领域也有广泛的应用。本章首先介绍向量内积与正交矩阵、矩阵的特征值与特征向量问题,并用特征值和特征向量有关理论,讨论相似矩阵和实对称矩阵化为对角矩阵的问题。

第 5 章课件

§5.1　向量内积、范数与正交

在 $\mathbf{R}^3$ 中,两个向量 $\boldsymbol{x}=(x_1,x_2,x_3)$,$\boldsymbol{y}=(y_1,y_2,y_3)$的长度与夹角等度量性质可以通过两个向量的数量积

$$\boldsymbol{x}\cdot\boldsymbol{y}=|\boldsymbol{x}||\boldsymbol{y}|\cos\theta\ (\theta\text{ 为向量 }\boldsymbol{x}\text{ 和 }\boldsymbol{y}\text{ 的夹角})$$

来表示,且在直角坐标系中,有

$$\boldsymbol{x}\cdot\boldsymbol{y}=x_1y_1+x_2y_2+x_3y_3,\ |\boldsymbol{x}|=\sqrt{x_1^2+x_2^2+x_3^2}$$

在本节中,主要将数量积的概念推广到 n 维向量空间中,引入内积的概念,并由此进一步定义 n 维向量空间中的长度、距离和垂直等概念。

5.1.1　内积及运算规律

定义5.1.1　设有 n 维向量

$$\boldsymbol{\alpha}=\begin{pmatrix}a_1\\a_2\\\vdots\\a_n\end{pmatrix},\boldsymbol{\beta}=\begin{pmatrix}b_1\\b_2\\\vdots\\b_n\end{pmatrix}$$

令$[\boldsymbol{\alpha},\boldsymbol{\beta}]=a_1b_1+a_2b_2+\cdots+a_nb_n$,称$[\boldsymbol{\alpha},\boldsymbol{\beta}]$为向量 $\boldsymbol{\alpha}$ 与 $\boldsymbol{\beta}$ 的内积。有时也记作$\langle\boldsymbol{\alpha},\boldsymbol{\beta}\rangle$。

内积是两个向量之间的一种运算,其结果是一个实数,按矩阵记法可表示为

$$[\boldsymbol{\alpha},\boldsymbol{\beta}]=\boldsymbol{\alpha}^{\mathrm{T}}\boldsymbol{\beta}=(a_1,a_2,\cdots,a_n)\begin{pmatrix}b_1\\b_2\\\vdots\\b_n\end{pmatrix}$$

内积满足如下运算规律:

设 $\boldsymbol{\alpha},\boldsymbol{\beta},\boldsymbol{\gamma}$ 为 n 维向量,λ 为实数,则:

(1) $[\boldsymbol{0},\boldsymbol{\alpha}]=0$；

(2) $[\boldsymbol{\alpha},\boldsymbol{\beta}]=[\boldsymbol{\beta},\boldsymbol{\alpha}]$；

(3) $[\lambda\boldsymbol{\alpha},\boldsymbol{\beta}]=\lambda[\boldsymbol{\alpha},\boldsymbol{\beta}]$；

(4) $[\boldsymbol{\alpha}+\boldsymbol{\beta},\boldsymbol{\gamma}]=[\boldsymbol{\alpha},\boldsymbol{\gamma}]+[\boldsymbol{\beta},\boldsymbol{\gamma}]$；

(5) $[\boldsymbol{\alpha},\boldsymbol{\alpha}]\geqslant 0$，当且仅当 $\boldsymbol{\alpha}=\boldsymbol{0}$ 时，$[\boldsymbol{\alpha},\boldsymbol{\alpha}]=0$；

(6) $[\boldsymbol{\alpha},\boldsymbol{\beta}]^2\leqslant[\boldsymbol{\alpha},\boldsymbol{\alpha}][\boldsymbol{\beta},\boldsymbol{\beta}]$（施瓦茨不等式）。

5.1.2 向量的长度与性质

定义5.1.2 对于 $\mathbf{R}^n$ 的向量 $\boldsymbol{\alpha}$，令

$$\|\boldsymbol{\alpha}\|=\sqrt{[\boldsymbol{\alpha},\boldsymbol{\alpha}]}=\sqrt{a_1^2+a_2^2+\cdots+a_n^2}$$

称 $\|\boldsymbol{\alpha}\|$ 为 n 维向量 $\boldsymbol{\alpha}$ 的长度（或范数）。

向量的长度具有以下性质：

设 $\boldsymbol{\alpha},\boldsymbol{\beta}$ 为 n 维向量，λ 为实数，则：

(1) 非负性 $\|\boldsymbol{\alpha}\|\geqslant 0$，当且仅当 $\boldsymbol{\alpha}=\boldsymbol{0}$ 时，$\|\boldsymbol{\alpha}\|=0$；

(2) 齐次性 $\|\lambda\boldsymbol{\alpha}\|=|\lambda|\,\|\boldsymbol{\alpha}\|$；

(3) 三角不等式 $\|\boldsymbol{\alpha}+\boldsymbol{\beta}\|\leqslant\|\boldsymbol{\alpha}\|+\|\boldsymbol{\beta}\|$；

(4) 柯西-施瓦茨不等式 $|\boldsymbol{\alpha}^{\mathrm{T}}\boldsymbol{\beta}|\leqslant\|\boldsymbol{\alpha}\|\cdot\|\boldsymbol{\beta}\|$ 等号成立的充分必要条件是 $\boldsymbol{\alpha}$ 与 $\boldsymbol{\beta}$ 线性相关。

定义5.1.3 当 $\|\boldsymbol{\alpha}\|=1$ 时，$\boldsymbol{\alpha}$ 称为单位向量。对于 $\mathbf{R}^n$ 中任一非零向量 $\boldsymbol{\alpha}$，$\left\|\frac{1}{\|\boldsymbol{\alpha}\|}\boldsymbol{\alpha}\right\|=\frac{1}{\|\boldsymbol{\alpha}\|}\cdot\|\boldsymbol{\alpha}\|=1$，即 $\frac{1}{\|\boldsymbol{\alpha}\|}\boldsymbol{\alpha}$ 为单位向量，称 $\frac{1}{\|\boldsymbol{\alpha}\|}\boldsymbol{\alpha}$ 为向量 $\boldsymbol{\alpha}$ 单位化。

定义5.1.4 当 $\|\boldsymbol{\alpha}\|\neq 0$，$\|\boldsymbol{\beta}\|\neq 0$ 时，定义

$$\theta=\arccos\frac{[\boldsymbol{\alpha},\boldsymbol{\beta}]}{\|\boldsymbol{\alpha}\|\cdot\|\boldsymbol{\beta}\|}\quad(0\leqslant\theta\leqslant\pi)$$

称 θ 为 n 维向量 $\boldsymbol{\alpha}$ 与 $\boldsymbol{\beta}$ 的夹角。

5.1.3 向量的正交性

定义5.1.5 对于 $\mathbf{R}^n$ 中两个向量 $\boldsymbol{\alpha},\boldsymbol{\beta}$，若 $[\boldsymbol{\alpha},\boldsymbol{\beta}]=0$，则称向量 $\boldsymbol{\alpha}$ 与 $\boldsymbol{\beta}$ 正交，记作 $\boldsymbol{\alpha}\perp\boldsymbol{\beta}$。

> 注：若 $\boldsymbol{\alpha}=\boldsymbol{0}$ 时，则 $\boldsymbol{\alpha}$ 与任何向量都正交。

定义5.1.6 若 n 维向量组 $\boldsymbol{\alpha}_1,\boldsymbol{\alpha}_2,\cdots,\boldsymbol{\alpha}_r$ 是一个非零向量组，且 $\boldsymbol{\alpha}_1,\boldsymbol{\alpha}_2,\cdots,\boldsymbol{\alpha}_r$ 中的向量两两正交，则称该向量组为正交向量组。

定义5.1.7 设两个 n 维非零向量组 $\boldsymbol{\alpha}_1,\boldsymbol{\alpha}_2,\cdots,\boldsymbol{\alpha}_r$ 和 $\boldsymbol{\beta}_1,\boldsymbol{\beta}_2,\cdots,\boldsymbol{\beta}_s$，若向量组 $\boldsymbol{\alpha}_1,\boldsymbol{\alpha}_2,\cdots,\boldsymbol{\alpha}_r$ 中的任一向量与向量组 $\boldsymbol{\beta}_1,\boldsymbol{\beta}_2,\cdots,\boldsymbol{\beta}_s$ 中的任一向量两两正交，则称两个向量组是相互正交的。

【例 1】 已知三维向量空间 $\mathbf{R}^3$ 中的两个向量

$$\boldsymbol{\alpha}_1=\begin{pmatrix}1\\1\\1\end{pmatrix},\boldsymbol{\alpha}_2=\begin{pmatrix}1\\-2\\1\end{pmatrix}$$

正交，试求一个非零向量 $\boldsymbol{\alpha}_3$，使得 $\boldsymbol{\alpha}_1,\boldsymbol{\alpha}_2,\boldsymbol{\alpha}_3$ 两两正交。

【解】 设 $\boldsymbol{\alpha}_3=(x_1,x_2,x_3)^{\mathrm{T}}$，因为 $\boldsymbol{\alpha}_1,\boldsymbol{\alpha}_2,\boldsymbol{\alpha}_3$ 两两正交，则有

$$[\boldsymbol{\alpha}_1,\boldsymbol{\alpha}_3]=\boldsymbol{\alpha}_1^{\mathrm{T}}\boldsymbol{\alpha}_3=0,[\boldsymbol{\alpha}_2,\boldsymbol{\alpha}_3]=\boldsymbol{\alpha}_2^{\mathrm{T}}\boldsymbol{\alpha}_3=0$$

从而可得方程组

$$\begin{pmatrix}1&1&1\\1&-2&1\end{pmatrix}\begin{pmatrix}x_1\\x_2\\x_3\end{pmatrix}=\begin{pmatrix}0\\0\\0\end{pmatrix}$$

由

$$\boldsymbol{A}\rightarrow\begin{pmatrix}1&1&1\\1&-2&1\end{pmatrix}\xrightarrow{-r_1+r_2}\begin{pmatrix}1&1&1\\0&-3&0\end{pmatrix}\xrightarrow{-\frac{1}{3}r_2}\begin{pmatrix}1&1&1\\0&1&0\end{pmatrix}\xrightarrow{-r_2+r_1}\begin{pmatrix}1&0&1\\0&1&0\end{pmatrix}$$

可得：

$$\begin{cases}x_1=-x_3\\x_2=0\end{cases}$$

从而有基础解系 $\begin{pmatrix}-1\\0\\1\end{pmatrix}$，故取 $\boldsymbol{\alpha}_3=\begin{pmatrix}-1\\0\\1\end{pmatrix}$ 为所求。

定理5.1.1 若 n 维向量组 $\boldsymbol{\alpha}_1,\boldsymbol{\alpha}_2,\cdots,\boldsymbol{\alpha}_r$ 是一个正交向量组，则 $\boldsymbol{\alpha}_1,\boldsymbol{\alpha}_2,\cdots,\boldsymbol{\alpha}_r$ 线性无关。

【证】 设有 $k_1,k_2,\cdots,k_r$ 使得：

$$k_1\boldsymbol{\alpha}_1+k_2\boldsymbol{\alpha}_2+\cdots+k_r\boldsymbol{\alpha}_r=\mathbf{0}$$

以 $\boldsymbol{\alpha}_i^{\mathrm{T}}$ 左乘上式两端，又由于 $\boldsymbol{\alpha}_1,\boldsymbol{\alpha}_2,\cdots,\boldsymbol{\alpha}_r$ 两两正交，得：

$$k_i\boldsymbol{\alpha}_i^{\mathrm{T}}\boldsymbol{\alpha}_i=0(i=1,2,\cdots,r)$$

因 $\boldsymbol{\alpha}_i\neq\mathbf{0},\boldsymbol{\alpha}_i^{\mathrm{T}}\boldsymbol{\alpha}_i=\|\boldsymbol{\alpha}_i\|^2\neq0$，从而必有 $k_i=0(i=1,2,\cdots,r)$。

从而 $\boldsymbol{\alpha}_1,\boldsymbol{\alpha}_2,\cdots,\boldsymbol{\alpha}_r$ 线性无关。

注：$\mathbf{R}^n$ 中任一正交向量组的向量个数不会超过 n。

定义5.1.8 若向量组 $\boldsymbol{\alpha}_1,\boldsymbol{\alpha}_2,\cdots,\boldsymbol{\alpha}_r$ 两两正交，且其中每个向量都是单位向量，则称该向量组为规范正交向量组。

5.1.4　规范正交基

定义5.1.9 设 n 维向量 $\boldsymbol{e}_1,\boldsymbol{e}_2,\cdots,\boldsymbol{e}_r$ 是向量空间 $V(V\subseteq\mathbf{R}^n)$ 的一个基，如果 $\boldsymbol{e}_1,\boldsymbol{e}_2,\cdots,\boldsymbol{e}_r$ 两两正交，且都是单位向量，则称 $\boldsymbol{e}_1,\boldsymbol{e}_2,\cdots,\boldsymbol{e}_r$ 是 V 的一个规范正交基。

例如：

(1)$\boldsymbol{e}_1=\begin{pmatrix}1\\0\\0\end{pmatrix},\boldsymbol{e}_2=\begin{pmatrix}0\\1\\0\end{pmatrix},\boldsymbol{e}_3=\begin{pmatrix}0\\0\\1\end{pmatrix}$是 $\mathbf{R}^3$ 的一个规范正交基；

(2)$\boldsymbol{e}_1=\begin{pmatrix}1\\0\\\vdots\\0\end{pmatrix},\boldsymbol{e}_2=\begin{pmatrix}0\\1\\\vdots\\0\end{pmatrix},\cdots,\boldsymbol{e}_n=\begin{pmatrix}0\\0\\\vdots\\1\end{pmatrix}$是 $\mathbf{R}^n$ 的一个规范正交基；

(3)$\boldsymbol{\alpha}_1=\begin{pmatrix}1\\1\\1\end{pmatrix},\boldsymbol{\alpha}_2=\begin{pmatrix}1\\-2\\1\end{pmatrix},\boldsymbol{\alpha}_3=\begin{pmatrix}-1\\0\\1\end{pmatrix}$为正交向量组，是 $\mathbf{R}^3$ 的正交基，将其单位化得到 $\boldsymbol{\beta}_1=\frac{1}{\sqrt{3}}\begin{pmatrix}1\\1\\1\end{pmatrix},\boldsymbol{\beta}_2=\frac{1}{\sqrt{6}}\begin{pmatrix}1\\-2\\1\end{pmatrix},\boldsymbol{\beta}_3=\frac{1}{\sqrt{2}}\begin{pmatrix}-1\\0\\1\end{pmatrix}$，则 $\boldsymbol{\beta}_1,\boldsymbol{\beta}_2,\boldsymbol{\beta}_3$ 是 $\mathbf{R}^3$ 的正交基。

若 $\boldsymbol{e}_1,\boldsymbol{e}_2,\cdots,\boldsymbol{e}_r$ 是 V 的一个规范正交基，那么 V 中的任一向量 $\boldsymbol{\alpha}$ 都能由 $\boldsymbol{e}_1,\boldsymbol{e}_2,\cdots,\boldsymbol{e}_r$ 线性表示，设表示为

$$\boldsymbol{\alpha}=\lambda_1\boldsymbol{e}_1+\lambda_2\boldsymbol{e}_2+\cdots+\lambda_r\boldsymbol{e}_r$$

为求其中的系数 $\lambda_i(i=1,2,\cdots,r)$，可用 $\boldsymbol{e}_i^{\mathrm{T}}$ 左乘上式，有

$$\boldsymbol{e}_i^{\mathrm{T}}\boldsymbol{\alpha}=\lambda_i\boldsymbol{e}_i^{\mathrm{T}}\boldsymbol{e}_i=\lambda_i$$

即

$$\lambda_i=\boldsymbol{e}_i^{\mathrm{T}}\boldsymbol{\alpha}=[\boldsymbol{\alpha},\boldsymbol{e}_i^{\mathrm{T}}]$$

这就是向量在规范正交基中的坐标的计算公式，利用这个公式能方便地求得向量 $\boldsymbol{\alpha}$ 在规范正交基 $\boldsymbol{e}_1,\boldsymbol{e}_2,\cdots,\boldsymbol{e}_r$ 下的坐标。因此在给出向量的基时常常取规范正交基。

1. 规范正交基的求法

第 3 章已经介绍了如何求向量空间 V 的一组基 $\boldsymbol{\alpha}_1,\boldsymbol{\alpha}_2,\cdots,\boldsymbol{\alpha}_r$，如果要求 V 的一组规范正交基，也就是要找一组两两正交的单位向量 $\boldsymbol{e}_1,\boldsymbol{e}_2,\cdots,\boldsymbol{e}_r$，使 $\boldsymbol{e}_1,\boldsymbol{e}_2,\cdots,\boldsymbol{e}_r$ 与 $\boldsymbol{\alpha}_1,\boldsymbol{\alpha}_2,\cdots,\boldsymbol{\alpha}_r$ 等价，这一过程称为把基 $\boldsymbol{\alpha}_1,\boldsymbol{\alpha}_2,\cdots,\boldsymbol{\alpha}_r$ 规范正交化，可分两个步骤进行。

第一步：正交化。令

$$\boldsymbol{\beta}_1=\boldsymbol{\alpha}_1$$

$$\boldsymbol{\beta}_2=\boldsymbol{\alpha}_2-\frac{[\boldsymbol{\beta}_1,\boldsymbol{\alpha}_2]}{[\boldsymbol{\beta}_1,\boldsymbol{\beta}_1]}\boldsymbol{\beta}_1$$

……

$$\boldsymbol{\beta}_r=\boldsymbol{\alpha}_r-\frac{[\boldsymbol{\beta}_1,\boldsymbol{\alpha}_r]}{[\boldsymbol{\beta}_1,\boldsymbol{\beta}_1]}\boldsymbol{\beta}_1-\frac{[\boldsymbol{\beta}_2,\boldsymbol{\alpha}_r]}{[\boldsymbol{\beta}_2,\boldsymbol{\beta}_2]}\boldsymbol{\beta}_2-\cdots-\frac{[\boldsymbol{\beta}_{r-1},\boldsymbol{\alpha}_r]}{[\boldsymbol{\beta}_{r-1},\boldsymbol{\beta}_{r-1}]}\boldsymbol{\beta}_{r-1}$$

则容易验证 $\boldsymbol{\beta}_1,\boldsymbol{\beta}_2,\cdots,\boldsymbol{\beta}_r$ 两两正交，且 $\boldsymbol{\beta}_1,\boldsymbol{\beta}_2,\cdots,\boldsymbol{\beta}_r$ 与 $\boldsymbol{\alpha}_1,\boldsymbol{\alpha}_2,\cdots,\boldsymbol{\alpha}_r$ 等价。这个过程称为施密特正交化方法。

第二步：单位化。令

$$\boldsymbol{e}_1=\frac{\boldsymbol{\beta}_1}{\|\boldsymbol{\beta}_1\|},\boldsymbol{e}_2=\frac{\boldsymbol{\beta}_2}{\|\boldsymbol{\beta}_2\|},\cdots,\boldsymbol{e}_r=\frac{\boldsymbol{\beta}_r}{\|\boldsymbol{\beta}_r\|}$$

则 $\boldsymbol{e}_1,\boldsymbol{e}_2,\cdots,\boldsymbol{e}_r$ 是 V 的一组规范正交基。

【例 2】　设$\boldsymbol{\alpha}_1=\begin{pmatrix}1\\2\\-1\end{pmatrix},\boldsymbol{\alpha}_2=\begin{pmatrix}-1\\3\\1\end{pmatrix},\boldsymbol{\alpha}_3=\begin{pmatrix}4\\-1\\0\end{pmatrix}$,试用施密特正交化方法,把这组向量规范正交化。

【解】　首先正交化,令

$$\boldsymbol{\beta}_1=\boldsymbol{\alpha}_1=\begin{pmatrix}1\\2\\-1\end{pmatrix}$$

$$\boldsymbol{\beta}_2=\boldsymbol{\alpha}_2-\frac{[\boldsymbol{\beta}_1,\boldsymbol{\alpha}_2]}{[\boldsymbol{\beta}_1,\boldsymbol{\beta}_1]}\boldsymbol{\beta}_1=\begin{pmatrix}-1\\3\\1\end{pmatrix}-\frac{4}{6}\begin{pmatrix}1\\2\\-1\end{pmatrix}=\frac{5}{3}\begin{pmatrix}-1\\1\\1\end{pmatrix}$$

$$\boldsymbol{\beta}_3=\boldsymbol{\alpha}_3-\frac{[\boldsymbol{\beta}_1,\boldsymbol{\alpha}_3]}{[\boldsymbol{\beta}_1,\boldsymbol{\beta}_1]}\boldsymbol{\beta}_1-\frac{[\boldsymbol{\beta}_2,\boldsymbol{\alpha}_3]}{[\boldsymbol{\beta}_2,\boldsymbol{\beta}_2]}\boldsymbol{\beta}_2=\begin{pmatrix}4\\-1\\0\end{pmatrix}-\frac{1}{3}\begin{pmatrix}1\\2\\-1\end{pmatrix}+\frac{5}{3}\begin{pmatrix}-1\\1\\1\end{pmatrix}=2\begin{pmatrix}1\\0\\1\end{pmatrix}$$

再把它们单位化：

$$\boldsymbol{e}_1=\frac{\boldsymbol{\beta}_1}{\|\boldsymbol{\beta}_1\|}=\frac{1}{\sqrt{6}}\begin{pmatrix}1\\2\\-1\end{pmatrix},\boldsymbol{e}_2=\frac{\boldsymbol{\beta}_2}{\|\boldsymbol{\beta}_2\|}=\frac{1}{\sqrt{3}}\begin{pmatrix}-1\\1\\1\end{pmatrix},\boldsymbol{e}_3=\frac{\boldsymbol{\beta}_3}{\|\boldsymbol{\beta}_3\|}=\frac{1}{\sqrt{2}}\begin{pmatrix}1\\0\\1\end{pmatrix}$$

$\boldsymbol{e}_1,\boldsymbol{e}_2,\boldsymbol{e}_3$ 即为所求。

【例 3】　已知$\boldsymbol{\alpha}_1=\begin{pmatrix}1\\1\\1\end{pmatrix}$,求一组非零向量$\boldsymbol{\alpha}_2,\boldsymbol{\alpha}_3$,使$\boldsymbol{\alpha}_1,\boldsymbol{\alpha}_2,\boldsymbol{\alpha}_3$两两正交。

【解】　$\boldsymbol{\alpha}_1,\boldsymbol{\alpha}_2$ 应满足方程 $\boldsymbol{\alpha}_1^{\mathrm{T}}\boldsymbol{x}=\boldsymbol{0}$,即

$$x_1+x_2+x_3=0$$

这个方程组的基础解系为

$$\boldsymbol{\beta}_1=\begin{pmatrix}1\\0\\-1\end{pmatrix},\boldsymbol{\beta}_2=\begin{pmatrix}0\\1\\-1\end{pmatrix}$$

再把基础解系正交化,即为所求。

$$\boldsymbol{\alpha}_2=\boldsymbol{\beta}_1=\begin{pmatrix}1\\0\\-1\end{pmatrix}$$

$$\boldsymbol{\alpha}_3=\boldsymbol{\beta}_2-\frac{[\boldsymbol{\alpha}_2,\boldsymbol{\beta}_2]}{[\boldsymbol{\alpha}_2,\boldsymbol{\alpha}_2]}\boldsymbol{\alpha}_2=\begin{pmatrix}0\\1\\-1\end{pmatrix}-\frac{1}{2}\begin{pmatrix}1\\0\\-1\end{pmatrix}=\frac{1}{2}\begin{pmatrix}-1\\2\\-1\end{pmatrix}$$

5.1.5 正交矩阵

定义5.1.10 若 n 阶方阵 $\boldsymbol{A}$ 满足：

$$\boldsymbol{A}^{\mathrm{T}}\boldsymbol{A}=\boldsymbol{E}$$

则称 $\boldsymbol{A}$ 为正交矩阵。

正交矩阵有如下性质：

(1) 若 $\boldsymbol{A}$ 是正交矩阵，则 $\boldsymbol{A}^{\mathrm{T}},\boldsymbol{A}^{-1},\boldsymbol{A}^{*},-\boldsymbol{A},\boldsymbol{A}^{k}$($k$ 为整数) 都是正交矩阵；

(2) 若 $\boldsymbol{A}$ 是正交矩阵，则 $(\boldsymbol{A}^{*})^{-1}=(\boldsymbol{A}^{-1})^{*}$；

(3) 若 $\boldsymbol{A},\boldsymbol{B}$ 均为正交矩阵，则 $\boldsymbol{AB}$ 为正交矩阵；

(4)$\boldsymbol{A}$ 是正交矩阵 $\Leftrightarrow\boldsymbol{A}^{\mathrm{T}}=\boldsymbol{A}^{-1}$，即 $\boldsymbol{A}^{\mathrm{T}}\boldsymbol{A}=\boldsymbol{A}\boldsymbol{A}^{\mathrm{T}}=\boldsymbol{E}$；

(5)$\boldsymbol{A}$ 是正交矩阵 $\Leftrightarrow|\boldsymbol{A}|=\pm1$，当 $|\boldsymbol{A}|=1$ 时，$a_{ij}=A_{ij}$；当 $|\boldsymbol{A}|=-1$ 时，$a_{ij}=-A_{ij}$；$(i,j=1,2,\cdots,n)$；

(6)$\boldsymbol{A}$ 为正交矩阵 $\Leftrightarrow\boldsymbol{A}$ 的列向量组是单位正交向量组。

下面仅证明性质(6)。

【证】 设 $\boldsymbol{A}=(\boldsymbol{\alpha}_1,\boldsymbol{\alpha}_2,\cdots,\boldsymbol{\alpha}_n)$，其中 $\boldsymbol{\alpha}_1,\boldsymbol{\alpha}_2,\cdots,\boldsymbol{\alpha}_n$ 是 $\boldsymbol{A}$ 的列向量组，则 $\boldsymbol{A}^{\mathrm{T}}\boldsymbol{A}=\boldsymbol{E}$ 等价于：

$$\begin{pmatrix}\boldsymbol{\alpha}_1^{\mathrm{T}}\\\boldsymbol{\alpha}_2^{\mathrm{T}}\\\vdots\\\boldsymbol{\alpha}_n^{\mathrm{T}}\end{pmatrix}(\boldsymbol{\alpha}_1,\boldsymbol{\alpha}_2,\cdots,\boldsymbol{\alpha}_n)=\begin{pmatrix}\boldsymbol{\alpha}_1^{\mathrm{T}}\boldsymbol{\alpha}_1&\boldsymbol{\alpha}_1^{\mathrm{T}}\boldsymbol{\alpha}_2&\cdots&\boldsymbol{\alpha}_1^{\mathrm{T}}\boldsymbol{\alpha}_n\\\boldsymbol{\alpha}_2^{\mathrm{T}}\boldsymbol{\alpha}_1&\boldsymbol{\alpha}_2^{\mathrm{T}}\boldsymbol{\alpha}_2&\cdots&\boldsymbol{\alpha}_2^{\mathrm{T}}\boldsymbol{\alpha}_n\\\vdots&\vdots&&\vdots\\\boldsymbol{\alpha}_n^{\mathrm{T}}\boldsymbol{\alpha}_1&\boldsymbol{\alpha}_n^{\mathrm{T}}\boldsymbol{\alpha}_2&\cdots&\boldsymbol{\alpha}_n^{\mathrm{T}}\boldsymbol{\alpha}_n\end{pmatrix}=\boldsymbol{E}$$

即

$$\boldsymbol{\alpha}_i^{\mathrm{T}}\boldsymbol{\alpha}_j=\delta_{ij}=\begin{cases}1,i=j\\0,i\neq j\end{cases}$$

其中 δ_{ij} 为克罗内克符号。

定义5.1.11 设 $\boldsymbol{P}$ 为正交矩阵，则线性变换 $\boldsymbol{y}=\boldsymbol{Px}$ 称为正交变换。

正交变换的性质：正交变换保持向量的内积及长度不变。

事实上，设 $\boldsymbol{y}=\boldsymbol{Px}$ 是正交变换，且 $\boldsymbol{\beta}_1=\boldsymbol{P\alpha}_1,\boldsymbol{\beta}_2=\boldsymbol{P\alpha}_2$，则：

$$[\boldsymbol{\beta}_1,\boldsymbol{\beta}_2]=\boldsymbol{\beta}_1^{\mathrm{T}}\boldsymbol{\beta}_2=(\boldsymbol{P\alpha}_1)^{\mathrm{T}}\boldsymbol{P\alpha}_2=\boldsymbol{\alpha}_1^{\mathrm{T}}\boldsymbol{P}^{\mathrm{T}}\boldsymbol{P\alpha}_2=\boldsymbol{\alpha}_1^{\mathrm{T}}\boldsymbol{E\alpha}_2=\boldsymbol{\alpha}_1^{\mathrm{T}}\boldsymbol{\alpha}_2=[\boldsymbol{\alpha}_1,\boldsymbol{\alpha}_2]$$

$$\|\boldsymbol{\beta}_1\|=\sqrt{\boldsymbol{\beta}_1^{\mathrm{T}}\boldsymbol{\beta}_1}=\sqrt{\boldsymbol{\alpha}_1^{\mathrm{T}}\boldsymbol{P}^{\mathrm{T}}\boldsymbol{P\alpha}_1}=\sqrt{\boldsymbol{\alpha}_1^{\mathrm{T}}\boldsymbol{\alpha}_1}=\|\boldsymbol{\alpha}_1\|$$

【例 4】 已知

$$\boldsymbol{A}=\begin{pmatrix}\frac{1}{2}&-\frac{1}{2}&\frac{1}{2}&-\frac{1}{2}\\\frac{1}{2}&-\frac{1}{2}&-\frac{1}{2}&\frac{1}{2}\\\frac{1}{\sqrt{2}}&\frac{1}{\sqrt{2}}&0&0\\0&0&\frac{1}{\sqrt{2}}&\frac{1}{\sqrt{2}}\end{pmatrix}$$

(1) 判别矩阵 $\boldsymbol{A}$ 是否为正交矩阵?

(2) 求 $\boldsymbol{A}^{-1}$。

【解】 **方法1:**

设 $\boldsymbol{A}=(\boldsymbol{\alpha}_1,\boldsymbol{\alpha}_2,\boldsymbol{\alpha}_3,\boldsymbol{\alpha}_4)$,不难验证 $\boldsymbol{\alpha}_1,\boldsymbol{\alpha}_2,\boldsymbol{\alpha}_3,\boldsymbol{\alpha}_4$ 的长度都是1,说明它们都是单位向量,且 $\boldsymbol{\alpha}_1,\boldsymbol{\alpha}_2,\boldsymbol{\alpha}_3,\boldsymbol{\alpha}_4$ 两两正交,根据正交矩阵性质6知,$\boldsymbol{A}$ 是正交矩阵。

方法2:

由于

$$\boldsymbol{A}\boldsymbol{A}^{\mathrm{T}}=\begin{pmatrix}\frac{1}{2} & -\frac{1}{2} & \frac{1}{2} & -\frac{1}{2}\\ \frac{1}{2} & -\frac{1}{2} & -\frac{1}{2} & \frac{1}{2}\\ \frac{1}{\sqrt{2}} & \frac{1}{\sqrt{2}} & 0 & 0\\ 0 & 0 & \frac{1}{\sqrt{2}} & \frac{1}{\sqrt{2}}\end{pmatrix}\begin{pmatrix}\frac{1}{2} & \frac{1}{2} & \frac{1}{\sqrt{2}} & 0\\ -\frac{1}{2} & -\frac{1}{2} & \frac{1}{\sqrt{2}} & 0\\ \frac{1}{2} & -\frac{1}{2} & 0 & \frac{1}{\sqrt{2}}\\ -\frac{1}{2} & -\frac{1}{2} & 0 & \frac{1}{\sqrt{2}}\end{pmatrix}=\begin{pmatrix}1 & 0 & 0 & 0\\ 0 & 1 & 0 & 0\\ 0 & 0 & 1 & 0\\ 0 & 0 & 0 & 1\end{pmatrix}=\boldsymbol{E}$$

根据正交矩阵性质4可知,$\boldsymbol{A}$ 是正交矩阵。

(2) 根据正交矩阵性质4,可得:

$$\boldsymbol{A}^{-1}=\boldsymbol{A}^{\mathrm{T}}=\begin{pmatrix}\frac{1}{2} & \frac{1}{2} & \frac{1}{\sqrt{2}} & 0\\ -\frac{1}{2} & -\frac{1}{2} & \frac{1}{\sqrt{2}} & 0\\ \frac{1}{2} & -\frac{1}{2} & 0 & \frac{1}{\sqrt{2}}\\ -\frac{1}{2} & -\frac{1}{2} & 0 & \frac{1}{\sqrt{2}}\end{pmatrix}$$

习题 5-1

1. 使用施密特正交化方法,把下列各种向量规范正交化。

(1)$\boldsymbol{\alpha}_1=(1,1,1,1)^{\mathrm{T}},\boldsymbol{\alpha}_2=(1,2,2,1)^{\mathrm{T}},\boldsymbol{\alpha}_3=(2,3,1,6)^{\mathrm{T}}$

(2)$\boldsymbol{\alpha}_1=(1,1,0,0)^{\mathrm{T}},\boldsymbol{\alpha}_2=(1,0,1,0)^{\mathrm{T}},\boldsymbol{\alpha}_3=(-1,0,0,1)^{\mathrm{T}},\boldsymbol{\alpha}_4=(1,-1,-1,1)^{\mathrm{T}}$

2. 求齐次线性方程组

$$\begin{cases}x_1+x_2-x_3+2x_4+x_5=0\\ x_3-3x_4-x_5=0\end{cases}$$

解空间的一组规范正交基。

3. 判断下列矩阵是不是正交矩阵,若是,求出其逆矩阵。

(1) $\begin{pmatrix} 1 & -\frac{1}{2} & \frac{1}{3} \\ -\frac{1}{2} & 1 & \frac{1}{2} \\ \frac{1}{3} & \frac{1}{2} & 1 \end{pmatrix}$　　　(2) $\begin{pmatrix} \frac{1}{9} & -\frac{8}{9} & -\frac{4}{9} \\ -\frac{8}{9} & \frac{1}{9} & -\frac{4}{9} \\ -\frac{4}{9} & -\frac{4}{9} & \frac{7}{9} \end{pmatrix}$

4. 设 $\boldsymbol{A}$ 和 $\boldsymbol{B}$ 都是 n 阶正交矩阵，证明：$\boldsymbol{AB}$ 也是正交矩阵。

5. 已知正交单位向量

$$\boldsymbol{\alpha}_1 = \left(\frac{1}{2},\frac{1}{2},\frac{1}{2},\frac{1}{2}\right)^{\mathrm{T}}, \boldsymbol{\alpha}_2 = \left(\frac{1}{2},\frac{1}{2},-\frac{1}{2},-\frac{1}{2}\right)^{\mathrm{T}}$$

(1) 求 $\boldsymbol{\alpha}_3,\boldsymbol{\alpha}_4$ 使 $\boldsymbol{\alpha}_1,\boldsymbol{\alpha}_2,\boldsymbol{\alpha}_3,\boldsymbol{\alpha}_4$ 是正交单位向量组；

(2) 求一个以 $\boldsymbol{\alpha}_1,\boldsymbol{\alpha}_2$ 为第 1、2 列的正交矩阵。

5-1 参考答案

§5.2　矩阵的特征值与特征向量

特征值与特征向量的概念刻画了方阵的一些本质特征，这些概念不仅在理论上占有重要的地位，而且在力学、几何学、控制论以及经济管理等方面都有着重要的应用。

5.2.1　特征值与特征向量的概念

【引例】 发展与环境问题是当今社会关注的重点，为了定量分析污染与工业发展水平的关系，有人提出了以下的工业增长模型。设 x_0 是某地区目前的污染水平(以空气或河湖水的某种污染指数为测算单位)，y_0 是目前的工业发展水平(以某种工业发展指数为测算单位)，若干年后的污染水平和工业发展水平分别记为 x_1 和 y_1，它们之间的关系是：

$$\begin{cases} x_1 = 3x_0 + y_0 \\ y_1 = 2x_0 + 2y_0 \end{cases}$$

令 $\boldsymbol{\alpha}_1 = \begin{pmatrix} x_1 \\ y_1 \end{pmatrix}, \boldsymbol{\alpha}_0 = \begin{pmatrix} x_0 \\ y_0 \end{pmatrix}, \boldsymbol{A} = \begin{pmatrix} 3 & 1 \\ 2 & 2 \end{pmatrix}$，对上面方程组写出矩阵形式：

$$\boldsymbol{\alpha}_1 = \boldsymbol{A\alpha}_0$$

设当前的 $\boldsymbol{\alpha}_0 = (x_0, y_0)^{\mathrm{T}} = (1,1)^{\mathrm{T}}$，则

$$\boldsymbol{\alpha}_1 = \boldsymbol{A\alpha}_0 = \begin{pmatrix} 3 & 1 \\ 2 & 2 \end{pmatrix}\begin{pmatrix} 1 \\ 1 \end{pmatrix} = \begin{pmatrix} 4 \\ 4 \end{pmatrix} = 4\begin{pmatrix} 1 \\ 1 \end{pmatrix}$$

即 $\boldsymbol{A\alpha}_0 = 4\boldsymbol{\alpha}_0$，由此可以预测若干年后的污染水平和工业发展水平。

我们发现，矩阵 $\boldsymbol{A}$ 与 $\boldsymbol{\alpha}_0$ 的乘积恰好是 $\boldsymbol{\alpha}_0$ 的 4 倍，这正是矩阵的特征值与特征向量的问题。

定义5.2.1 设 $\boldsymbol{A}$ 为 n 阶方阵，如果有数 λ 和 n 维非零向量 $\boldsymbol{x}$，使关系式

$$\boldsymbol{Ax} = \lambda\boldsymbol{x}$$

成立，那么称 λ 为方阵 $\boldsymbol{A}$ 的特征值，非零向量 $\boldsymbol{x}$ 称为 $\boldsymbol{A}$ 的对应于特征值 λ 的特征向量。

注：

1. 特征值问题是对方阵而言的。
2. 特征向量必须是非零向量。

5.2.2　特征值与特征向量的求法

$\boldsymbol{Ax}=\lambda\boldsymbol{x}$ 也可以写成

$$(\lambda\boldsymbol{E}-\boldsymbol{A})\boldsymbol{x}=\boldsymbol{0}$$

的形式，这是含有 n 个未知量 n 个方程的齐次线性方程组，它有非零解的充分必要条件是：

$$|\lambda\boldsymbol{E}-\boldsymbol{A}|=0$$

即

$$\begin{vmatrix}\lambda-a_{11} & -a_{12} & \cdots & -a_{1n}\\ -a_{21} & \lambda-a_{22} & \cdots & -a_{2n}\\ \vdots & \vdots & & \vdots\\ -a_{n1} & -a_{n2} & \cdots & \lambda-a_{nn}\end{vmatrix}=0$$

称 $|\lambda\boldsymbol{E}-\boldsymbol{A}|=0$ 为矩阵 $\boldsymbol{A}$ 的特征方程，其左端 $|\lambda\boldsymbol{E}-\boldsymbol{A}|$ 是 λ 的 n 次多项式，称为方阵 $\boldsymbol{A}$ 的特征多项式，记为 $f(\lambda)$。

显然，特征值与特征向量的求法为：①$\boldsymbol{A}$ 的特征值就是求特征方程 $|\lambda\boldsymbol{E}-\boldsymbol{A}|=0$ 的解；② 属于特征值 $\lambda=\lambda_i$ 的特征向量是求齐次线性方程组 $(\lambda_i\boldsymbol{E}-\boldsymbol{A})\boldsymbol{x}=\boldsymbol{0}$ 的非零解向量。

【例 1】　求方阵 $\boldsymbol{A}=\begin{pmatrix}4 & 6 & 0\\ -3 & -5 & 0\\ -3 & -6 & 1\end{pmatrix}$ 的特征值和对应的特征向量。

【解】　因为 $\boldsymbol{A}$ 的特征多项式为

$$|\lambda\boldsymbol{E}-\boldsymbol{A}|=\begin{vmatrix}\lambda-4 & -6 & 0\\ 3 & \lambda+5 & 0\\ 3 & 6 & \lambda-1\end{vmatrix}=(\lambda-1)^2(\lambda+2)$$

所以 $\boldsymbol{A}$ 的特征值为 $\lambda_1=-2,\lambda_2=\lambda_3=1$(二重)。

当 $\lambda_1=-2$ 时，解齐次线性方程组 $(-2\boldsymbol{E}-\boldsymbol{A})\boldsymbol{x}=\boldsymbol{0}$。

$$-2\boldsymbol{E}-\boldsymbol{A}=\begin{pmatrix}-6 & -6 & 0\\ 3 & 3 & 0\\ 3 & 6 & 3\end{pmatrix}\xrightarrow{\text{初等行变换}}\begin{pmatrix}1 & 0 & 1\\ 0 & 1 & -1\\ 0 & 0 & 0\end{pmatrix}$$

得基础解系为：

$$\boldsymbol{\xi}_1=\begin{pmatrix}-1\\ 1\\ 1\end{pmatrix}$$

所以 $\lambda_1=-2$ 对应的全部特征向量为

$$c_1\boldsymbol{\xi}_1 = c_1\begin{pmatrix}-1\\1\\1\end{pmatrix}(c_1\text{ 为任意非零常数})$$

当 $\lambda_2=\lambda_3=1$ 时，解齐次线性方程组 $(\boldsymbol{E}-\boldsymbol{A})\boldsymbol{x}=\boldsymbol{0}$。

$$\boldsymbol{E}-\boldsymbol{A}=\begin{pmatrix}-3&-6&0\\3&6&0\\3&6&0\end{pmatrix}\xrightarrow{\text{初等行变换}}\begin{pmatrix}1&2&0\\0&0&0\\0&0&0\end{pmatrix}$$

得基础解系为：

$$\boldsymbol{\xi}_2=\begin{pmatrix}-2\\1\\0\end{pmatrix},\boldsymbol{\xi}_3=\begin{pmatrix}0\\0\\1\end{pmatrix}$$

所以 $\lambda_2=\lambda_3=1$ 对应的全部特征向量为

$$c_2\boldsymbol{\xi}_2+c_3\boldsymbol{\xi}_3=c_2\begin{pmatrix}-2\\1\\0\end{pmatrix}+c_3\begin{pmatrix}0\\0\\1\end{pmatrix}(c_2,c_3\text{ 不同时为 }0)$$

【例 2】 设矩阵 $\boldsymbol{A}=\begin{pmatrix}-1&1&0\\-4&3&0\\1&0&2\end{pmatrix}$，求 $\boldsymbol{A}$ 的特征值与特征向量。

【解】 因为 $\boldsymbol{A}$ 的特征多项式为

$$|\lambda\boldsymbol{E}-\boldsymbol{A}|=\begin{vmatrix}\lambda+1&-1&0\\4&\lambda-3&0\\-1&0&\lambda-2\end{vmatrix}=(\lambda-2)(\lambda-1)^2$$

所以，$\boldsymbol{A}$ 的特征值为 $\lambda_1=2,\lambda_2=\lambda_3=1$(二重根)。

当 $\lambda_1=2$ 时，解齐次线性方程组 $(2\boldsymbol{E}-\boldsymbol{A})\boldsymbol{x}=\boldsymbol{0}$。

$$2\boldsymbol{E}-\boldsymbol{A}=\begin{pmatrix}3&-1&0\\4&-1&0\\-1&0&0\end{pmatrix}\xrightarrow{\text{初等行变换}}\begin{pmatrix}1&0&0\\0&1&0\\0&0&0\end{pmatrix}$$

得基础解系为：

$$\boldsymbol{\xi}_1=\begin{pmatrix}0\\0\\1\end{pmatrix}$$

所以 $\lambda_1=2$ 对应的全部特征向量为

$$c_1\boldsymbol{\xi}_1=c_1\begin{pmatrix}0\\0\\1\end{pmatrix}(c_1\text{ 为任意非零常数})$$

当 $\lambda_2=\lambda_3=1$ 时，解齐次线性方程组 $(\boldsymbol{E}-\boldsymbol{A})\boldsymbol{x}=\boldsymbol{0}$。

$$\boldsymbol{E}-\boldsymbol{A}=\begin{pmatrix}2&-1&0\\4&-2&0\\-1&0&-1\end{pmatrix}\xrightarrow{\text{初等行变换}}\begin{pmatrix}1&0&1\\0&1&2\\0&0&0\end{pmatrix}$$

得基础解系为：

$$\boldsymbol{\xi}_2 = \begin{pmatrix} -1 \\ -2 \\ 1 \end{pmatrix}$$

所以 $\lambda_2 = \lambda_3 = 1$ 对应的全部特征向量为

$$c_2\boldsymbol{\xi}_2 = c_2\begin{pmatrix} -1 \\ -2 \\ 1 \end{pmatrix} (c_2 \text{ 为任意非零常数})$$

在例 1 中，$\lambda_2 = \lambda_3 = 1$ 为二重特征值，与之对应的线性无关的特征向量有 2 个；而在例 2 中，$\lambda_2 = \lambda_3 = 1$ 也是二重特征值，但与之对应的线性无关的特征向量有 1 个，于是有下面定理：

定理5.2.1　设 λ 为 n 阶矩阵 $\boldsymbol{A}$ 的 k 重特征值，则与 λ 对应的线性无关的特征向量至多有 k 个。

5.2.3　特征值与特征向量的性质

【性质 1】　一个特征向量只属于一个特征值。

【证】　设 $\boldsymbol{x}$ 是 $\boldsymbol{A}$ 的不同特征值 λ_1 和 $\lambda_2(\lambda_1 \neq \lambda_2)$ 的特征向量，则

$$\boldsymbol{Ax} = \lambda_1\boldsymbol{x}, \boldsymbol{Ax} = \lambda_2\boldsymbol{x}$$

从而

$$\lambda_1\boldsymbol{x} = \lambda_2\boldsymbol{x}, \text{即} (\lambda_1 - \lambda_2)\boldsymbol{x} = \boldsymbol{0}$$

因为 $\lambda_1 \neq \lambda_2$，所以 $\boldsymbol{x} = \boldsymbol{0}$，这与特征向量为非零向量矛盾。

【性质 2】　n 阶矩阵 $\boldsymbol{A}$ 与它的转置矩阵 $\boldsymbol{A}^{\mathrm{T}}$ 有相同的特征值。

【证】　因为

$$(\lambda\boldsymbol{E} - \boldsymbol{A})^{\mathrm{T}} = (\lambda\boldsymbol{E})^{\mathrm{T}} - \boldsymbol{A}^{\mathrm{T}} = \lambda\boldsymbol{E} - \boldsymbol{A}^{\mathrm{T}}$$

所以

$$|\lambda\boldsymbol{E} - \boldsymbol{A}| = |(\lambda\boldsymbol{E} - \boldsymbol{A})^{\mathrm{T}}| = |\lambda\boldsymbol{E} - \boldsymbol{A}^{\mathrm{T}}|$$

即 $\boldsymbol{A}$ 与 $\boldsymbol{A}^{\mathrm{T}}$ 具有相同的特征多项式，从而特征值相同。

【性质 3】　若 λ 是 $\boldsymbol{A}$ 的特征值，$\boldsymbol{x}$ 是属于 λ 的特征向量，$\mu \in \mathbf{R}, k \in \mathbf{N}^{+}$，则

(1)$\mu\lambda$ 是 $\mu\boldsymbol{A}$ 的特征值，$\boldsymbol{x}$ 是其属于 $\mu\lambda$ 的特征向量；

(2)λ^k 是 $\boldsymbol{A}^k$ 的特征值，$\boldsymbol{x}$ 是其属于 λ^k 的特征向量；

(3) 当 $|\boldsymbol{A}| \neq 0$ 时，λ^{-1} 是 $\boldsymbol{A}^{-1}$ 的特征值，$\lambda^{-1}|\boldsymbol{A}|$ 是 $\boldsymbol{A}^*$ 的特征值，且 $\boldsymbol{x}$ 为其对应的特征向量。

【证】　由 $\boldsymbol{Ax} = \lambda\boldsymbol{x}$，可得：

(1) $(\mu\boldsymbol{A})\boldsymbol{x} = \mu(\boldsymbol{Ax}) = \mu(\lambda\boldsymbol{x}) = (\mu\lambda)\boldsymbol{x}$；

(2)$\boldsymbol{A}^2\boldsymbol{x} = \boldsymbol{A}(\boldsymbol{Ax}) = \boldsymbol{A}(\lambda\boldsymbol{x}) = \lambda(\boldsymbol{Ax}) = \lambda^2\boldsymbol{x}$，由归纳法可得 $\boldsymbol{A}^k\boldsymbol{x} = \lambda^k\boldsymbol{x}$；

(3) 若当 $|\boldsymbol{A}| \neq 0$ 时，则 $\lambda \neq 0$，于是给 $\boldsymbol{Ax} = \lambda\boldsymbol{x}$ 两边左乘 $\boldsymbol{A}^{-1}$：

$$\boldsymbol{x} = \boldsymbol{A}^{-1}(\boldsymbol{Ax}) = \boldsymbol{A}^{-1}(\lambda\boldsymbol{x}) = \lambda\boldsymbol{A}^{-1}\boldsymbol{x}$$

即 $A^{-1}x=\lambda^{-1}x$，而

$$A^*x=(|A|A^{-1})x=|A|A^{-1}x=\lambda^{-1}|A|x$$

【性质 4】 设 n 阶方阵 $A=(a_{ij})_{n\times n}$ 的 n 个特征值为 $\lambda_1,\lambda_2,\cdots,\lambda_n$，则：

(1) 矩阵 A 的所有特征值之和等于 $\sum_{i=1}^{n}a_{ii}$，即 $\sum_{i=1}^{n}\lambda_i=\sum_{i=1}^{n}a_{ii}=\mathrm{tr}A$；

(2) 所有特征值之积等于 $\det A$，即 $\lambda_1\lambda_2\cdots\lambda_n=|A|$。

其中，$\mathrm{tr}A$ 称为 A 的迹，为 A 的主对角线元素之和。

【证】 A 的特征多项式为

$$f(\lambda)=|\lambda E-A|=\begin{vmatrix}\lambda-a_{11} & -a_{12} & \cdots & -a_{1n}\\ -a_{21} & \lambda-a_{22} & \cdots & -a_{2n}\\ \vdots & \vdots & & \vdots\\ -a_{n1} & -a_{n2} & \cdots & \lambda-a_{nn}\end{vmatrix}$$

$$=\lambda^n-(\sum_{i=1}^{n}a_{ii})\lambda^{n-1}+\cdots+(-1)^kS_k\lambda^{n-k}+\cdots+(-1)^n|A|$$

其中 S_k 是 A 的全体 k 阶主子式的和。由 n 次代数方程的根与系数的关系即得。

【性质 5】 n 阶方阵 A 的互不相等的 m 个特征值 $\lambda_1,\lambda_2,\cdots,\lambda_m$ 对应的特征向量 $p_1,p_2,\cdots,p_m$ 线性无关。

【证】 已知 $Ap_i=\lambda p_i(i=1,2,\cdots,m)$，下面采用数学归纳法证明。

当 $m=1$ 时，因为特征向量不为 $\mathbf{0}$，即 $p_1\neq\mathbf{0}$，所以结论成立。

假设当 A 有 $m-1$ 个互不相等的特征值时，结论成立，即 $p_1,p_2,\cdots,p_{m-1}$ 线性无关；当 A 有 m 个互不相等的特征值时，设有常数 $k_1,k_2,\cdots,k_m$，使

$$k_1p_1+k_2p_2+\cdots+k_{m-1}p_{m-1}+k_mp_m=\mathbf{0} \tag{1}$$

用矩阵 A 左乘上式两端，得：

$$k_1Ap_1+k_2Ap_2+\cdots+k_{m-1}Ap_{m-1}+k_mAp_m=\mathbf{0}$$

用 $Ap_i=\lambda p_i(i=1,2,\cdots,m)$ 代换，有：

$$k_1\lambda_1p_1+k_2\lambda_2p_2+\cdots+k_{m-1}\lambda_{m-1}p_{m-1}+k_m\lambda_mp_m=\mathbf{0} \tag{2}$$

由 (2) $-$ (1) $\times\lambda_m$ 得

$$k_1(\lambda_1-\lambda_m)p_1+k_2(\lambda_2-\lambda_m)p_2+\cdots+k_{m-1}(\lambda_{m-1}-\lambda_m)p_{m-1}=\mathbf{0}$$

由归纳假设，$p_1,p_2,\cdots,p_{m-1}$ 线性无关，故

$$k_i(\lambda_i-\lambda_m)=0(i=1,2,\cdots,m-1)$$

因为 $\lambda_1,\lambda_2,\cdots,\lambda_m$ 互不相等，于是有

$$k_i=0(i=1,2,\cdots,m-1)$$

代入 (1) 式，可得 $k_mp_m=\mathbf{0}$，而 $p_m\neq\mathbf{0}$，只有 $k_m=0$，所以

$$k_i=0(i=1,2,\cdots,m)$$

即 $p_1,p_2,\cdots,p_m$ 线性无关。

【性质 6】 设 $A=(a_{ij})$ 是 n 阶方阵，如果

$$(1)\sum_{j=1}^{n}|a_{ij}|<1(i=1,2,\cdots,n)\text{ 或 }(2)\sum_{i=1}^{n}|a_{ij}|<1(j=1,2,\cdots,n)$$

有一个成立，则矩阵 A 的所有特征值 λ_i 的模小于 1，即 $|\lambda_i|<1(i=1,2,\cdots,n)$。

【证】　设 λ 是 $\boldsymbol{A}$ 的任一特征值，其对应的特征向量为 $\boldsymbol{x}$，则

$$\boldsymbol{A}\boldsymbol{x}=\lambda\boldsymbol{x}$$

即
$$\sum_{j=1}^{n}a_{ij}\boldsymbol{x}_j=\lambda\boldsymbol{x}_i(i=1,2,\cdots,n)$$

令 $|\boldsymbol{x}_k|=\max|\boldsymbol{x}_j|$，故有

$$|\lambda|=\left|\lambda\frac{\boldsymbol{x}_k}{\boldsymbol{x}_k}\right|=\left|\sum_{j=1}^{n}a_{kj}\frac{\boldsymbol{x}_j}{\boldsymbol{x}_k}\right|\leqslant\sum_{j=1}^{n}|a_{kj}|\frac{|\boldsymbol{x}_j|}{|\boldsymbol{x}_k|}\leqslant\sum_{j=1}^{n}|a_{kj}|$$

若(1) 成立，则 $|\lambda|\leqslant\sum_{j=1}^{n}|a_{kj}|<1$，再由 λ 的任意性可知，$|\lambda_i|<1(i=1,2,\cdots,n)$。

若(2) 成立，则对 $\boldsymbol{A}^{\mathrm{T}}$ 的所有特征值，结论成立，再由 $\boldsymbol{A}$ 与 $\boldsymbol{A}^{\mathrm{T}}$ 具有相同的特征值可知，对 $\boldsymbol{A}$ 的特征值亦有 $|\lambda_i|<1(i=1,2,\cdots,n)$。

【例 3】　设方阵

$$\boldsymbol{A}=\begin{pmatrix}3&2&-2\\-5&-1&5\\4&2&-3\end{pmatrix}$$

求：(1)$\boldsymbol{A}$ 的特征值；　(2)$2\boldsymbol{E}+\boldsymbol{A}^{-1}$ 的特征值。

【解】　(1) 由方阵的特征方程

$$|\lambda\boldsymbol{E}-\boldsymbol{A}|=\begin{vmatrix}\lambda-3&-2&2\\5&\lambda+1&-5\\-4&-2&\lambda+3\end{vmatrix}=\begin{vmatrix}\lambda-1&-2&2\\0&\lambda+1&-5\\\lambda-1&-2&\lambda+3\end{vmatrix}$$

$$=\begin{vmatrix}\lambda-1&-2&2\\0&\lambda+1&-5\\0&0&\lambda+1\end{vmatrix}=(\lambda+1)^2(\lambda-1)=0$$

可得：$\boldsymbol{A}$ 的特征值为 $\lambda_1=\lambda_2=-1,\lambda_3=1$。

(2) 根据性质 3 可知，$\boldsymbol{A}^{-1}$ 的特征值为 $\lambda_1=\lambda_2=-1,\lambda_3=1$。

又由 $\boldsymbol{A}^{-1}\boldsymbol{x}=\lambda\boldsymbol{x}$，得：

$$(2\boldsymbol{E}+\boldsymbol{A}^{-1})\boldsymbol{x}=2\boldsymbol{E}\boldsymbol{x}+\boldsymbol{A}^{-1}\boldsymbol{x}=2\boldsymbol{x}+\lambda\boldsymbol{x}=(2+\lambda)\boldsymbol{x}$$

因此，如果 $\boldsymbol{A}^{-1}$ 的特征值为 λ，那么 $2\boldsymbol{E}+\boldsymbol{A}^{-1}$ 有特征值 $2+\lambda$，故 $2\boldsymbol{E}+\boldsymbol{A}^{-1}$ 的特征值 $\lambda_1=\lambda_2=1,\lambda_3=3$。

习题 5-2

1. 求下列矩阵的特征值和特征向量。

(1) $\begin{pmatrix}-2&1&1\\0&2&0\\-4&1&3\end{pmatrix}$　　(2) $\begin{pmatrix}6&2&4\\2&3&2\\4&2&6\end{pmatrix}$　　(3) $\begin{pmatrix}3&-1&3&0\\1&1&4&-1\\0&0&5&-3\\0&0&3&-1\end{pmatrix}$

2. 设 $\boldsymbol{A}=\begin{pmatrix}-1 & 2 & 2\\ 2 & -1 & -2\\ 2 & -2 & -1\end{pmatrix}$,求:(1)$\boldsymbol{A}$ 的特征值;(2)$\boldsymbol{A}^*$ 的特征值;(3)$\boldsymbol{E}+\boldsymbol{A}^{-1}$ 的特征值。

3. 设 $\boldsymbol{A}^2=\boldsymbol{E}$,证明 $\boldsymbol{A}$ 的特征值只能是 ± 1。

4. 证明:n 阶方阵 $\boldsymbol{A}$ 可逆的充要条件是它的任一特征值不为 0。

5-2 参考答案

§5.3 相似矩阵

如果方阵 $\boldsymbol{A}$ 能与另一个较简单的方阵 $\boldsymbol{B}$ 建立某种关系,同时又有很多共同的性质,那么就可以通过研究这个较简单方阵 $\boldsymbol{B}$ 的性质,获得方阵 $\boldsymbol{A}$ 的性质。本节介绍如何找出与 $\boldsymbol{A}$ 相似的矩阵中最简单的矩阵。

5.3.1 相似矩阵的概念

定义5.3.1 设 $\boldsymbol{A}$、$\boldsymbol{B}$ 是 n 阶方阵,若存在可逆矩阵 $\boldsymbol{P}$,使

$$\boldsymbol{P}^{-1}\boldsymbol{AP}=\boldsymbol{B}$$

则称 $\boldsymbol{B}$ 是 $\boldsymbol{A}$ 的相似矩阵,或说矩阵 $\boldsymbol{A}$ 与矩阵 $\boldsymbol{B}$ 相似,对 $\boldsymbol{A}$ 进行 $\boldsymbol{P}^{-1}\boldsymbol{AP}$ 运算称为对 $\boldsymbol{A}$ 进行相似变换,称可逆矩阵 $\boldsymbol{P}$ 为相似变换矩阵。

矩阵的相似关系是一种等价关系,它满足以下性质:

(1) 自反性:对任意 n 阶矩阵 $\boldsymbol{A}$,有 $\boldsymbol{A}$ 与 $\boldsymbol{A}$ 相似;

(2) 对称性:若 $\boldsymbol{A}$ 与 $\boldsymbol{B}$ 相似,则 $\boldsymbol{B}$ 与 $\boldsymbol{A}$ 相似;

(3) 传递性:若 $\boldsymbol{A}$ 与 $\boldsymbol{B}$ 相似,$\boldsymbol{B}$ 与 $\boldsymbol{C}$ 相似,则 $\boldsymbol{A}$ 与 $\boldsymbol{C}$ 相似。

5.3.2 相似矩阵的性质

【性质 1】 相似矩阵具有相同的秩及相同的行列式。

【证】 相似矩阵一定等价,而等价的矩阵具有相同的秩。

若 $\boldsymbol{A}$ 与 $\boldsymbol{B}$ 相似,则存在可逆矩阵 $\boldsymbol{P}$,使得 $\boldsymbol{P}^{-1}\boldsymbol{AP}=\boldsymbol{B}$,则有:

$$|\boldsymbol{B}|=|\boldsymbol{P}^{-1}\boldsymbol{AP}|=|\boldsymbol{P}^{-1}||\boldsymbol{A}||\boldsymbol{P}|=|\boldsymbol{A}|$$

【性质 2】 相似矩阵若可逆,则其逆矩阵也相似。

【证】 若 $\boldsymbol{A}$ 与 $\boldsymbol{B}$ 相似,且 $\boldsymbol{A}$、$\boldsymbol{B}$ 可逆,则由 $\boldsymbol{P}^{-1}\boldsymbol{AP}=\boldsymbol{B}$ 可得:

$$(\boldsymbol{P}^{-1}\boldsymbol{AP})^{-1}=\boldsymbol{B}^{-1}$$

即 $\boldsymbol{B}^{-1}=\boldsymbol{P}^{-1}\boldsymbol{A}^{-1}\boldsymbol{P}$,因此 $\boldsymbol{A}^{-1}$ 与 $\boldsymbol{B}^{-1}$ 相似。

【性质 3】 若 $\boldsymbol{A}$ 与 $\boldsymbol{B}$ 相似,则 $\boldsymbol{A}^k$ 与 $\boldsymbol{B}^k$ 相似,其中 k 为正整数。

【证】 由 $\boldsymbol{P}^{-1}\boldsymbol{AP}=\boldsymbol{B}$ 得

$$(\boldsymbol{P}^{-1}\boldsymbol{AP})^k=\boldsymbol{B}^k$$

则

$$(P^{-1}AP)^k=(P^{-1}AP)(P^{-1}AP)\cdots(P^{-1}AP)=P^{-1}A^kP=B^k$$

故 A^k 与 B^k 相似。

注：此性质常常用于计算 A^k。

【性质 4】　相似矩阵有相同的特征多项式、相同的特征值、相同的迹和相同的行列式。

【证】　设 A 与 B 相似，且 $P^{-1}AP=B$，则

$$\begin{aligned}|\lambda E-B|&=|\lambda E-P^{-1}AP|=|P^{-1}(\lambda E)P-P^{-1}AP|=|P^{-1}(\lambda E-A)P|\\&=|P^{-1}||\lambda E-A||P|=|\lambda E-A|\end{aligned}$$

即 A 与 B 具有相同的特征多项式，从而也具有相同的特征值、相同的迹和相同的行列式。

注：

(1) 性质 4 的逆命题并不成立，即特征多项式相同的矩阵不一定相似，例如：

$$A=\begin{pmatrix}1&1\\0&1\end{pmatrix},E=\begin{pmatrix}1&0\\0&1\end{pmatrix}$$

易知，A 与 E 的特征多项式相同，但 A 与 E 不相似，事实上，单位矩阵只能与自身相似，

$$A=P^{-1}EP=E$$

(2) 从性质 4 易知，若 A 与一个对角矩阵相似，则该矩阵的对角线元素即为 A 的特征值。

接下来要讨论的问题是一个 n 阶方阵 A 在什么条件下能与一个对角矩阵相似？其相似变换具有怎样的结构？

5.3.3　矩阵与对角矩阵相似的条件

定理5.3.1　n 阶方阵 A 与对角矩阵 Λ 相似的充分必要条件是矩阵 A 有 n 个线性无关的特征向量。

【证】

1. 必要性

n 阶方阵 A 与对角矩阵 Λ 相似，即有可逆矩阵 P，使得 $P^{-1}AP=\Lambda$，故：

$$AP=P\Lambda$$

记

$$\Lambda=\begin{pmatrix}\lambda_1&&&\\&\lambda_2&&\\&&\ddots&\\&&&\lambda_n\end{pmatrix}$$

其中，$\lambda_1,\lambda_2,\cdots,\lambda_n$ 为 A 的 n 个特征值。

设 $P=(p_1,p_2,\cdots,p_n)$，则由 $AP=P\Lambda$ 得

$$A(p_1,p_2,\cdots,p_n)=(p_1,p_2,\cdots,p_n)\begin{pmatrix}\lambda_1 & & & \\ & \lambda_2 & & \\ & & \ddots & \\ & & & \lambda_n\end{pmatrix}$$

即 $Ap_i=\lambda_i p_i(i=1,2,\cdots,n)$。

因 P 可逆,则 $|P|\neq 0$,故 $p_i(i=1,2,\cdots,n)$ 都是非零向量,故 $p_1,p_2,\cdots,p_n$ 都是 A 的分别属于 $\lambda_1,\lambda_2,\cdots,\lambda_n$ 的特征向量,且它们线性无关。

2. 充分性

设 $p_1,p_2,\cdots,p_n$ 为 A 的 n 个线性无关的特征向量,它们所对应的特征值分别为 $\lambda_1,\lambda_2,\cdots,\lambda_n$,则有

$$Ap_i=\lambda_i p_i(i=1,2,\cdots,n)$$

$$\begin{aligned}A(p_1,p_2,\cdots,p_n)&=(Ap_1,Ap_2,\cdots,Ap_n)\\&=(\lambda_1 p_1,\lambda_2 p_2,\cdots,\lambda_n p_n)\\&=(p_1,p_2,\cdots,p_n)\begin{pmatrix}\lambda_1 & & & \\ & \lambda_2 & & \\ & & \ddots & \\ & & & \lambda_n\end{pmatrix}\end{aligned}$$

因为 $p_1,p_2,\cdots,p_n$ 线性无关,所以 $P=(p_1,p_2,\cdots,p_n)$ 为可逆矩阵,从而

$$P^{-1}AP=\begin{pmatrix}\lambda_1 & & & \\ & \lambda_2 & & \\ & & \ddots & \\ & & & \lambda_n\end{pmatrix}=\Lambda$$

【推论 1】 若 n 阶方阵 A 有 n 个不同的特征值,则 A 可对角化。

【推论 2】 如果对于 n 阶方阵 A 的任一 k 重特征值 λ,都有 $r(\lambda E-A)=n-k$,则 A 可对角化。

定义5.3.2 若对于矩阵 A,存在可逆矩阵 P,使得 $P^{-1}AP=\Lambda$,称对角矩阵 Λ 为 A 的相似标准形。

【例 1】 判断矩阵 $A=\begin{pmatrix}1 & -2 & 2\\ -2 & -2 & 4\\ 2 & 4 & -2\end{pmatrix}$ 能否化为对角矩阵。

【解】 由方阵的特征方程

$$|\lambda E-A|=\begin{vmatrix}\lambda-1 & 2 & -2\\ 2 & \lambda+2 & -4\\ -2 & 4 & \lambda+2\end{vmatrix}=(\lambda-2)^2(\lambda+7)=0$$

可得:特征值为 $\lambda_1=\lambda_2=2,\lambda_3=-7$。

当 $\lambda_1=\lambda_2=2$ 时,解齐次线性方程组 $(2E-A)x=0$ 得基础解系:

$$\boldsymbol{\xi}_1 = \begin{pmatrix} -2 \\ 1 \\ 0 \end{pmatrix}, \boldsymbol{\xi}_2 = \begin{pmatrix} 2 \\ 0 \\ 1 \end{pmatrix}$$

当 $\lambda_3 = -7$ 时，解齐次线性方程组 $(-7\boldsymbol{E} - \boldsymbol{A})\boldsymbol{x} = \boldsymbol{0}$ 得基础解系：

$$\boldsymbol{\xi}_3 = \begin{pmatrix} 1 \\ 2 \\ -2 \end{pmatrix}$$

因为 $\begin{vmatrix} -2 & 2 & 1 \\ 1 & 0 & 2 \\ 0 & 1 & -2 \end{vmatrix} \neq 0$，所以 $\boldsymbol{\xi}_1, \boldsymbol{\xi}_2, \boldsymbol{\xi}_3$ 线性无关，即 $\boldsymbol{A}$ 有 3 个线性无关的特征向量，故 $\boldsymbol{A}$ 可对角化。

【例 2】 已知 $\boldsymbol{\xi} = \begin{pmatrix} 1 \\ 1 \\ -1 \end{pmatrix}$ 是矩阵 $\boldsymbol{A} = \begin{pmatrix} 2 & -1 & 2 \\ 5 & a & 3 \\ -1 & b & -2 \end{pmatrix}$ 的一个特征向量，求：

(1) 求参数 a, b 以及 $\boldsymbol{\xi}$ 所对应的特征值；

(2) 判断 $\boldsymbol{A}$ 能否对角化。

【解】 (1) 由 $\boldsymbol{A}\boldsymbol{\xi} = \lambda\boldsymbol{\xi}$，得：

$$(\lambda\boldsymbol{E} - \boldsymbol{A})\boldsymbol{\xi} = \begin{pmatrix} \lambda-2 & 1 & -2 \\ -5 & \lambda-a & -3 \\ 1 & -b & \lambda+2 \end{pmatrix} \begin{pmatrix} 1 \\ 1 \\ -1 \end{pmatrix} = \begin{pmatrix} 0 \\ 0 \\ 0 \end{pmatrix}$$

解得：$\lambda = -1, a = -3, b = 0$，故 $\lambda = -1$ 为 $\boldsymbol{\xi}$ 所对应的特征值。

(2) 由第(1) 问知

$$\boldsymbol{A} = \begin{pmatrix} 2 & -1 & 2 \\ 5 & -3 & 3 \\ -1 & 0 & -2 \end{pmatrix}$$

由方阵的特征方程

$$|\lambda\boldsymbol{E} - \boldsymbol{A}| = \begin{vmatrix} \lambda-2 & 1 & -2 \\ -5 & \lambda+3 & -3 \\ 1 & 0 & \lambda+2 \end{vmatrix} = (\lambda+1)^3 = 0$$

可得：特征值为 $\lambda_1 = \lambda_2 = \lambda_3 = -1$。

当 $\lambda_1 = \lambda_2 = \lambda_3 = -1$ 时，解齐次线性方程组 $(-\boldsymbol{E} - \boldsymbol{A})\boldsymbol{x} = \boldsymbol{0}$ 得基础解系：

$$\boldsymbol{\xi}_1 = \begin{pmatrix} -1 \\ -1 \\ 1 \end{pmatrix}$$

因为线性无关的特征向量只有一个，所以 $\boldsymbol{A}$ 不能相似于对角矩阵。

5.3.4　求 A 的相似对角矩阵及相似变换矩阵的方法

首先求出 $\boldsymbol{A}$ 的 n 个特征值 $\lambda_1, \lambda_2, \cdots, \lambda_n$ 和对应的特征向量 $\boldsymbol{\xi}_1, \boldsymbol{\xi}_2, \cdots, \boldsymbol{\xi}_n$，其次令

$$P = (\xi_1, \xi_2, \cdots, \xi_n), \quad \Lambda = \begin{pmatrix} \lambda_1 & & & \\ & \lambda_2 & & \\ & & \ddots & \\ & & & \lambda_n \end{pmatrix}$$

则 P 为相似变换矩阵；Λ 为相似对角矩阵，于是就有 $P^{-1}AP = \Lambda$。

> 注：P 的列向量 $\xi_1, \xi_2, \cdots, \xi_n$ 的排列次序与对角矩阵的主对角线上元素 $\lambda_1, \lambda_2, \cdots, \lambda_n$ 的排列次序保持一致。当 $\lambda_1, \lambda_2, \cdots, \lambda_n$ 的排列顺序改变时，$\xi_1, \xi_2, \cdots, \xi_n$ 的排列顺序也要跟着变，反过来也一样。

下面讨论如何利用相似矩阵求 A 的高次幂 A^m 的问题。

当 A 与对角矩阵 Λ 相似时，有 $P^{-1}AP = \Lambda$，则 $A = P\Lambda P^{-1}$，于是

$$A^m = (P\Lambda P^{-1})(P\Lambda P^{-1})\cdots(P\Lambda P^{-1}) = P\Lambda^m P^{-1}$$

【例 3】 设 $A = \begin{pmatrix} 1 & 4 & 2 \\ 0 & -3 & 4 \\ 0 & 4 & 3 \end{pmatrix}$，求 A^n。

【解】 因为

$$|\lambda E - A| = \begin{vmatrix} \lambda - 1 & -4 & -2 \\ 0 & \lambda + 3 & -4 \\ 0 & -4 & \lambda - 3 \end{vmatrix} = (\lambda - 1)(\lambda - 5)(\lambda + 5)$$

所以 A 的特征值为 $\lambda_1 = 1, \lambda_2 = 5, \lambda_3 = -5$。

当 $\lambda_1 = 1$ 时，解齐次线性方程组 $(E - A)x = 0$ 得基础解系：$\xi_1 = (1,0,0)^T$；

当 $\lambda_2 = 5$ 时，解齐次线性方程组 $(5E - A)x = 0$ 得基础解系：$\xi_2 = (2,1,2)^T$；

当 $\lambda_3 = -5$ 时，解齐次线性方程组 $(-5E - A)x = 0$ 得基础解系：$\xi_3 = (1,-2,1)^T$。

令

$$P = (\xi_1, \xi_2, \xi_3) = \begin{pmatrix} 1 & 2 & 1 \\ 0 & 1 & -2 \\ 0 & 2 & 1 \end{pmatrix}$$

则

$$P^{-1}AP = \begin{pmatrix} 1 & 0 & 0 \\ 0 & 5 & 0 \\ 0 & 0 & -5 \end{pmatrix} = \Lambda$$

由于

$$A^m = (P\Lambda P^{-1})(P\Lambda P^{-1})\cdots(P\Lambda P^{-1}) = P\Lambda^m P^{-1}$$

易求得

$$P^{-1} = \begin{pmatrix} 1 & 0 & -1 \\ 0 & \frac{1}{5} & \frac{2}{5} \\ 0 & -\frac{2}{5} & \frac{1}{5} \end{pmatrix}$$

因此

$$
\boldsymbol{A}^{m}=\begin{pmatrix}1 & 2 & 1\\0 & 1 & -2\\0 & 2 & 1\end{pmatrix}\begin{pmatrix}1 & 0 & 0\\0 & 5^{n} & 0\\0 & 0 & (-5)^{n}\end{pmatrix}\begin{pmatrix}1 & 0 & -1\\0 & \frac{1}{5} & \frac{2}{5}\\0 & -\frac{2}{5} & \frac{1}{5}\end{pmatrix}
$$

$$
=\begin{pmatrix}1 & 2\times 5^{n-1}[1+(-1)^{n+1}] & 5^{n-1}[4+(-1)^{n}]-1\\0 & 5^{n-1}[1+4(-1)^{n}] & 2\times 5^{n-1}[1+(-1)^{n+1}]\\0 & 2\times 5^{n-1}[1+(-1)^{n+1}] & 5^{n-1}[4+(-1)^{n}]\end{pmatrix}
$$

习题 5-3

1. 判断下列矩阵能否化为对角矩阵，若能，求出可逆矩阵 $\boldsymbol{P}$，使得 $\boldsymbol{P}^{-1}\boldsymbol{A}\boldsymbol{P}=\boldsymbol{\Lambda}$。

(1) $\boldsymbol{A}=\begin{pmatrix}1 & 1 & 1\\1 & -1 & -1\\1 & -1 & 1\end{pmatrix}$　　(2) $\boldsymbol{B}=\begin{pmatrix}-2 & 0 & 1\\0 & 0 & 0\\4 & 0 & -2\end{pmatrix}$　　(3) $\boldsymbol{C}=\begin{pmatrix}-1 & 1 & 0\\-4 & 3 & 0\\0 & 0 & 2\end{pmatrix}$

2. 设矩阵 $\boldsymbol{A}$ 与 $\boldsymbol{B}$ 相似，其中

$$
\boldsymbol{A}=\begin{pmatrix}-2 & 0 & 0\\2 & x & 2\\3 & 1 & 1\end{pmatrix},\boldsymbol{B}=\begin{pmatrix}-1 & 0 & 0\\0 & 2 & 0\\0 & 0 & y\end{pmatrix}
$$

(1) 求 x 与 y；(2) 求可逆矩阵 $\boldsymbol{P}$，使得 $\boldsymbol{P}^{-1}\boldsymbol{A}\boldsymbol{P}=\boldsymbol{B}$。

3. 设 $\boldsymbol{A}=\begin{pmatrix}0 & 0 & 1\\1 & 1 & x\\1 & 0 & 0\end{pmatrix}$，$x$ 为何值时，矩阵 $\boldsymbol{A}$ 能对角化？

4. 已知 $\boldsymbol{A}=\begin{pmatrix}-1 & 1 & 0\\-2 & 2 & 0\\4 & -2 & 1\end{pmatrix}$，求 $\boldsymbol{A}^{100}$。

5. 设三阶矩阵 $\boldsymbol{A}$ 的特征值为 $\lambda_1=1,\lambda_2=0,\lambda_3=-1$，对应的特征向量分别为

$$
\boldsymbol{\xi}_1=\begin{pmatrix}1\\2\\2\end{pmatrix},\boldsymbol{\xi}_2=\begin{pmatrix}2\\-2\\1\end{pmatrix},\boldsymbol{\xi}_3=\begin{pmatrix}-2\\-1\\2\end{pmatrix}
$$

求矩阵 $\boldsymbol{A}$。

5-3 参考答案

§5.4 实对称矩阵

由5.3节我们知道，并不是任意方阵都可以对角化，本节讨论一类可以对角化的矩阵——实对称矩阵。实对称矩阵具有许多一般矩阵没有的特殊性质。

5.4.1 实对称矩阵的性质

定理5.4.1 实对称矩阵的特征值都为实数。

【证】 设实对称矩阵 $\boldsymbol{A}$ 的特征值为复数 λ，其对应的特征向量 $\boldsymbol{x}$ 为复向量，则有：

$$\boldsymbol{Ax}=\lambda\boldsymbol{x}$$

用 $\bar{\lambda}$ 表示 λ 的共轭复数，$\bar{\boldsymbol{x}}$ 表示 $\boldsymbol{x}$ 的共轭复向量，则：

$$\boldsymbol{A}\bar{\boldsymbol{x}}=\overline{\boldsymbol{Ax}}=\bar{\lambda}\bar{\boldsymbol{x}}$$

于是有

$$\bar{\boldsymbol{x}}^{\mathrm{T}}\boldsymbol{Ax}=\bar{\boldsymbol{x}}^{\mathrm{T}}(\boldsymbol{Ax})=\bar{\boldsymbol{x}}^{\mathrm{T}}(\lambda\boldsymbol{x})=\lambda(\bar{\boldsymbol{x}}^{\mathrm{T}}\boldsymbol{x})$$

$$\bar{\boldsymbol{x}}^{\mathrm{T}}\boldsymbol{Ax}=(\bar{\boldsymbol{x}}^{\mathrm{T}}\boldsymbol{A}^{\mathrm{T}})\boldsymbol{x}=(\boldsymbol{A}\bar{\boldsymbol{x}})^{\mathrm{T}}\boldsymbol{x}=\bar{\lambda}\bar{\boldsymbol{x}}^{\mathrm{T}}\boldsymbol{x}$$

两式相减

$$(\lambda-\bar{\lambda})\bar{\boldsymbol{x}}^{\mathrm{T}}\boldsymbol{x}=\boldsymbol{0}$$

又因为 $\boldsymbol{x}\neq\boldsymbol{0}$，所以

$$\bar{\boldsymbol{x}}^{\mathrm{T}}\boldsymbol{x}=\sum_{i=1}^{n}\bar{x}_i x_i=\sum_{i=1}^{n}|x_i|^2\neq 0$$

故 $\lambda-\bar{\lambda}=0$，即 $\lambda=\bar{\lambda}$，这说明 λ 是实数。

显然，当 λ_i 为实数时，齐次线性方程组

$$(\lambda_i\boldsymbol{E}-\boldsymbol{A})\boldsymbol{x}=\boldsymbol{0}$$

是实系数方程组，则可取实的基础解系，因此对应的特征向量可以取实向量。

定理5.4.2 实对称矩阵对应于不同特征值的特征向量必正交。

【证】 设 λ_1,λ_2 为实对称矩阵 $\boldsymbol{A}$ 的两个不同特征值，$\boldsymbol{x}_1,\boldsymbol{x}_2$ 分别是属于 λ_1,λ_2 的特征向量，则：

$$\boldsymbol{Ax}_1=\lambda_1\boldsymbol{x}_1,\boldsymbol{Ax}_2=\lambda_2\boldsymbol{x}_2$$

因为矩阵 $\boldsymbol{A}$ 对称，故

$$\lambda_1\boldsymbol{x}_1^{\mathrm{T}}=(\lambda_1\boldsymbol{x}_1)^{\mathrm{T}}=(\boldsymbol{Ax}_1)^{\mathrm{T}}=\boldsymbol{x}_1^{\mathrm{T}}\boldsymbol{A}^{\mathrm{T}}=\boldsymbol{x}_1^{\mathrm{T}}\boldsymbol{A}$$

$$\lambda_1\boldsymbol{x}_1^{\mathrm{T}}\boldsymbol{x}_2=\boldsymbol{x}_1^{\mathrm{T}}\boldsymbol{Ax}_2=\boldsymbol{x}_1^{\mathrm{T}}(\lambda_2\boldsymbol{x}_2)=\lambda_2\boldsymbol{x}_1^{\mathrm{T}}\boldsymbol{x}_2$$

即

$$(\lambda_1-\lambda_2)\boldsymbol{x}_1^{\mathrm{T}}\boldsymbol{x}_2=\boldsymbol{0}$$

但 $\lambda_1\neq\lambda_2$，故 $\boldsymbol{x}_1^{\mathrm{T}}\boldsymbol{x}_2=[\boldsymbol{x}_1,\boldsymbol{x}_2]=0$，即 $\boldsymbol{x}_1,\boldsymbol{x}_2$ 正交。

定理5.4.3 设 $\boldsymbol{A}$ 为 n 阶实对称矩阵，λ 是 $\boldsymbol{A}$ 的 r 重特征值，则 $r(\lambda\boldsymbol{E}-\boldsymbol{A})=n-r$，从而矩阵 $\boldsymbol{A}$ 对应于特征值 λ 恰有 r 个线性无关的特征向量。

定理5.4.4 设 $\boldsymbol{A}$ 为 n 阶实对称矩阵，则存在正交矩阵 $\boldsymbol{P}$，使得

$$P^{-1}AP = \Lambda$$

其中

$$\Lambda = \begin{pmatrix} \lambda_1 & & & \\ & \lambda_2 & & \\ & & \ddots & \\ & & & \lambda_n \end{pmatrix}, \lambda_1, \lambda_2, \cdots, \lambda_n \text{ 为 } \boldsymbol{A} \text{ 的特征值}$$

5.4.2　实对称矩阵对角化的方法

与5.3节中将一般矩阵对角化的方法类似，根据上述结论，可求得正交变换矩阵 $\boldsymbol{P}$ 将实对称矩阵 $\boldsymbol{A}$ 对角化，其具体步骤为：

(1) 求出 $\boldsymbol{A}$ 的全部特征值 $\lambda_1, \lambda_2, \cdots, \lambda_n$；

(2) 对每一个特征值 λ_i，由 $(\lambda_i \boldsymbol{E} - \boldsymbol{A})\boldsymbol{x} = \boldsymbol{0}$ 求出基础解系(特征向量)；

(3) 将基础解系(特征向量) 正交化，再单位化；

(4) 将这些单位向量作为列向量构成一个正交矩阵 $\boldsymbol{P}$，使 $\boldsymbol{P}^{-1}\boldsymbol{A}\boldsymbol{P} = \boldsymbol{\Lambda}$。

注：$\boldsymbol{P}$ 中列向量的次序与矩阵 $\boldsymbol{\Lambda}$ 对角线上的特征值的次序相对应。

【例1】　设实对称矩阵 $\boldsymbol{A} = \begin{pmatrix} 2 & -2 & 0 \\ -2 & 1 & -2 \\ 0 & -2 & 0 \end{pmatrix}$，求正交矩阵 $\boldsymbol{P}$，使 $\boldsymbol{P}^{-1}\boldsymbol{A}\boldsymbol{P}$ 成为对角矩阵。

【解】　矩阵 $\boldsymbol{A}$ 的特征方程为

$$|\lambda \boldsymbol{E} - \boldsymbol{A}| = \begin{vmatrix} \lambda - 2 & 2 & 0 \\ 2 & \lambda - 1 & 2 \\ 0 & 2 & \lambda \end{vmatrix} = (\lambda + 2)(\lambda - 1)(\lambda - 4) = 0$$

求得 $\boldsymbol{A}$ 的特征值为 $\lambda_1 = -2, \lambda_2 = 1, \lambda_3 = 4$。

当 $\lambda_1 = -2$ 时，由 $(-2\boldsymbol{E} - \boldsymbol{A})\boldsymbol{x} = \boldsymbol{0}$ 求得基础解系 $\boldsymbol{\xi}_1 = (1,2,2)^{\mathrm{T}}$；

当 $\lambda_2 = 1$ 时，由 $(\boldsymbol{E} - \boldsymbol{A})\boldsymbol{x} = \boldsymbol{0}$ 求得基础解系 $\boldsymbol{\xi}_2 = (2,1,-2)^{\mathrm{T}}$；

当 $\lambda_3 = 4$ 时，由 $(4\boldsymbol{E} - \boldsymbol{A})\boldsymbol{x} = \boldsymbol{0}$ 求得基础解系 $\boldsymbol{\xi}_3 = (2,-2,1)^{\mathrm{T}}$；

不难验证，$\boldsymbol{\xi}_1, \boldsymbol{\xi}_2, \boldsymbol{\xi}_3$ 为正交向量组，再把 $\boldsymbol{\xi}_1, \boldsymbol{\xi}_2, \boldsymbol{\xi}_3$ 单位化，得：

$$\boldsymbol{\eta}_1 = \frac{\boldsymbol{\xi}_1}{\|\boldsymbol{\xi}_1\|} = \frac{1}{3}\begin{pmatrix} 1 \\ 2 \\ 2 \end{pmatrix}, \quad \boldsymbol{\eta}_2 = \frac{\boldsymbol{\xi}_2}{\|\boldsymbol{\xi}_2\|} = \frac{1}{3}\begin{pmatrix} 2 \\ 1 \\ -2 \end{pmatrix}, \quad \boldsymbol{\eta}_3 = \frac{\boldsymbol{\xi}_3}{\|\boldsymbol{\xi}_3\|} = \frac{1}{3}\begin{pmatrix} 2 \\ -2 \\ 1 \end{pmatrix}$$

令

$$\boldsymbol{P} = (\boldsymbol{\eta}_1, \boldsymbol{\eta}_2, \boldsymbol{\eta}_3) = \begin{pmatrix} \frac{1}{3} & \frac{2}{3} & \frac{2}{3} \\ \frac{2}{3} & \frac{1}{3} & -\frac{2}{3} \\ \frac{2}{3} & -\frac{2}{3} & \frac{1}{3} \end{pmatrix} = \frac{1}{3}\begin{pmatrix} 1 & 2 & 2 \\ 2 & 1 & -2 \\ 2 & -2 & 1 \end{pmatrix}$$

于是

$$P^{-1}AP = P^{T}AP$$

$$= \frac{1}{3}\begin{pmatrix}1 & 2 & 2\\2 & 1 & -2\\2 & -2 & 1\end{pmatrix}\cdot\begin{pmatrix}2 & -2 & 0\\-2 & 1 & -2\\0 & -2 & 0\end{pmatrix}\cdot\frac{1}{3}\begin{pmatrix}1 & 2 & 2\\2 & 1 & -2\\2 & -2 & 1\end{pmatrix}$$

$$= \begin{pmatrix}-2 & 0 & 0\\0 & 1 & 0\\0 & 0 & 4\end{pmatrix}$$

【例 2】 设实对称矩阵 $A = \begin{pmatrix}4 & 2 & 2\\2 & 4 & 2\\2 & 2 & 4\end{pmatrix}$，求正交矩阵 P，使 $P^{-1}AP$ 成为对角矩阵。

【解】 矩阵 A 的特征方程为

$$|\lambda E - A| = \begin{vmatrix}\lambda-4 & -2 & -2\\-2 & \lambda-4 & -2\\-2 & -2 & \lambda-4\end{vmatrix} = (\lambda-2)^2(\lambda-8) = 0$$

求得 A 的特征值为 $\lambda_1 = 8, \lambda_2 = \lambda_3 = 2$。

当 $\lambda_1 = 8$ 时，由 $(8E-A)x = 0$ 求得基础解系 $\xi_1 = (1,1,1)^T$；

当 $\lambda_2 = \lambda_3 = 2$ 时，由 $(2E-A)x = 0$ 求得基础解系 $\xi_2 = (1,0,-1)^T, \xi_3 = (0,1,-1)^T$。

使用施密特正交化法将 ξ_1, ξ_2, ξ_3 正交化。

$$\eta_1 = \xi_1 = \begin{pmatrix}1\\1\\1\end{pmatrix}$$

$$\eta_2 = \xi_2 - \frac{[\eta_1, \xi_2]}{[\eta_1, \eta_1]}\eta_1 = \begin{pmatrix}1\\0\\-1\end{pmatrix}$$

$$\eta_3 = \xi_3 - \frac{[\xi_3, \eta_1]}{[\eta_1, \eta_1]}\eta_1 - \frac{[\xi_3, \eta_2]}{[\eta_2, \eta_2]}\eta_2 = -\frac{1}{2}\begin{pmatrix}1\\-2\\1\end{pmatrix}$$

再将 η_1, η_2, η_3 单位化

$$\zeta_1 = \frac{\eta_1}{\|\eta_1\|} = \frac{1}{\sqrt{3}}\begin{pmatrix}1\\1\\1\end{pmatrix}, \zeta_2 = \frac{\eta_2}{\|\eta_2\|} = \frac{1}{\sqrt{2}}\begin{pmatrix}1\\0\\-1\end{pmatrix}, \zeta_3 = \frac{\eta_3}{\|\eta_3\|} = \frac{1}{\sqrt{6}}\begin{pmatrix}1\\-2\\1\end{pmatrix}$$

于是找到正交矩阵

$$P = \begin{pmatrix}\frac{1}{\sqrt{3}} & \frac{1}{\sqrt{2}} & \frac{1}{\sqrt{6}}\\ \frac{1}{\sqrt{3}} & 0 & -\frac{2}{\sqrt{6}}\\ \frac{1}{\sqrt{3}} & -\frac{1}{\sqrt{2}} & \frac{1}{\sqrt{6}}\end{pmatrix}$$

使得

$$P^{-1}AP = P^{\mathrm{T}}AP = \begin{pmatrix} 8 & 0 & 0 \\ 0 & 2 & 0 \\ 0 & 0 & 2 \end{pmatrix}$$

习题 5-4

1. 设实对称矩阵 $A = \begin{pmatrix} 1 & -2 & 0 \\ -2 & 2 & -2 \\ 0 & -2 & 3 \end{pmatrix}$，求正交矩阵 Q，使 $Q^{-1}AQ$ 成为对角矩阵。

2. 设实对称矩阵 $A = \begin{pmatrix} 3 & -2 & -4 \\ -2 & 6 & -2 \\ -4 & -2 & 3 \end{pmatrix}$，求正交矩阵 Q，使 $Q^{-1}AQ$ 成为对角矩阵。

3. 已知矩阵 $A = \begin{pmatrix} 3 & 2 & 4 \\ 2 & 0 & 2 \\ 4 & 2 & 3 \end{pmatrix}$，请用两种方法对角化：

(1) 求可逆矩阵 P，使 $P^{-1}AP = \Lambda$；(2) 求正交矩阵 Q，使 $Q^{-1}AQ = \Lambda$。

4. 求一个三阶实对称矩阵 A，它的特征值分别为 $\lambda_1 = 6, \lambda_2 = \lambda_3 = 3$，且 $\lambda_1 = 6$ 对应的特征向量为 $\xi_1 = (1,1,1)^{\mathrm{T}}$。

5. 设矩阵 $A = \begin{pmatrix} 1 & 1 & a \\ 1 & a & 1 \\ a & 1 & 1 \end{pmatrix}$，$B = \begin{pmatrix} 1 \\ 1 \\ -2 \end{pmatrix}$，已知线性方程组 $Ax = B$ 有无穷多解，求：

(1) a 的值；

(2) 求正交矩阵 Q，使得 $Q^{-1}AQ$ 为对角矩阵。

5-4 参考答案

世界著名的美国塔科马海峡大桥风毁事件

塔科马海峡大桥(Tacoma Narrows Bridge)位于美国华盛顿州的塔科马海峡，于1938年开始修建，1940年7月11日建成通车，桥长1810米，宽12米，两座索塔跨度达到850米。仅次于纽约的乔治·华盛顿大桥和旧金山的金门大桥，是当时世界上排名第三的吊桥。仅投资就花费高达640万美元，可以说是举世瞩目并且重金打造的项目，然而让人意想不到的是大桥建成后4个月于11月7日就发生了坍塌。

大桥倒塌的原因是大桥外界力的加载频率等于或接近大桥的固有频率，导致大桥结构发生了共振。

事实上，桥梁的固有频率与特征值有着密切联系，在一个桥梁模型中，首先可以根据固体力学中的势能和动能理论分别求出桥的刚度矩阵 $\boldsymbol{K}$ 和质量矩阵 $\boldsymbol{M}$，即

$$\boldsymbol{K}=\begin{pmatrix} k_{11} & & & \\ & k_{22} & & \\ & & \ddots & \\ & & & k_{nn} \end{pmatrix},\boldsymbol{M}=\begin{pmatrix} m_{11} & & & \\ & m_{22} & & \\ & & \ddots & \\ & & & m_{nn} \end{pmatrix}$$

由此，可以得到桥梁振动模型

$$\boldsymbol{M}\ddot{\boldsymbol{x}}+\boldsymbol{K}\boldsymbol{x}=\boldsymbol{0}$$

设振动是三角函数形式，则：

$$\ddot{\boldsymbol{x}}=-\omega^2\boldsymbol{x}$$

记

$$\boldsymbol{D}=\begin{pmatrix} \omega_1^2 & & & \\ & \omega_2^2 & & \\ & & \ddots & \\ & & & \omega_n^2 \end{pmatrix},\boldsymbol{X}=(x_1,x_2,\cdots,x_n)$$

桥梁自由振动方程变形为

$$\boldsymbol{DMX}=\boldsymbol{KX}$$

可以利用 MALTAB 中的 eig 函数求出特征值 $\boldsymbol{D}$ 和特征向量 $\boldsymbol{X}$：

$$[\boldsymbol{X},\boldsymbol{D}]=\mathrm{eig}(\boldsymbol{K},\boldsymbol{M})$$

求出的特征值 $\boldsymbol{D}$ 对应桥梁固有频率，特征向量 $\boldsymbol{X}$ 对应桥梁固有振型。

塔科马海峡大桥的坍塌事故使人们首次发现这种情况，引起了广大工程技术人员的关注，它的经验与教训对之后的大桥设计产生了很大的影响，从此开始了现代桥梁的风洞研究与试验。

近年来，中国桥梁建设者与科研人员在工程实践的基础上，紧跟国际桥梁建设前沿技术，不断在桥梁结构体系设计、核心材料研发、关键施工工艺、施工装备创新上刻苦攻关，许多突破世界性技术难题的中国桥梁建成，许多创世界之最的桥梁正在建设之中。目前，中国现代桥梁总数多达 100 万座，世界级大桥主要有港珠澳大桥、北盘江铁路斜拉桥、九江铁路大桥、丹昆特大桥、平潭海峡大桥、矮寨特大悬索桥、舟山跨海大桥、东海大桥、杭州湾跨海大桥、武汉长江大桥、云天渡等。

第 6 章　二次型

二次型的理论起源于二次曲线(曲面)的化简问题,在经济管理和科学技术领域中常常需要通过坐标变换把一个二次齐次多项式的非平方项去掉,变成只含平方项的二次多项式,这样可以使问题简化。本章主要讨论化二次型为只含有平方项的二次型的方法和一种重要的二次型 —— 正定二次型以及与之对应的正定矩阵。

第 6 章课件

§6.1　二次型及其矩阵

在平面解析几何中,以坐标原点为中心的中心型二次曲线的方程形如

$$ax^2+2bxy+cy^2=d$$

方程左端是 x,y 的二次齐次多项式,在二次曲线的研究中,主要解决的问题是将一般方程化为标准方程,进而判断曲线的形状和几何性质,如将坐标系 Oxy 旋转适当的角度 θ:

$$\begin{cases}x=x'\cos\theta-y'\sin\theta\\ y=x'\sin\theta+y'\cos\theta\end{cases}$$

将方程 $ax^2+2bxy+cy^2=d$ 化为标准形 $mx'^2+ny'^2=d$。

从代数学的角度来看,化标准形的过程就是通过变量的线性变换化简一个二次齐次多项式,使它只含有平方项,这类问题具有普遍性。下面讨论 n 个变量的二次齐次多项式的化简问题。

6.1.1　二次型的概念

定义6.1.1　含有 n 个变量 $x_1,x_2,\cdots,x_n$ 的二次齐次函数

$$\begin{aligned}f(x_1,x_2,\cdots,x_n)=a_{11}x_1^2&+2a_{12}x_1x_2+2a_{13}x_1x_3+\cdots+2a_{1n}x_1x_n\\&+a_{22}x_2^2+2a_{23}x_2x_3+\cdots+2a_{2n}x_2x_n\\&+a_{33}x_3^2+\cdots+2a_{3n}x_3x_n\\&+\cdots\\&+a_{nn}x_n^2\end{aligned}\tag{6-1}$$

称为二次型。若 $a_{ij}\in\mathbf{R}(i,j=1,2,\cdots,n)$,则称对应的二次型为实二次型。

本章只讨论实二次型。例如:$f(x_1,x_2)=x_1^2+2x_1x_2+5x_2^2$,$f(x_1,x_2,x_3)=x_1x_2+x_2x_3+x_3x_1$ 都是实二次型,而 $f(x_1,x_2,x_3)=x_1^2+x_2^2+5x_3$ 不是二次型。

6.1.2 二次型矩阵

在式(6-1)中,取 $a_{ij}=a_{ji}(i\neq j)$,则 $2a_{ij}x_ix_j=a_{ij}x_ix_j+a_{ji}x_jx_i$,于是(6-1)可改写成:

$$\begin{aligned}f(x_1,x_2,\cdots,x_n)&=a_{11}x_1^2+a_{12}x_1x_2+a_{13}x_1x_3+\cdots+a_{1n}x_1x_n\\&\quad+a_{21}x_2x_1+a_{22}x_2^2+a_{23}x_2x_3+\cdots+a_{2n}x_2x_n\\&\quad+a_{31}x_3x_1+a_{32}x_3x_2+a_{33}x_3^2+\cdots+a_{3n}x_3x_n\\&\quad+\cdots\\&\quad+a_{n1}x_nx_1+a_{n2}x_nx_2+a_{n3}x_nx_3+\cdots+a_{nn}x_n^2\\&=\sum_{i=1}^{n}\sum_{j=1}^{n}a_{ij}x_ix_j\end{aligned}\tag{6-2}$$

式(6-2)可以继续变形:

$$\begin{aligned}f(x_1,x_2,\cdots,x_n)&=x_1(a_{11}x_1+a_{12}x_2+a_{13}x_3+\cdots+a_{1n}x_n)\\&\quad+x_2(a_{21}x_1+a_{22}x_2+a_{23}x_3+\cdots+a_{2n}x_n)\\&\quad+x_3(a_{31}x_1+a_{32}x_2+a_{33}x_3+\cdots+a_{3n}x_n)\\&\quad+\cdots\\&\quad+x_n(a_{n1}x_1+a_{n2}x_2+a_{n3}x_3+\cdots+a_{nn}x_n)\end{aligned}$$

$$\begin{aligned}f(x_1,x_2,\cdots,x_n)&=(x_1,x_2,\cdots,x_n)\begin{pmatrix}a_{11}x_1+a_{12}x_2+a_{13}x_3+\cdots+a_{1n}x_n\\a_{21}x_1+a_{22}x_2+a_{23}x_3+\cdots+a_{2n}x_n\\\cdots\\a_{n1}x_1+a_{n2}x_2+a_{n3}x_3+\cdots+a_{nn}x_n\end{pmatrix}\\&=(x_1,x_2,\cdots,x_n)\begin{pmatrix}a_{11}&a_{12}&\cdots&a_{1n}\\a_{21}&a_{22}&\cdots&a_{2n}\\\vdots&\vdots&&\vdots\\a_{n1}&a_{n2}&\cdots&a_{nn}\end{pmatrix}\begin{pmatrix}x_1\\x_2\\\vdots\\x_n\end{pmatrix}=\boldsymbol{x}^{\mathrm{T}}\boldsymbol{A}\boldsymbol{x}\end{aligned}$$

其中

$$\boldsymbol{x}=\begin{pmatrix}x_1\\x_2\\\vdots\\x_n\end{pmatrix},\boldsymbol{A}=\begin{pmatrix}a_{11}&a_{12}&\cdots&a_{1n}\\a_{21}&a_{22}&\cdots&a_{2n}\\\vdots&\vdots&&\vdots\\a_{n1}&a_{n2}&\cdots&a_{nn}\end{pmatrix}$$

称 $f(x)=\boldsymbol{x}^{\mathrm{T}}\boldsymbol{A}\boldsymbol{x}$ 为二次型的矩阵形式,其中实对称矩阵 **A** 称为该二次型的矩阵,实对称矩阵 **A** 的秩称为二次型的秩。

【例 1】 已知二次型

$$f(x_1,x_2,x_3)=5x_1^2-2x_1x_2+2x_1x_3+x_2^2+6x_2x_3-2x_3^2$$

写出二次型的矩阵 **A**,并求出二次型的秩。

【解】 由于 $a_{11}=5,a_{12}=a_{21}=-1,a_{13}=a_{31}=1,a_{22}=1,a_{23}=a_{32}=3,a_{33}=-2$
所以二次型的矩阵为

$$A=\begin{pmatrix}5 & -1 & 1\\ -1 & 1 & 3\\ 1 & 3 & -2\end{pmatrix}$$

对矩阵 A 做初等变换：

$$A=\begin{pmatrix}5 & -1 & 1\\ -1 & 1 & 3\\ 1 & 3 & -2\end{pmatrix}\xrightarrow{r_1\leftrightarrow r_3}\begin{pmatrix}1 & 3 & -2\\ -1 & 1 & 3\\ 5 & -1 & 1\end{pmatrix}\xrightarrow[-5r_1+r_3]{r_1+r_2}\begin{pmatrix}1 & 3 & -2\\ 0 & 4 & 1\\ 0 & -16 & 11\end{pmatrix}$$

$$\xrightarrow{4r_2+r_3}\begin{pmatrix}1 & 3 & -2\\ 0 & 4 & 1\\ 0 & 0 & 15\end{pmatrix}\xrightarrow{\frac{1}{15}r_3}\begin{pmatrix}1 & 3 & -2\\ 0 & 4 & 1\\ 0 & 0 & 1\end{pmatrix}$$

即 $r(A)=3$，所以二次型的秩为3。

【例2】　写出二次型 $f(x_1,x_2,x_3)=(x_1,x_2,x_3)\begin{pmatrix}2 & -3 & 1\\ 1 & 0 & 1\\ 3 & 11 & -3\end{pmatrix}\begin{pmatrix}x_1\\ x_2\\ x_3\end{pmatrix}$的矩阵。

【解】　矩阵 $B=\begin{pmatrix}2 & -3 & 1\\ 1 & 0 & 1\\ 3 & 11 & -3\end{pmatrix}$不是对称矩阵，在二次型中 x_ix_j 的系数为 $b_{ij}+b_{ji}(i\neq j)$，x_i^2 的系数为 b_{ii}，故二次型的矩阵 A 的元素 $a_{ij}=\dfrac{b_{ij}+b_{ji}}{2}$，$a_{ii}=b_{ii}$，$(i,j=1,2,3)$，即

$$A=\begin{pmatrix}2 & -1 & 2\\ -1 & 0 & 6\\ 2 & 6 & -3\end{pmatrix}$$

任意一个二次型，可以唯一确定一个对称矩阵；反之，任意一个对称矩阵，也可以唯一确定一个二次型。这样，二次型与对称矩阵之间存在一一对应的关系。

6.1.3　矩阵的合同

定义6.1.2　设

$$\begin{cases}x_1=c_{11}y_1+c_{12}y_2+\cdots+c_{1n}y_n\\ x_2=c_{21}y_1+c_{22}y_2+\cdots+c_{2n}y_n\\ \qquad\cdots\\ x_{n1}=c_{n1}y_1+c_{n2}y_2+\cdots+c_{nn}y_n\end{cases}\tag{6-3}$$

令

$$x=\begin{pmatrix}x_1\\ x_2\\ \vdots\\ x_n\end{pmatrix},y=\begin{pmatrix}y_1\\ y_2\\ \vdots\\ y_n\end{pmatrix},C=\begin{pmatrix}c_{11} & c_{12} & \cdots & c_{1n}\\ c_{21} & c_{22} & \cdots & c_{2n}\\ \vdots & \vdots & & \vdots\\ c_{n1} & c_{n2} & \cdots & c_{nn}\end{pmatrix}$$

将(6-3)写成矩阵形式

$$x = Cy$$

称 $x = Cy$ 为变量 $x_1, x_2, \cdots, x_n$ 到变量 $y_1, y_2, \cdots, y_n$ 的线性变换，矩阵 C 称为线性变换矩阵，当 C 可逆时，称该线性变换为可逆线性变换。

对于一般二次型 $f = x^T Ax$，经可逆线性变换 $x = Cy$，可将其化为

$$f = x^T Ax = (Cy)^T A(Cy) = y^T (C^T AC) y$$

其中，$y^T (C^T AC) y$ 为关于 $y_1, y_2, \cdots, y_n$ 的二次型，对应的矩阵为 $C^T AC$，关于 A 与 $C^T AC$ 的关系，我们给出下列定义：

定义6.1.3 设 A, B 为两个 n 阶方阵，如果存在 n 阶可逆矩阵 C，使得 $C^T AC = B$，则称矩阵 A 合同于矩阵 B，或 A 与 B 合同，记作 $A \simeq B$。

矩阵合同的基本性质如下：

(1) 自反性：$A \simeq A$；

(2) 对称性：若 $A \simeq B$，则 $B \simeq A$；

(3) 传递性：若 $A \simeq B, B \simeq C$，则 $A \simeq C$。

【例 3】 设二次型 $f(x_1, x_2, x_3) = 2x_1^2 + x_2^2 - 4x_1x_2 - 4x_2x_3$ 做可逆变换 $x = Cy$，其中

$$C = \begin{pmatrix} 1 & 1 & -2 \\ 0 & 1 & -2 \\ 0 & 0 & 1 \end{pmatrix}$$

求新的二次型。

【解】 由题意知，f 的二次型矩阵为

$$A = \begin{pmatrix} 2 & -2 & 0 \\ -2 & 1 & -2 \\ 0 & -2 & 0 \end{pmatrix}$$

则

$$B = C^T AC = \begin{pmatrix} 1 & 0 & 0 \\ 1 & 1 & 0 \\ -2 & -2 & 1 \end{pmatrix} \begin{pmatrix} 2 & -2 & 0 \\ -2 & 1 & -2 \\ 0 & -2 & 0 \end{pmatrix} \begin{pmatrix} 1 & 1 & -2 \\ 0 & 1 & -2 \\ 0 & 0 & 1 \end{pmatrix} = \begin{pmatrix} 2 & 0 & 0 \\ 0 & -1 & 0 \\ 0 & 0 & 4 \end{pmatrix}$$

因此

$$f = (y_1, y_2, y_3) \begin{pmatrix} 2 & 0 & 0 \\ 0 & -1 & 0 \\ 0 & 0 & 4 \end{pmatrix} \begin{pmatrix} y_1 \\ y_2 \\ y_3 \end{pmatrix} = 2y_1^2 - y_2^2 + 4y_3^2$$

习题 6-1

1. 写出下列二次型的矩阵，并求二次型的秩。

(1) $f(x_1, x_2, x_3) = x_1^2 - 2x_1x_2 + 6x_1x_3 - 2x_2^2 + 8x_2x_3 + 3x_3^2$

(2) $f(x_1, x_2, x_3) = x_1^2 + 3x_2^2 - 4x_1x_2 - 6x_2x_3$

(3) $f(x_1,x_2,x_3)=(x_1,x_2,x_3)\begin{pmatrix}1 & 4 & -1\\ -2 & 1 & 0\\ 5 & 2 & -3\end{pmatrix}\begin{pmatrix}x_1\\ x_2\\ x_3\end{pmatrix}$

(4) $f(x_1,x_2,x_3)=(x_1+2x_2+3x_3)(x_1-2x_2+x_3)$

2. 写出对称矩阵 $\boldsymbol{A}=\begin{pmatrix}1 & -1 & -3 & 1\\ -1 & 0 & -2 & \frac{1}{2}\\ -3 & -2 & \frac{1}{3} & -\frac{2}{3}\\ 1 & \frac{1}{2} & -\frac{2}{3} & 0\end{pmatrix}$所对应的二次型。

3. 二次型 $f(x_1,x_2,x_3)=x_1^2+ax_2^2+x_3^2+2x_1x_2+2ax_1x_3+2x_2x_3$ 的秩为2，求 a 的值。

4. 设二次型 $f(x_1,x_2,x_3)=2x_1^2+x_2^2-4x_1x_2-4x_2x_3$ 做可逆变换 $\boldsymbol{x}=\boldsymbol{C}\boldsymbol{y}$，其中

$$\boldsymbol{C}=\begin{pmatrix}\frac{1}{\sqrt{2}} & 1 & -1\\ 0 & 1 & -1\\ 0 & 0 & \frac{1}{2}\end{pmatrix}$$

6-1 参考答案

求新的二次型。

§6.2　二次型的标准形

6.2.1　二次型的标准形定义

定义6.2.1　若二次型 $f(x_1,x_2,\cdots,x_n)=\boldsymbol{x}^{\mathrm{T}}\boldsymbol{A}\boldsymbol{x}$，经可逆线性变换 $\boldsymbol{x}=\boldsymbol{C}\boldsymbol{y}$ 后，变成只含平方项的二次型

$$d_1y_1^2+d_2y_2^2+\cdots+d_ny_n^2 \tag{6-4}$$

称式(6-4)为二次型 f 的标准形。

注：

1. 任意一个二次型 $f=\boldsymbol{x}^{\mathrm{T}}\boldsymbol{A}\boldsymbol{x}$ 都可经线性变换化为标准形；
2. 二次型的标准形不唯一，但标准形所含项数是确定的，等于二次型的秩。

显然，标准形对应的矩阵是对角矩阵，因此，二次型化标准形的问题就是矩阵与对角矩阵的合同问题。

6.2.2　化二次型为标准形

将一个二次型化为标准形的常用方法有三种：配方法、初等变换法和正交变换法。

1. 配方法

配方法就是初等数学中配完全平方的方法，它是一种可逆线性变换，得到二次型标准形中平方项系数与二次型矩阵 **A** 的特征值无关。本节只介绍拉格朗日配方法，其步骤如下：

(1) 若二次型含有 x_i 的平方项，则先把含有 x_i 的乘积项集中，然后配方，再对其余变量重复上述过程，直到所有变量都配成平方项为止，经过可逆线性变换，就得到标准形。

(2) 若二次型中不含平方项，但是 $a_{ij} \neq 0(i \neq j)$，则先做可逆变换

$$\begin{cases} x_i = y_i - y_j \\ x_j = y_i + y_j \quad (k = 1,2,\cdots,n \text{ 且 } k \neq i,j) \\ x_k = y_k \end{cases}$$

化二次型为含有平方项的二次型，然后再按(1) 中的方法配方。

【例 1】 用配方法将 $f = x_1^2 + 2x_1x_2 + 2x_1x_3 + 2x_2^2 + 4x_2x_3 + x_3^2$ 化为标准形，并求出所用的可逆线性变换。

【解】
$$\begin{aligned} f &= x_1^2 + 2x_1x_2 + 2x_1x_3 + 2x_2^2 + 4x_2x_3 + x_3^2 \\ &= x_1^2 + 2x_1(x_2 + x_3) + (x_2 + x_3)^2 - (x_2 + x_3)^2 + 2x_2^2 + 4x_2x_3 + x_3^2 \\ &= (x_1 + x_2 + x_3)^2 + x_2^2 + 2x_2x_3 \\ &= (x_1 + x_2 + x_3)^2 + x_2^2 + 2x_2x_3 + x_3^2 - x_3^2 \\ &= (x_1 + x_2 + x_3)^2 + (x_2 + x_3)^2 - x_3^2 \end{aligned}$$

令

$$\begin{cases} y_1 = x_1 + x_2 + x_3 \\ y_2 = x_2 + x_3 \\ y_3 = x_3 \end{cases}, \text{即} \begin{cases} x_1 = y_1 - y_2 \\ x_2 = y_2 - y_3 \\ x_3 = y_3 \end{cases}$$

得二次型的标准形为

$$f = y_1^2 + y_2^2 - y_3^2$$

采用的可逆的线性变换为 $\boldsymbol{x} = \boldsymbol{C}\boldsymbol{y}$，其中变换矩阵为

$$\boldsymbol{C} = \begin{pmatrix} 1 & -1 & 0 \\ 0 & 1 & -1 \\ 0 & 0 & 1 \end{pmatrix}$$

【例 2】 用配方法将二次型

$$f(x_1,x_2,x_3,x_4) = 2x_1x_2 + 2x_1x_3 - 2x_1x_4 - 2x_2x_3 + 2x_2x_4 + 2x_3x_4$$

化为标准形，并求出所用的可逆线性变换。

【解】 由于二次型中没有变量的平方项，但 $a_{12} = 2 \neq 0$，故先做可逆变换：

$$\begin{cases} x_1 = y_1 + y_2 \\ x_2 = y_1 - y_2 \\ x_3 = y_3 \\ x_4 = y_4 \end{cases} \quad \text{对应的可逆变换矩阵 } \boldsymbol{C}_1 = \begin{pmatrix} 1 & 1 & 0 & 0 \\ 1 & -1 & 0 & 0 \\ 0 & 0 & 1 & 0 \\ 0 & 0 & 0 & 1 \end{pmatrix}$$

则原二次型变为

$$\begin{aligned} f = {} & 2(y_1 + y_2)(y_1 - y_2) + 2(y_1 + y_2)y_3 - 2(y_1 + y_2)y_4 \\ & - 2(y_1 - y_2)y_3 + 2(y_1 - y_2)y_4 + 2y_3y_4 \end{aligned}$$

整理得

$$f = 2y_1^2 - 2y_2^2 + 4y_2y_3 - 4y_2y_4 + 2y_3y_4$$

由于新变量的二次型中含有平方项，且二次型中除 y_1^2 外，其他项均不含 y_1，所以继续执行配方法的第(1)步，将含有 y_2, y_3, y_4 的项配成完全平方。

$$\begin{aligned}
f &= 2y_1^2 - 2y_2^2 + 4y_2y_3 - 4y_2y_4 + 2y_3y_4 \\
&= 2y_1^2 - 2[y_2^2 - 2y_2(y_3 - y_4) + (y_3 - y_4)^2] + 2(y_3 - y_4)^2 + 2y_3y_4 \\
&= 2y_1^2 - 2(y_2 - y_3 + y_4)^2 + 2y_3^2 + 2y_4^2 - 2y_3y_4 \\
&= 2y_1^2 - 2(y_2 - y_3 + y_4)^2 + 2\left(y_3 - \frac{1}{2}y_4\right)^2 + \frac{3}{2}y_4^2
\end{aligned}$$

令

$$\begin{cases} z_1 = y_1 \\ z_2 = y_2 - y_3 + y_4 \\ z_3 = y_3 - \dfrac{1}{2}y_4 \\ z_4 = y_4 \end{cases}$$

即

$$\begin{cases} y_1 = z_1 \\ y_2 = z_2 + z_3 - \dfrac{1}{2}z_4 \\ y_3 = z_3 + \dfrac{1}{2}z_4 \\ y_4 = z_4 \end{cases} \quad \text{对应的可逆变换矩阵 } \boldsymbol{C}_2 = \begin{pmatrix} 1 & 0 & 0 & 0 \\ 0 & 1 & 1 & -\dfrac{1}{2} \\ 0 & 0 & 1 & \dfrac{1}{2} \\ 0 & 0 & 0 & 1 \end{pmatrix}$$

则二次型化为标准形

$$f = 2z_1^2 - 2z_2^2 + 2z_3^2 + \frac{3}{2}z_4^2$$

采用的可逆的线性变换为 $\boldsymbol{x} = \boldsymbol{C}_1\boldsymbol{y}, \boldsymbol{y} = \boldsymbol{C}_2\boldsymbol{z}$，故 $\boldsymbol{x} = (\boldsymbol{C}_1\boldsymbol{C}_2)\boldsymbol{z}$，其中变换矩阵为

$$\boldsymbol{C} = \boldsymbol{C}_1\boldsymbol{C}_2 = \begin{pmatrix} 1 & 1 & 0 & 0 \\ 1 & -1 & 0 & 0 \\ 0 & 0 & 1 & 0 \\ 0 & 0 & 0 & 1 \end{pmatrix} \begin{pmatrix} 1 & 0 & 0 & 0 \\ 0 & 1 & 1 & -\dfrac{1}{2} \\ 0 & 0 & 1 & \dfrac{1}{2} \\ 0 & 0 & 0 & 1 \end{pmatrix} = \begin{pmatrix} 1 & 1 & 1 & -\dfrac{1}{2} \\ 1 & -1 & -1 & \dfrac{1}{2} \\ 0 & 0 & 1 & \dfrac{1}{2} \\ 0 & 0 & 0 & 1 \end{pmatrix}$$

2. 初等变换法

任一对称矩阵 $\boldsymbol{A}$ 都合同于一个对角矩阵，即存在可逆矩阵 $\boldsymbol{C}$，使得 $\boldsymbol{C}^{\mathrm{T}}\boldsymbol{A}\boldsymbol{C} = \boldsymbol{\Lambda}$，又由于 $\boldsymbol{C}$ 可逆，根据定理 2.5.5，$\boldsymbol{C}$ 可写成一系列初等矩阵的乘积，记 $\boldsymbol{C} = \boldsymbol{p}_1\boldsymbol{p}_2\cdots\boldsymbol{p}_s$，其中 $\boldsymbol{p}_i(1 \leqslant i \leqslant s)$ 是初等矩阵，则

$$\boldsymbol{C}^{\mathrm{T}}\boldsymbol{A}\boldsymbol{C} = \boldsymbol{p}_s^{\mathrm{T}}\cdots\boldsymbol{p}_2^{\mathrm{T}}\boldsymbol{p}_1^{\mathrm{T}}\boldsymbol{A}\boldsymbol{p}_1\boldsymbol{p}_2\cdots\boldsymbol{p}_s = \boldsymbol{\Lambda}$$

由此可见，对 $2n \times n$ 矩阵 $\begin{pmatrix} \boldsymbol{A} \\ \cdots \\ \boldsymbol{E} \end{pmatrix}$ 实施右乘 $\boldsymbol{p}_1\boldsymbol{p}_2\cdots\boldsymbol{p}_s$ 初等列变换，再对 $\boldsymbol{A}$ 实施左乘 $\boldsymbol{p}_1^{\mathrm{T}}$，

$\boldsymbol{p}_2^{\mathrm{T}}\cdots\boldsymbol{p}_s^{\mathrm{T}}$ 初等行变换，则可以将矩阵 $\boldsymbol{A}$ 变为对角矩阵，同时单位矩阵 $\boldsymbol{E}$ 变为所求的可逆矩阵 $\boldsymbol{C}$。

上述过程可以归纳为

$$\begin{pmatrix}\boldsymbol{A}\\ \cdots\\ \boldsymbol{E}\end{pmatrix}\xrightarrow[\text{对}\boldsymbol{E}\text{只实施列变换}]{\text{对}\boldsymbol{A}\text{实施初等行、列变换}}\begin{pmatrix}\boldsymbol{\Lambda}\\ \cdots\\ \boldsymbol{C}\end{pmatrix}$$

【例 3】 用初等变换法将二次型

$$f(x_1,x_2,x_3)=2x_1^2+x_2^2-4x_1x_2-4x_2x_3$$

化为标准形，并求出所用的可逆线性变换。

【解】 由题意知，二次型对应的矩阵

$$\boldsymbol{A}=\begin{pmatrix}2&-2&0\\-2&1&-2\\0&-2&0\end{pmatrix}$$

利用初等变换法，有

$$\begin{pmatrix}\boldsymbol{A}\\ \cdots\\ \boldsymbol{E}\end{pmatrix}=\begin{pmatrix}2&-2&0\\-2&1&-2\\0&-2&0\\ \hline 1&0&0\\0&1&0\\0&0&1\end{pmatrix}\xrightarrow{r_1+r_2}\begin{pmatrix}2&-2&0\\0&-1&-2\\0&-2&0\\ \hline 1&0&0\\0&1&0\\0&0&1\end{pmatrix}\xrightarrow{c_1+c_2}\begin{pmatrix}2&0&0\\0&-1&-2\\0&-2&0\\ \hline 1&1&0\\0&1&0\\0&0&1\end{pmatrix}$$

$$\xrightarrow{-2r_2+r_3}\begin{pmatrix}2&0&0\\0&-1&-2\\0&0&4\\ \hline 1&1&0\\0&1&0\\0&0&1\end{pmatrix}\xrightarrow{-2c_2+c_3}\begin{pmatrix}2&0&0\\0&-1&0\\0&0&4\\ \hline 1&1&-2\\0&1&-2\\0&0&1\end{pmatrix}=\begin{pmatrix}\boldsymbol{A}\\ \cdots\\ \boldsymbol{C}\end{pmatrix}$$

经过可逆线性变换 $\boldsymbol{x}=\boldsymbol{C}\boldsymbol{y}$ 可化为标准形 $f=2y_1^2-y_2^2+4y_3^2$。

3. 正交变换法

由于实二次型的矩阵是一个实的对称矩阵，由定理 5.4.4 可知，对于任意的实二次型矩阵 $\boldsymbol{A}$，总存在一个正交矩阵 $\boldsymbol{Q}$，使得 $\boldsymbol{Q}^{-1}\boldsymbol{A}\boldsymbol{Q}=\boldsymbol{Q}^{\mathrm{T}}\boldsymbol{A}\boldsymbol{Q}=\boldsymbol{\Lambda}$，即实二次型必可通过正交变换化为标准形。

定理6.2.1 对任意一个 n 元实二次型 $f=\boldsymbol{x}^{\mathrm{T}}\boldsymbol{A}\boldsymbol{x}$，一定存在正交变换 $\boldsymbol{x}=\boldsymbol{C}\boldsymbol{y}$，将二次型 f 化为标准形

$$\lambda_1y_1^2+\lambda_2y_2^2+\cdots+\lambda_ny_n^2$$

其中，$\lambda_1,\lambda_2,\cdots,\lambda_n$ 是 f 的矩阵 $\boldsymbol{A}$ 的 n 个特征值，正交矩阵 $\boldsymbol{C}$ 的 n 个列向量为 $\boldsymbol{A}$ 的对应于特征值 $\lambda_1,\lambda_2,\cdots,\lambda_n$ 的单位正交向量。

用正交变换法化二次型为标准形的步骤如下：

(1) 写出二次型的对称矩阵 $\boldsymbol{A}$；

(2) 求出 $\boldsymbol{A}$ 的所有特征值 $\lambda_1,\lambda_2,\cdots,\lambda_n$；

(3) 求出对应于各特征值的线性无关的特征向量 $\boldsymbol{\xi}_1,\boldsymbol{\xi}_2,\cdots,\boldsymbol{\xi}_n$；

(4) 将特征向量 $\boldsymbol{\xi}_1,\boldsymbol{\xi}_2,\cdots,\boldsymbol{\xi}_n$ 正交化、单位化，得 $\boldsymbol{\eta}_1,\boldsymbol{\eta}_2,\cdots,\boldsymbol{\eta}_n$，记

$$\boldsymbol{C}=(\boldsymbol{\eta}_1,\boldsymbol{\eta}_2,\cdots,\boldsymbol{\eta}_n)$$

(5) 做正交变换 $\boldsymbol{x}=\boldsymbol{C}\boldsymbol{y}$，可得 f 的标准形

$$f=\lambda_1 y_1^2+\lambda_2 y_2^2+\cdots+\lambda_n y_n^2$$

【例 4】 用正交变换法将二次型

$$f(x_1,x_2,x_3)=x_1^2+4x_2^2+x_3^2-4x_1x_2-8x_1x_3-4x_2x_3$$

化为标准形，并求出所用的正交变换。

【解】 (1) 写出二次型矩阵

$$\boldsymbol{A}=\begin{pmatrix}1&-2&-4\\-2&4&-2\\-4&-2&1\end{pmatrix}$$

(2) 求矩阵 $\boldsymbol{A}$ 特征值，由

$$|\lambda\boldsymbol{E}-\boldsymbol{A}|=\begin{vmatrix}\lambda-1&2&4\\2&\lambda-4&2\\4&2&\lambda-1\end{vmatrix}=(\lambda-5)^2(\lambda+4)=0$$

可得特征为 $\lambda_1=\lambda_2=5,\lambda_3=-4$。

(3) 求特征向量。

当 $\lambda_1=\lambda_2=5$ 时，解齐次线性方程组 $(5\boldsymbol{E}-\boldsymbol{A})\boldsymbol{x}=\boldsymbol{0}$，得基础解系：

$$\boldsymbol{\xi}_1=\begin{pmatrix}1\\-2\\0\end{pmatrix},\boldsymbol{\xi}_2=\begin{pmatrix}1\\0\\-1\end{pmatrix}$$

当 $\lambda_3=-4$ 时，解齐次线性方程组 $(-4\boldsymbol{E}-\boldsymbol{A})\boldsymbol{x}=\boldsymbol{0}$，得基础解系：

$$\boldsymbol{\xi}_3=\begin{pmatrix}2\\1\\2\end{pmatrix}$$

(4) 先正交化：

$$\boldsymbol{\zeta}_1=\boldsymbol{\xi}_1=\begin{pmatrix}1\\-2\\0\end{pmatrix},\ \boldsymbol{\zeta}_2=\boldsymbol{\xi}_2-\frac{[\boldsymbol{\xi}_2,\boldsymbol{\zeta}_1]}{[\boldsymbol{\zeta}_1,\boldsymbol{\zeta}_1]}\boldsymbol{\zeta}_1=\begin{pmatrix}\frac{4}{5}\\\frac{2}{5}\\-1\end{pmatrix},\boldsymbol{\zeta}_3=\begin{pmatrix}2\\1\\2\end{pmatrix}$$

再单位化：

$$\boldsymbol{\eta}_1=\begin{pmatrix}\frac{1}{5}\sqrt{5}\\-\frac{2}{5}\sqrt{5}\\0\end{pmatrix},\boldsymbol{\eta}_2=\begin{pmatrix}\frac{4}{15}\sqrt{5}\\\frac{2}{15}\sqrt{5}\\-\frac{1}{3}\sqrt{5}\end{pmatrix},\boldsymbol{\eta}_3=\begin{pmatrix}\frac{2}{3}\\\frac{1}{3}\\\frac{2}{3}\end{pmatrix}$$

则正交矩阵为

$$C=(\boldsymbol{\eta}_1,\boldsymbol{\eta}_2,\boldsymbol{\eta}_3)=\begin{pmatrix}\frac{1}{5}\sqrt{5} & \frac{4}{15}\sqrt{5} & \frac{2}{3}\\ -\frac{2}{5}\sqrt{5} & \frac{2}{15}\sqrt{5} & \frac{1}{3}\\ 0 & -\frac{1}{3}\sqrt{5} & \frac{2}{3}\end{pmatrix}$$

并且有

$$C^{-1}AC=C^{\mathrm{T}}AC=\begin{pmatrix}5&0&0\\0&5&0\\0&0&-4\end{pmatrix}$$

(5) 故由正交变换 $x=Cy$ 将原二次型化为标准形

$$f=5y_1^2+5y_2^2-4y_3^2$$

6.2.3 二次型的规范标准形

定义6.2.2 形如

$$f=z_1^2+z_2^2+\cdots+z_p^2-z_{p+1}^2-\cdots-z_r^2$$

的二次型标准形称为规范标准形。

定义6.2.3 实二次型的规范标准形中,系数为正的平方项的个数 p 称为二次型的正惯性指数,系数为负的平方项的个数 $q=r-p$ 称为二次型的负惯性指数,其中 r 为二次型的秩。

定理6.2.2 惯性定理

对于任何实二次型 $f=x^{\mathrm{T}}Ax$,必存在可逆的线性变换化二次型为规范标准形,且二次型的规范标准形是唯一的。

【推论1】 任何实对称矩阵 A 都合同于对角矩阵

$$A\simeq\Lambda=\begin{pmatrix}1&&&&&&&&\\&\ddots&&&&&&&\\&&1&&&&&&\\&&&-1&&&&&\\&&&&\ddots&&&&\\&&&&&-1&&&\\&&&&&&0&&\\&&&&&&&\ddots&\\&&&&&&&&0\end{pmatrix}$$

其中 ±1 的总数为 r。

【推论2】 如果 $f=x^{\mathrm{T}}Ax$ 和 $g=y^{\mathrm{T}}By$ 都是 n 个变量的实二次型,它们有相同的秩和正惯性指数,则必有可逆的线性变换 $x=Cy$,使得 $x^{\mathrm{T}}Ax=y^{\mathrm{T}}(C^{\mathrm{T}}AC)y=y^{\mathrm{T}}By$。

用可逆的线性变换法化二次型为规范标准形。

在二次型的标准形中

$$f=\lambda_1 y_1^2+\lambda_2 y_2^2+\cdots+\lambda_p y_p^2-\lambda_{p+1} y_{p+1}^2-\cdots-\lambda_r y_r^2$$

其中 $\lambda_i>0, i=1,2,\cdots,r; \lambda_{r+1}=\cdots=\lambda_n=0$。

令

$$y_i=\begin{cases}\dfrac{z_i}{\sqrt{\lambda_i}}, & 1\leqslant i\leqslant r\\ z_i, & r<i\leqslant n\end{cases}$$

代入标准形中，即可化为规范标准形：

$$f=z_1^2+z_2^2+\cdots+z_p^2-z_{p+1}^2-\cdots-z_r^2$$

【例 5】 化二次型 $f=2x_1x_2+2x_1x_3-6x_2x_3$ 为规范标准形，并求其正惯性指数。

【解】 (1) 先将其化为标准形，由于 f 不含平方项，故先做线性变换。

$$\begin{cases}x_1=y_1+y_2\\ x_2=y_1-y_2\\ x_3=y_3\end{cases}$$

代入可得：

$$f=2y_1^2-2y_2^2-4y_1y_3+8y_2y_3$$

用配方法，得：

$$f=2(y_1-y_3)^2-2(y_2-2y_3)^2+6y_3^2$$

做线性变换：

$$\begin{cases}z_1=y_1-y_3\\ z_2=y_2-2y_3\\ z_3=y_3\end{cases}，即\begin{cases}y_1=z_1+z_3\\ y_2=z_2+2z_3\\ y_3=z_3\end{cases}$$

化为标准形：

$$f=2z_1^2-2z_2^2+6z_3^2$$

(2) 将标准形化为规范标准形。

令

$$\begin{cases}w_1=\sqrt{2}z_1\\ w_2=\sqrt{2}z_2\\ w_3=\sqrt{6}z_3\end{cases}，即\begin{cases}z_1=\dfrac{w_1}{\sqrt{2}}\\ z_2=\dfrac{w_2}{\sqrt{2}}\\ z_3=\dfrac{w_3}{\sqrt{6}}\end{cases}$$

代入标准形可把 f 化为规范标准形 $f=w_1^2+w_3^2-w_2^2$，且正惯性指数为 2。

习题 6-2

1. 用配方法将二次型

$$f = 2x_1^2 + 5x_2^2 + 5x_3^2 + 4x_1x_2 - 4x_1x_3 - 8x_2x_3$$

化为标准形,并求出所用的可逆线性变换。

2. 用配方法将二次型

$$f = x_1x_2 + x_1x_3 - 3x_2x_3$$

化为标准形,并求出所用的可逆线性变换。

3. 用初等变换法将二次型

$$f(x_1,x_2,x_3) = x_1^2 + 2x_2^2 + 2x_3^2 - 2x_1x_2 + 4x_1x_3 - 6x_2x_3$$

化为标准形,并求出所用的可逆线性变换。

4. 用正交变换法将二次型

$$f(x_1,x_2,x_3) = 17x_1^2 + 14x_2^2 + 14x_3^2 - 4x_1x_2 - 4x_1x_3 - 8x_2x_3$$

化为标准形,并求出所用的可逆线性变换。

5. 将二次型

$$f(x_1,x_2,x_3) = 2x_1x_2 + 2x_1x_3 - 6x_2x_3$$

化为规范标准形,并求出其正惯性指数。

6. 设二次型

$$f(x_1,x_2,x_3) = x_1^2 - x_2^2 + 2ax_1x_3 + 4x_2x_3$$

的负惯性指数为1,求 a 的取值范围。

7. 已知二次型

$$f(x_1,x_2,x_3) = ax_1^2 + ax_2^2 + ax_3^2 ++ 2x_1x_2 + 2x_1x_3 - 2x_2x_3$$

的规范标准形是 $y_1^2 + y_2^2$。求:

(1)a 的值;

(2) 用正交变换法将二次型 f 化为标准形,并写出所用的正交变换。

6-2 参考答案

§6.3 正定二次型

6.3.1 二次型的有定性

定义6.3.1 设有实二次型 $f = \boldsymbol{x}^{\mathrm{T}}\boldsymbol{A}\boldsymbol{x}$,如果对任意的非零向量 $\boldsymbol{x}$,

(1) 都有 $f = \boldsymbol{x}^{\mathrm{T}}\boldsymbol{A}\boldsymbol{x} > 0$ 成立,则称二次型 f 是正定二次型,对称矩阵 $\boldsymbol{A}$ 称为正定矩阵;

(2) 都有 $f = \boldsymbol{x}^{\mathrm{T}}\boldsymbol{A}\boldsymbol{x} < 0$ 成立,则称二次型 f 是负定二次型,对称矩阵 $\boldsymbol{A}$ 称为负定矩阵;

(3) 都有 $f = \boldsymbol{x}^{\mathrm{T}}\boldsymbol{A}\boldsymbol{x} \geqslant 0$ 成立,则称二次型 f 是半正定二次型,对称矩阵 $\boldsymbol{A}$ 称为半正定矩阵;

(4) 都有 $f = \boldsymbol{x}^{\mathrm{T}}\boldsymbol{A}\boldsymbol{x} \leqslant 0$ 成立，则称二次型 f 是半负定二次型，对称矩阵 $\boldsymbol{A}$ 称为半负定矩阵。

注：二次型的正定(负定)、半正定(半负定)统称为二次型及其矩阵的有定性，对于任意的非零向量 $\boldsymbol{x}$，若二次型 f 的值有正有负，则称二次型是不定的。

【例 1】 以 $n = 3$ 时的规范标准形为例。

(1) $f(x_1, x_2, x_3) = x_1^2 + x_2^2 + x_3^2$ 是正定二次型，对应的矩阵为 $\boldsymbol{A} = \begin{pmatrix} 1 & 0 & 0 \\ 0 & 1 & 0 \\ 0 & 0 & 1 \end{pmatrix}$；

(2) $f(x_1, x_2, x_3) = x_1^2 + x_2^2$ 是半正定二次型，对应的矩阵为 $\boldsymbol{A} = \begin{pmatrix} 1 & 0 & 0 \\ 0 & 1 & 0 \\ 0 & 0 & 0 \end{pmatrix}$；

(3) $f(x_1, x_2, x_3) = -x_1^2 - x_2^2 - x_3^2$ 是负定二次型，对应的矩阵为

$$\boldsymbol{A} = \begin{pmatrix} -1 & 0 & 0 \\ 0 & -1 & 0 \\ 0 & 0 & -1 \end{pmatrix};$$

(4) $f(x_1, x_2, x_3) = -x_1^2 - x_2^2$ 是半负定二次型，对应的矩阵为 $\boldsymbol{A} = \begin{pmatrix} -1 & 0 & 0 \\ 0 & -1 & 0 \\ 0 & 0 & 0 \end{pmatrix}$；

(5) $f(x_1, x_2, x_3) = x_1^2 - x_2^2$ 是不定二次型，对应的矩阵为 $\boldsymbol{A} = \begin{pmatrix} 1 & 0 & 0 \\ 0 & -1 & 0 \\ 0 & 0 & 0 \end{pmatrix}$。

6.3.2 正定矩阵的性质

(1) 若 $\boldsymbol{A}$ 为正定矩阵，则 $\boldsymbol{A}^{\mathrm{T}}, \boldsymbol{A}^{-1}, \boldsymbol{A}^*, k\boldsymbol{A}\,(k > 0), \boldsymbol{A}^m\,(n \in \mathbf{Z})$ 为正定矩阵；
(2) 若 $\boldsymbol{A}$ 为正定矩阵，则 $-\boldsymbol{A}$ 是负定矩阵；
(3) 若 $\boldsymbol{A}$ 为正定矩阵，则 $\boldsymbol{A}$ 的主对角线元素 $a_{ii} > 0\,(i = 1, 2, \cdots, n)$；
(4) 若 $\boldsymbol{A}$ 为正定矩阵，则 $|\boldsymbol{A}| > 0$；
(5) 若 $\boldsymbol{A}, \boldsymbol{B}$ 为同阶正定矩阵，则 $\boldsymbol{A} + \boldsymbol{B}$ 也为正定矩阵；
(6) 若 $\boldsymbol{A}$ 为正定矩阵，且 $\boldsymbol{A}$ 与 $\boldsymbol{B}$ 合同，则 $\boldsymbol{B}$ 也是正定矩阵；
(7) 若 $\boldsymbol{A}, \boldsymbol{B}$ 分别为 m, n 阶正定矩阵，则 $\boldsymbol{C} = \begin{pmatrix} \boldsymbol{A} & \boldsymbol{O} \\ \boldsymbol{O} & \boldsymbol{B} \end{pmatrix}$ 也是正定矩阵；
(8) 合同变换和可逆变换都不改变矩阵的正定性。

6.3.3 二次型正定性的判别法

由于二次型的正定性与其矩阵的正定性是一一对应的关系，因此，二次型的正定性的判别可以转化为对称矩阵正定性的判别。

定理6.3.1 n元实二次型$f=\boldsymbol{x}^{\mathrm{T}}\boldsymbol{A}\boldsymbol{x}$正定的充分必要条件是它的正惯性指数$p=n$。

【证】

1. 充分性

设可逆线性变换$\boldsymbol{x}=\boldsymbol{C}\boldsymbol{y}$,使得:

$$f=k_1y_1^2+k_2y_2^2+\cdots+k_ny_n^2$$

因为$k_i>0(i=1,2,\cdots,n)$,任取向量$\boldsymbol{x}\neq\boldsymbol{0}$,则$\boldsymbol{y}=\boldsymbol{C}^{-1}\boldsymbol{x}\neq\boldsymbol{0}$,所以$f>0$。

2. 必要性

用反证法,设有$k_i\leqslant 0$,则取$\boldsymbol{y}=(0,\cdots,0,1,0,\cdots,0)^{\mathrm{T}}$,它的第$i$个元素为1,那么有

$$f(\boldsymbol{x})=f(\boldsymbol{C}\boldsymbol{y})=k_i\leqslant 0$$

这与f正定矛盾。

【推论1】 对称矩阵$\boldsymbol{A}$为正(负)定矩阵的充分必要条件是$\boldsymbol{A}$的特征值全为正(负)。

【推论2】 n元实二次型$f=\boldsymbol{x}^{\mathrm{T}}\boldsymbol{A}\boldsymbol{x}$正定的充分必要条件是它的标准形中的$n$个系数全为正。

【推论3】 实二次型$f=\boldsymbol{x}^{\mathrm{T}}\boldsymbol{A}\boldsymbol{x}$半正(负)定的充分必要条件是它的正(负)惯性指数等于二次型的秩。

定理6.3.2 矩阵$\boldsymbol{A}$为正定矩阵的充分必要条件是:存在可逆矩阵$\boldsymbol{C}$,使$\boldsymbol{A}=\boldsymbol{C}^{\mathrm{T}}\boldsymbol{C}$,即$\boldsymbol{A}$与$\boldsymbol{E}$合同。

【证】

1. 充分性

对任意的$\boldsymbol{x}\neq\boldsymbol{0}$,有

$$\boldsymbol{x}^{\mathrm{T}}\boldsymbol{A}\boldsymbol{x}=\boldsymbol{x}^{\mathrm{T}}(\boldsymbol{C}^{\mathrm{T}}\boldsymbol{C})\boldsymbol{x}=(\boldsymbol{C}\boldsymbol{x})^{\mathrm{T}}(\boldsymbol{C}\boldsymbol{x})=\|\boldsymbol{C}\boldsymbol{x}\|^2>0$$

2. 必要性

根据惯性定理6.2.2的推论1,对于任意一个n阶矩阵,一定存在可逆矩阵$\boldsymbol{C}$,使得

$$\boldsymbol{C}^{\mathrm{T}}\boldsymbol{A}\boldsymbol{C}=\begin{pmatrix}\boldsymbol{E}_p & & \\ & -\boldsymbol{E}_{r-p} & \\ & & \boldsymbol{O}\end{pmatrix}$$

又因为矩阵$\boldsymbol{A}$为正定矩阵,根据定理6.3.1可知,$\boldsymbol{A}$的正惯性指数$p=n$,即

$$\boldsymbol{C}^{\mathrm{T}}\boldsymbol{A}\boldsymbol{C}=\boldsymbol{E}$$

则$\boldsymbol{A}$与$\boldsymbol{E}$合同,亦即

$$\boldsymbol{A}=\boldsymbol{C}^{\mathrm{T}}\boldsymbol{E}\boldsymbol{C}=\boldsymbol{C}^{\mathrm{T}}\boldsymbol{C}$$

定义6.3.2 设$\boldsymbol{A}=(a_{ij})_{m\times n}$,称

$$|\boldsymbol{A}_k|=\begin{vmatrix}a_{11} & a_{12} & \cdots & a_{1k}\\ a_{21} & a_{22} & \cdots & a_{2k}\\ \vdots & \vdots & & \vdots\\ a_{k1} & a_{k2} & \cdots & a_{kk}\end{vmatrix}$$

为$\boldsymbol{A}$的k阶顺序主子式。

定理6.3.3　赫尔维茨定理

n 阶实对称矩阵 $\boldsymbol{A}$ 正定的充分必要条件是：$\boldsymbol{A}$ 的所有顺序主子式全大于 0。

【推论 3】　n 阶实对称矩阵 $\boldsymbol{A}$ 负定的充分必要条件是：奇数阶顺序主子式为负，偶数阶顺序主子式为正。

【例 2】　判别二次型

$$f(x_1,x_2,x_3)=5x_1^2+x_2^2+5x_3^2+4x_1x_2-8x_1x_3-4x_2x_3$$

的正定性。

【解】　**方法 1：**

用配方法将二次型化为标准形。

$$\begin{aligned}f(x_1,x_2,x_3)&=5x_1^2+x_2^2+5x_3^2+4x_1x_2-8x_1x_3-4x_2x_3\\&=5x_1^2+[x_2^2+4x_2(x_1-x_3)]+5x_3^2-8x_1x_3\\&=5x_1^2+[x_2+2(x_1-x_3)]^2-4(x_1-x_3)^2+5x_3^2-8x_1x_3\\&=x_1^2+[x_2+2(x_1-x_3)]^2+x_3^2\geqslant 0\end{aligned}$$

当且仅当 $x_1=x_2=x_3=0$ 时，等号成立，因此二次型 f 正定。

方法 2：

由二次型 f 的矩阵

$$\boldsymbol{A}=\begin{pmatrix}5&2&-4\\2&1&-2\\-4&-2&5\end{pmatrix}$$

得各阶顺序主子式为

$$|5|>0,\begin{vmatrix}5&2\\2&1\end{vmatrix}=1>0,\begin{vmatrix}5&2&-4\\2&1&-2\\-4&-2&5\end{vmatrix}=1>0$$

所以 $\boldsymbol{A}$ 正定，即二次型 f 正定。

【例 3】　当 λ 为何值时，二次型

$$f(x_1,x_2,x_3)=\lambda(x_1^2+x_2^2+x_3^2)+2x_1x_2+2x_1x_3-2x_2x_3$$

为负定二次型？

【解】　二次型 f 的矩阵为

$$\boldsymbol{A}=\begin{pmatrix}\lambda&1&1\\1&\lambda&-1\\1&-1&\lambda\end{pmatrix}$$

要二次型 f 负定，则 $\boldsymbol{A}$ 的奇数阶顺序主子式小于 0，偶数阶顺序主子式大于 0，即

$$|\lambda|<0,\begin{vmatrix}\lambda&1\\1&\lambda\end{vmatrix}=\lambda^2-1>0,\begin{vmatrix}\lambda&1&1\\1&\lambda&-1\\1&-1&\lambda\end{vmatrix}=(\lambda^2+1)(\lambda-2)<0$$

求解不等式组得 $\lambda<-1$ 时，二次型 f 负定。

习题 6-3

1. 判别下列实二次型是否正定。

(1) $f(x_1,x_2,x_3)=x_1^2+2x_1x_2+2x_2^2+4x_2x_3+x_3^2$

(2) $f(x_1,x_2,x_3)=3x_1^2+4x_2^2+5x_3^2+4x_1x_2-4x_2x_3$

2. 判断 λ 满足什么条件时，二次型

$$f(x_1,x_2,x_3)=5x_1^2+x_2^2+5x_3^2+4x_1x_2-8x_1x_3-4\lambda x_2x_3$$

是正定的。

3. 已知矩阵 $\boldsymbol{A}$ 是 n 阶正定矩阵，证明：$\boldsymbol{A}^{-1}$ 是正定矩阵。

4. 设 $f=\boldsymbol{x}^{\mathrm{T}}\boldsymbol{A}\boldsymbol{x}$ 是正定二次型，证明：$|\boldsymbol{E}+\boldsymbol{A}|>1$。

6-3 参考答案

5. 设 $\boldsymbol{A}$ 为 $m\times n$ 实矩阵，$\boldsymbol{E}$ 为 n 阶单位矩阵，已知矩阵 $\boldsymbol{B}=\lambda\boldsymbol{E}+\boldsymbol{A}^{\mathrm{T}}\boldsymbol{A}$，试证：当 $\lambda>0$ 时，矩阵 $\boldsymbol{B}$ 为正定矩阵。

中国二次型研究的开拓者 —— 数学家柯召

柯召(1910—2002 年)，字惠棠，浙江温岭人，数学家、数学教育家、中国科学院资深院士，研究领域涉及数论、组合数学与代数学，被称为中国近代数论的创始人和二次型研究的开拓者。

1933 年柯召以优异成绩从清华大学毕业，并于 1935 年考取中英“庚款”公费留学生，去英国曼彻斯特大学深造。在导师莫德尔(Mordell) 的指导下研究二次型，在表二次型为线性型平方和的问题上取得优异成绩，并应邀在伦敦数学会做报告，受到当代著名数学家哈代(Hardy) 的好评。这是中国人首次登上伦敦数学会讲台。

1938 年，柯召在《数论学报》《牛津数学季刊》《伦敦数学会会报》等国际一流杂志上发表论文 10 多篇，其做了二次型方面的一系列工作，还取得了中国最早的代数数论和数的几何方面的研究成果。

1962 年，柯召终于以精湛的方法突破了 100 多年来未能解决的卡塔兰猜想的二次“幂”情形，获一系列重要成果，国际上被誉为“柯氏定理”，所创造的方法至今仍被广泛引用。

1988 年，在日本召开的国际信息论会议上，两位获奖人中的一位美国数学家斯托勒(Stoane)，对一位中国代表谈到柯召 20 世纪 30 年代有关二次型的论文时说：“我很惊异中国人那么早就已取得了巨大的成就。”斯托勒还请这位代表带信向柯召致意：“我拜读了您 1938 年关于二次型的论文，棒极了。”

1990 年 4 月 12 日，四川大学和四川省科学技术协会联合举行了庆祝柯召 80 寿辰暨执教 60 年大会，有数百人出席，大会收到来自全国各地的贺电、贺信上百件，人们怀着崇敬的心情，回顾他几十年来所获得的成功和走过的艰难的道路，颂扬他为发展祖国的数学事业所做的无私奉献。

正如中国科学院、国家科学技术委员会的贺信中所指出的："数十年来，柯召教授热爱社会主义祖国，忠诚人民的教育事业，努力献身国家的科学事业，为我国的教育事业和科学技术事业做出了重大贡献。"

第 7 章　线性空间与线性变换

线性空间是线性代数的研究对象之一，它是一个抽象的概念，也是向量空间的概念推广，而线性变换反映了线性空间中元素间的线性关系。本章主要介绍的是线性空间、线性空间的子空间、线性变换等。

第 7 章课件

§7.1　线性空间

7.1.1　线性空间的定义

定义7.1.1　设 V 是一个非空集合，$\mathbf{R}$ 是实数域，在 V 中定义了以下两种运算：

1. 加法

对任意两个元素 $\boldsymbol{\alpha},\boldsymbol{\beta}\in V$，总有唯一确定的元素 $\boldsymbol{\gamma}$ 与之对应，称为 $\boldsymbol{\alpha}$ 与 $\boldsymbol{\beta}$ 的和，记作 $\boldsymbol{\gamma}=\boldsymbol{\alpha}+\boldsymbol{\beta}$；

2. 数乘

对任意的 $\lambda\in\mathbf{R}$ 与任意 $\boldsymbol{\alpha}\in V$，总有唯一确定的元素 $\boldsymbol{\delta}\in V$ 与之对应，称为 λ 与 $\boldsymbol{\alpha}$ 的数量乘积，记作 $\boldsymbol{\delta}=\lambda\boldsymbol{\alpha}$。

这两种运算满足以下 8 条运算规律（$\boldsymbol{\alpha},\boldsymbol{\beta},\boldsymbol{\gamma}\in V;\lambda,\mu\in\mathbf{R}$）：

(1) $\boldsymbol{\alpha}+\boldsymbol{\beta}=\boldsymbol{\beta}+\boldsymbol{\alpha}$；

(2) $(\boldsymbol{\alpha}+\boldsymbol{\beta})+\boldsymbol{\gamma}=\boldsymbol{\alpha}+(\boldsymbol{\beta}+\boldsymbol{\gamma})$；

(3) V 中存在零元素 $\mathbf{0}$，对 $\forall\boldsymbol{\alpha}\in V$，有 $\boldsymbol{\alpha}+\mathbf{0}=\boldsymbol{\alpha}$；

(4) $\forall\boldsymbol{\alpha}\in V$，都有 $\boldsymbol{\alpha}$ 的负元素 $\boldsymbol{\beta}\in V$，使 $\boldsymbol{\alpha}+\boldsymbol{\beta}=\mathbf{0}$，记 $\boldsymbol{\beta}=-\boldsymbol{\alpha}$；

(5) $1\cdot\boldsymbol{\alpha}=\boldsymbol{\alpha}$；

(6) $\lambda(\mu\boldsymbol{\alpha})=(\lambda\mu)\boldsymbol{\alpha}$；

(7) $(\lambda+\mu)\boldsymbol{\alpha}=\lambda\boldsymbol{\alpha}+\mu\boldsymbol{\alpha}$；

(8) $\lambda(\boldsymbol{\alpha}+\boldsymbol{\beta})=\lambda\boldsymbol{\alpha}+\lambda\boldsymbol{\beta}$。

那么 V 就称为实数域 $\mathbf{R}$ 上的线性空间，简称线性空间，V 中的元素也称向量。

注：验证 V 是否为 $\mathbf{R}$ 上的线性空间就是验证是否满足：① 两种运算封闭；② 满足 8 条运算规律。

下面列举一些线性空间的例子。

【例 1】 向量空间 $\mathbf{R}^n$ 为线性空间。

【例 2】 实数域上的全体 $m\times n$ 矩阵，按照矩阵的加法和矩阵的数乘构成实数域 $\mathbf{R}$ 上的线性空间，称为实矩阵空间，记为 $\mathbf{R}^{m\times n}$。

【例 3】 在区间 $[a,b]$ 上的连续实函数，按照函数的加法和函数与数的数量乘法构成实数域上的线性空间，记为 $C[a,b]$。

【例 4】 所有的实系数一元多项式(包含零次多项式即常数)，按照多项式的加法和数量乘法构成实线性空间，记为 $P[x]$。

特别地，由所有次数小于 n 的实系数一元多项式，按照多项式的加法和数量乘法构成实线性空间，记为 $P[x]_n$。

$$P[x]_n=\{p(x)\mid p(x)=a_{n-1}x^{n-1}+\cdots+a_1x+a_0(a_{n-1},\cdots,a_1,a_0\in\mathbf{R})\}$$

【例 5】 系数矩阵为实矩阵 $\mathbf{A}=(a_{ij})_{m\times n}$ 的线性方程组 $\mathbf{Ax}=\mathbf{0}$ 的全部解向量，按照向量的加法和数乘构成实线性空间，称为线性方程组 $\mathbf{Ax}=\mathbf{0}$ 的解空间。

【例 6】 正实数的全体记作 $\mathbf{R}^+$，在其中定义加法及数乘的运算为：

$$a\oplus b=ab,\lambda^\circ a=a^\lambda\quad(\lambda\in\mathbf{R},\quad a,b\in\mathbf{R}^+)$$

验证 $\mathbf{R}^+$ 对上述加法与数乘运算构成实数域 $\mathbf{R}$ 上的线性空间。

【解】 1. 加法封闭性：对任意的 $a,b\in\mathbf{R}^+$，有 $a\oplus b=ab\in\mathbf{R}^+$；

2. 数乘封闭性：对任意的 $\lambda\in\mathbf{R},a\in\mathbf{R}^+$，有 $\lambda^\circ a=a^\lambda\in\mathbf{R}^+$；

3. 下面验证满足 8 条运算规律：

(1)$a\oplus b=ab=ba=b\oplus a$；

(2)$(a\oplus b)\oplus c=ab\oplus c=abc=a(bc)=a\oplus(b\oplus c)$；

(3)$\mathbf{R}^+$ 存在零元 1，对 $a\in\mathbf{R}^+$，有 $a\oplus 1=a\cdot 1=a$；

(4) 对 $a\in\mathbf{R}^+$，存在负元 $a^{-1}\in\mathbf{R}^+$，使 $a\oplus a^{-1}=aa^{-1}=1$；

(5)$1^\circ a=a^1=a$；

(6)$\lambda^\circ(\mu^\circ a)=\lambda^\circ a^\mu=(a^\mu)^\lambda=a^{\lambda\mu}=(\lambda^\circ\mu^\circ)a$；

(7) $(\lambda+\mu)^\circ a=a^{\lambda+\mu}=a^\lambda a^\mu=a^\lambda\oplus a^\mu=\lambda^\circ a\oplus\mu^\circ a$；

(8)$\lambda^\circ(a\oplus b)=\lambda^\circ(ab)=(ab)^\lambda=a^\lambda b^\lambda=a^\lambda\oplus b^\lambda=\lambda^\circ a\oplus\lambda^\circ b$。

因此，$\mathbf{R}^+$ 对所定义的加法与数乘运算构成实数域 $\mathbf{R}$ 上的线性空间。

7.1.2　线性空间的性质

【性质 1】 零元素是唯一的。

【证】 设 $\mathbf{0}_1,\mathbf{0}_2$ 是线性空间 V 的两个零元素，则对 $\forall\boldsymbol{\alpha}\in V$，有

$$\boldsymbol{\alpha}+\mathbf{0}_1=\boldsymbol{\alpha},\boldsymbol{\alpha}+\mathbf{0}_2=\boldsymbol{\alpha}$$

由于 $\mathbf{0}_1,\mathbf{0}_2\in V$，则 $\mathbf{0}_1+\mathbf{0}_2=\mathbf{0}_1,\mathbf{0}_2+\mathbf{0}_1=\mathbf{0}_2$，所以有

$$\mathbf{0}_1=\mathbf{0}_1+\mathbf{0}_2=\mathbf{0}_2+\mathbf{0}_1=\mathbf{0}_2$$

【性质 2】 任意一元素的负元素是唯一的。

【证】 设 $\boldsymbol{\alpha}$ 的负元为 $\boldsymbol{\beta},\boldsymbol{\gamma}$，则有：$\boldsymbol{\alpha}+\boldsymbol{\beta}=\mathbf{0},\boldsymbol{\alpha}+\boldsymbol{\gamma}=\mathbf{0}$。

$$\boldsymbol{\beta}=\boldsymbol{\beta}+\mathbf{0}=\boldsymbol{\beta}+(\boldsymbol{\alpha}+\boldsymbol{\gamma})=(\boldsymbol{\alpha}+\boldsymbol{\beta})+\boldsymbol{\gamma}=\mathbf{0}+\boldsymbol{\gamma}=\boldsymbol{\gamma}$$

所以负元素是唯一的。

【性质 3】 $0\cdot\boldsymbol{\alpha}=\mathbf{0},\lambda\cdot\mathbf{0}=\mathbf{0},(-1)\boldsymbol{\alpha}=-\boldsymbol{\alpha}$

【证】 因为

$$\boldsymbol{\alpha}+0\cdot\boldsymbol{\alpha}=1\cdot\boldsymbol{\alpha}+0\cdot\boldsymbol{\alpha}=(1-0)\boldsymbol{\alpha}=1\cdot\boldsymbol{\alpha}=\boldsymbol{\alpha}$$

所以 $0\cdot\boldsymbol{\alpha}=\mathbf{0}$。

又因为

$$\boldsymbol{\alpha}+(-1)\boldsymbol{\alpha}=1\cdot\boldsymbol{\alpha}+(-1)\boldsymbol{\alpha}=[1+(-1)]\boldsymbol{\alpha}=0\cdot\boldsymbol{\alpha}=\mathbf{0}$$

所以 $(-1)\boldsymbol{\alpha}=-\boldsymbol{\alpha}$,于是有

$$\lambda\cdot\mathbf{0}=\lambda[\boldsymbol{\alpha}+(-1)\boldsymbol{\alpha}]=\lambda\boldsymbol{\alpha}+(-\lambda)\boldsymbol{\alpha}=[\lambda+(-\lambda)]\boldsymbol{\alpha}=\mathbf{0}$$

【性质 4】 若 $\lambda\boldsymbol{\alpha}=\mathbf{0}$,则 $\lambda=0$ 或 $\boldsymbol{\alpha}=\mathbf{0}$。

【证】 如果 $\lambda\neq0$,那么

$$\frac{1}{\lambda}(\lambda\boldsymbol{\alpha})=\frac{1}{\lambda}\cdot\mathbf{0}=\mathbf{0}$$

又

$$\frac{1}{\lambda}(\lambda\boldsymbol{\alpha})=\left(\frac{1}{\lambda}\lambda\right)\boldsymbol{\alpha}=1\cdot\boldsymbol{\alpha}=\boldsymbol{\alpha}$$

所以 $\boldsymbol{\alpha}=\mathbf{0}$。

7.1.3 线性空间的基、维数与坐标

定义7.1.2 在线性空间 V 中,如果存在 r 个元素 $\boldsymbol{\alpha}_1,\boldsymbol{\alpha}_2,\cdots,\boldsymbol{\alpha}_r$,满足:

(1)$\boldsymbol{\alpha}_1,\boldsymbol{\alpha}_2,\cdots,\boldsymbol{\alpha}_r$ 线性无关;

(2)V 中任一元素 $\boldsymbol{\alpha}$ 总可由 $\boldsymbol{\alpha}_1,\boldsymbol{\alpha}_2,\cdots,\boldsymbol{\alpha}_r$ 线性表示;

那么,$\boldsymbol{\alpha}_1,\boldsymbol{\alpha}_2,\cdots,\boldsymbol{\alpha}_r$ 就称为线性空间 V 的一个基,r 就称为线性空间 V 的维数,记为 $\dim V=r$。

定义7.1.3 设 $\boldsymbol{\alpha}_1,\boldsymbol{\alpha}_2,\cdots,\boldsymbol{\alpha}_r$ 是线性空间 V 的一个基,对任何元素 $\boldsymbol{\alpha}\in V$,有唯一表示形式

$$\boldsymbol{\alpha}=x_1\boldsymbol{\alpha}_1+x_2\boldsymbol{\alpha}_2+\cdots+x_r\boldsymbol{\alpha}_r$$

称有序数组 $(x_1,x_2,\cdots,x_r)$ 为元素 $\boldsymbol{\alpha}$ 在基 $\boldsymbol{\alpha}_1,\boldsymbol{\alpha}_2,\cdots,\boldsymbol{\alpha}_r$ 下的坐标。并记作:

$$\boldsymbol{\alpha}=(x_1,x_2,\cdots,x_r)$$

【例 7】 在线性空间 $P[x]_n$ 中,$1,x,x^2,\cdots,x^{n-1}$ 是 $P[x]_n$ 的一个基,且 $\dim P[x]_n=n$。对于 $P[x]_n$ 中任一多项式 $p(x)$ 都可以用 $1,x,x^2,\cdots,x^{n-1}$ 线性表出,即

$$p(x)=a_{n-1}x^{n-1}+\cdots+a_1x+a_0 1$$

$p(x)$ 在基 $1,x,x^2,\cdots,x^{n-1}$ 下的坐标为 $(a_{n-1},\cdots,a_1,a_0)$。

【例 8】 在实矩阵空间 $\mathbf{R}^{2\times2}$ 中,证明:向量组

$$\boldsymbol{E}_{11}=\begin{pmatrix}1&0\\0&0\end{pmatrix},\boldsymbol{E}_{12}=\begin{pmatrix}0&1\\0&0\end{pmatrix},\boldsymbol{E}_{21}=\begin{pmatrix}0&0\\1&0\end{pmatrix},\boldsymbol{E}_{22}=\begin{pmatrix}0&0\\0&1\end{pmatrix}$$

是 $\mathbf{R}^{2\times2}$ 的一组基,并求任意矩阵 $\boldsymbol{A}=\begin{pmatrix}a_{11}&a_{12}\\a_{21}&a_{22}\end{pmatrix}$ 在基 $\boldsymbol{E}_{11},\boldsymbol{E}_{12},\boldsymbol{E}_{21},\boldsymbol{E}_{22}$ 下的坐标。

【证】 (1) 设有常数 k_1,k_2,k_3,k_4,使得:

$$k_1\boldsymbol{E}_{11}+k_2\boldsymbol{E}_{12}+k_3\boldsymbol{E}_{21}+k_4\boldsymbol{E}_{22}=\boldsymbol{O}$$

即

$$k_1\begin{pmatrix}1 & 0\\0 & 0\end{pmatrix}+k_2\begin{pmatrix}0 & 1\\0 & 0\end{pmatrix}+k_3\begin{pmatrix}0 & 0\\1 & 0\end{pmatrix}+k_4\begin{pmatrix}0 & 0\\0 & 1\end{pmatrix}=\begin{pmatrix}0 & 0\\0 & 0\end{pmatrix}$$

亦即

$$\begin{pmatrix}k_1 & k_2\\k_3 & k_4\end{pmatrix}=\begin{pmatrix}0 & 0\\0 & 0\end{pmatrix}$$

所以 $k_1=k_2=k_3=k_4=0$，故 $\boldsymbol{E}_{11},\boldsymbol{E}_{12},\boldsymbol{E}_{21},\boldsymbol{E}_{22}$ 线性无关。

又因为对于任意的实二阶矩阵 $\boldsymbol{A}=\begin{pmatrix}a_{11} & a_{12}\\a_{21} & a_{22}\end{pmatrix}\in\mathbf{R}^{2\times2}$，有

$$\boldsymbol{A}=a_{11}\boldsymbol{E}_{11}+a_{12}\boldsymbol{E}_{12}+a_{21}\boldsymbol{E}_{21}+a_{22}\boldsymbol{E}_{22}$$

所以 $\boldsymbol{E}_{11},\boldsymbol{E}_{12},\boldsymbol{E}_{21},\boldsymbol{E}_{22}$ 是实矩阵空间 $\mathbf{R}^{2\times2}$ 的一组基。

(2) 矩阵 $\boldsymbol{A}$ 在基 $\boldsymbol{E}_{11},\boldsymbol{E}_{12},\boldsymbol{E}_{21},\boldsymbol{E}_{22}$ 下的坐标为 $(a_{11},a_{12},a_{21},a_{22})$。

7.1.4　基变换与坐标变换

设 $\boldsymbol{\alpha}_1,\boldsymbol{\alpha}_2,\cdots,\boldsymbol{\alpha}_n$ 和 $\boldsymbol{\beta}_1,\boldsymbol{\beta}_2,\cdots,\boldsymbol{\beta}_n$ 是线性空间 V 的两个基，则 $\boldsymbol{\beta}_1,\boldsymbol{\beta}_2,\cdots,\boldsymbol{\beta}_n$ 可由基 $\boldsymbol{\alpha}_1,\boldsymbol{\alpha}_2,\cdots,\boldsymbol{\alpha}_n$ 线性表示，设表示式为：

$$\begin{cases}\boldsymbol{\beta}_1=c_{11}\boldsymbol{\alpha}_1+c_{12}\boldsymbol{\alpha}_2+\cdots+c_{1n}\boldsymbol{\alpha}_n\\\boldsymbol{\beta}_2=c_{21}\boldsymbol{\alpha}_1+c_{22}\boldsymbol{\alpha}_2+\cdots+c_{2n}\boldsymbol{\alpha}_n\\\qquad\cdots\\\boldsymbol{\beta}_n=c_{n1}\boldsymbol{\alpha}_1+c_{n2}\boldsymbol{\alpha}_2+\cdots+c_{nn}\boldsymbol{\alpha}_n\end{cases}$$

将其写成矩阵的形式

$$(\boldsymbol{\beta}_1,\boldsymbol{\beta}_2,\cdots,\boldsymbol{\beta}_n)=(\boldsymbol{\alpha}_1,\boldsymbol{\alpha}_2,\cdots,\boldsymbol{\alpha}_n)\boldsymbol{C}$$

其中 $\boldsymbol{C}=(c_{ij})_{n\times n}$。

定义7.1.4　设 $\boldsymbol{\alpha}_1,\boldsymbol{\alpha}_2,\cdots,\boldsymbol{\alpha}_n$ 和 $\boldsymbol{\beta}_1,\boldsymbol{\beta}_2,\cdots,\boldsymbol{\beta}_n$ 是 n 维线性空间 V 的两组基，若有矩阵 $\boldsymbol{C}$ 使

$$(\boldsymbol{\beta}_1,\boldsymbol{\beta}_2,\cdots,\boldsymbol{\beta}_n)=(\boldsymbol{\alpha}_1,\boldsymbol{\alpha}_2,\cdots,\boldsymbol{\alpha}_n)\boldsymbol{C}\tag{7-1}$$

称矩阵 $\boldsymbol{C}$ 为从基 $\boldsymbol{\alpha}_1,\boldsymbol{\alpha}_2,\cdots,\boldsymbol{\alpha}_n$ 到基 $\boldsymbol{\beta}_1,\boldsymbol{\beta}_2,\cdots,\boldsymbol{\beta}_n$ 的过渡矩阵，式(7-1)称为基变换。

注：

1. 过渡矩阵 $\boldsymbol{C}$ 的第 i 列是 $\boldsymbol{\beta}_i$ 在基 $\boldsymbol{\alpha}_1,\boldsymbol{\alpha}_2,\cdots,\boldsymbol{\alpha}_n$ 下的坐标。
2. $\boldsymbol{C}$ 是可逆矩阵，并且 $\boldsymbol{C}^{-1}$ 是从基 $\boldsymbol{\beta}_1,\boldsymbol{\beta}_2,\cdots,\boldsymbol{\beta}_n$ 到基 $\boldsymbol{\alpha}_1,\boldsymbol{\alpha}_2,\cdots,\boldsymbol{\alpha}_n$ 的过渡矩阵。

定理7.1.1　设线性空间 V 中的向量 $\boldsymbol{\alpha}$，在基 $\boldsymbol{\alpha}_1,\boldsymbol{\alpha}_2,\cdots,\boldsymbol{\alpha}_n$ 下的坐标为 $\boldsymbol{x}=(x_1,x_2,\cdots,x_n)^{\mathrm{T}}$，在基 $\boldsymbol{\beta}_1,\boldsymbol{\beta}_2,\cdots,\boldsymbol{\beta}_n$ 下的坐标为 $\boldsymbol{y}=(y_1,y_2,\cdots,y_n)^{\mathrm{T}}$，从基 $\boldsymbol{\alpha}_1,\boldsymbol{\alpha}_2,\cdots,\boldsymbol{\alpha}_n$ 到基 $\boldsymbol{\beta}_1,\boldsymbol{\beta}_2,\cdots,\boldsymbol{\beta}_n$ 的过渡矩阵为 $\boldsymbol{C}$，则有坐标变换公式

$$\begin{pmatrix}x_1\\x_2\\\vdots\\x_n\end{pmatrix}=\boldsymbol{C}\begin{pmatrix}y_1\\y_2\\\vdots\\y_n\end{pmatrix}\quad\text{或}\quad\begin{pmatrix}y_1\\y_2\\\vdots\\y_n\end{pmatrix}=\boldsymbol{C}^{-1}\begin{pmatrix}x_1\\x_2\\\vdots\\x_n\end{pmatrix}$$

【例 9】 在线性空间 $P[x]_4$ 中，取两组基

$$\boldsymbol{\alpha}_1 = x^3 + 2x^2 - x, \boldsymbol{\alpha}_2 = x^3 - x^2 + x + 1$$
$$\boldsymbol{\alpha}_3 = -x^3 + 2x^2 + x + 1, \boldsymbol{\alpha}_4 = -x^3 - x^2 + 1$$

及

$$\boldsymbol{\beta}_1 = 2x^3 + x^2 + 1, \boldsymbol{\beta}_2 = x^2 + 2x + 2$$
$$\boldsymbol{\beta}_3 = -2x^3 + x^2 + x + 2, \boldsymbol{\beta}_4 = x^3 + 3x^2 + x + 2$$

求基变换公式和坐标变换公式。

【解】 因为

$$(\boldsymbol{\alpha}_1, \boldsymbol{\alpha}_2, \boldsymbol{\alpha}_3, \boldsymbol{\alpha}_4) = (x^3, x^2, x, 1)\boldsymbol{A}$$
$$(\boldsymbol{\beta}_1, \boldsymbol{\beta}_2, \boldsymbol{\beta}_3, \boldsymbol{\beta}_4) = (x^3, x^2, x, 1)\boldsymbol{B}$$

其中

$$\boldsymbol{A} = \begin{pmatrix} 1 & 1 & -1 & -1 \\ 2 & -1 & 2 & -1 \\ -1 & 1 & 1 & 0 \\ 0 & 1 & 1 & 1 \end{pmatrix}, \boldsymbol{B} = \begin{pmatrix} 2 & 0 & -2 & 1 \\ 1 & 1 & 1 & 3 \\ 0 & 2 & 1 & 1 \\ 1 & 2 & 2 & 2 \end{pmatrix}$$

所以基变换公式为

$$(\boldsymbol{\beta}_1, \boldsymbol{\beta}_2, \boldsymbol{\beta}_3, \boldsymbol{\beta}_4) = (\boldsymbol{\alpha}_1, \boldsymbol{\alpha}_2, \boldsymbol{\alpha}_3, \boldsymbol{\alpha}_4)\boldsymbol{A}^{-1}\boldsymbol{B}$$

从而坐标变换公式为

$$\begin{pmatrix} y_1 \\ y_2 \\ y_3 \\ y_4 \end{pmatrix} = \boldsymbol{B}^{-1}\boldsymbol{A}\begin{pmatrix} x_1 \\ x_2 \\ x_3 \\ x_4 \end{pmatrix}$$

用矩阵的行变换求 $\boldsymbol{A}^{-1}\boldsymbol{B}$ 和 $\boldsymbol{B}^{-1}\boldsymbol{A}$:

$$(\boldsymbol{A} \vdots \boldsymbol{B}) = \left(\begin{array}{cccc:cccc} 1 & 1 & -1 & -1 & 2 & 0 & -2 & 1 \\ 2 & -1 & 2 & -1 & 1 & 1 & 1 & 3 \\ -1 & 1 & 1 & 0 & 0 & 2 & 1 & 1 \\ 0 & 1 & 1 & 1 & 1 & 2 & 2 & 2 \end{array}\right)$$

$$\xrightarrow{\text{初等行变换}} \left(\begin{array}{cccc:cccc} 1 & 0 & 0 & 0 & 1 & 0 & 0 & 1 \\ 0 & 1 & 0 & 0 & 1 & 1 & 0 & 1 \\ 0 & 0 & 1 & 0 & 0 & 1 & 1 & 1 \\ 0 & 0 & 0 & 1 & 0 & 0 & 1 & 0 \end{array}\right) = (\boldsymbol{E} \vdots \boldsymbol{A}^{-1}\boldsymbol{B})$$

即得

$$(\boldsymbol{\beta}_1, \boldsymbol{\beta}_2, \boldsymbol{\beta}_3, \boldsymbol{\beta}_4) = (\boldsymbol{\alpha}_1, \boldsymbol{\alpha}_2, \boldsymbol{\alpha}_3, \boldsymbol{\alpha}_4)\begin{pmatrix} 1 & 0 & 0 & 1 \\ 1 & 1 & 0 & 1 \\ 0 & 1 & 1 & 1 \\ 0 & 0 & 1 & 0 \end{pmatrix}$$

$$(\boldsymbol{B} \mid \boldsymbol{A}) = \left(\begin{array}{cccc:cccc} 2 & 0 & -2 & 1 & 1 & 1 & -1 & -1 \\ 1 & 1 & 1 & 3 & 2 & -1 & 2 & -1 \\ 0 & 2 & 1 & 1 & -1 & 1 & 1 & 0 \\ 1 & 2 & 2 & 2 & 0 & 1 & 1 & 1 \end{array}\right)$$

$$\xrightarrow{\text{初等行变换}} \left(\begin{array}{cccc:cccc} 1 & 0 & 0 & 0 & 0 & 1 & -1 & 1 \\ 0 & 1 & 0 & 0 & -1 & 1 & 0 & 0 \\ 0 & 0 & 1 & 0 & 0 & 0 & 0 & 1 \\ 0 & 0 & 0 & 1 & 1 & -1 & 1 & -1 \end{array}\right) = (\boldsymbol{E} \mid \boldsymbol{B}^{-1}\boldsymbol{A})$$

所以有

$$\begin{pmatrix} y_1 \\ y_2 \\ y_3 \\ y_4 \end{pmatrix} = \begin{pmatrix} 0 & 1 & -1 & 1 \\ -1 & 1 & 0 & 0 \\ 0 & 0 & 0 & 1 \\ 1 & -1 & 1 & -1 \end{pmatrix} \begin{pmatrix} x_1 \\ x_2 \\ x_3 \\ x_4 \end{pmatrix}$$

习题 7-1

1. 验证下列集合对于所规定的线性运算是否构成实数域上的线性空间。

(1) 正弦函数的集合

$$S(x) = \{s(x) = A\sin(x+B) \mid A, B \in \mathbf{R}\}$$

对于通常的函数加法及数乘函数的乘法。

(2)n 元实有序数组组成的全体

$$S_n = \{\boldsymbol{x} = (x_1, x_2, \cdots, x_n)^{\mathrm{T}} \mid x_1, x_2, \cdots, x_n \in \mathbf{R}\}$$

对于通常的有序数组的加法及如下定义的数乘：

$$\lambda^{\circ}\boldsymbol{x} = \lambda^{\circ}(x_1, x_2, \cdots, x_n)^{\mathrm{T}} = (0, 0, \cdots, 0)^{\mathrm{T}}$$

(3) 次数等于 $n(n \geqslant 1)$ 的实系数多项式的全体记作 $P[x]$，对于多项式通常的加法和数量乘法是否构成线性空间？

2. 证明：$1, x-1, (x-2)(x-1)$ 是 $P[x]_3$ 的一组基，并求向量 $p(x) = 1 + x + x^2$ 在这组基下的坐标。

3. 由所有二阶实上三角形矩阵构成的实线性空间的一组基为

$$\boldsymbol{E}_{11} = \begin{pmatrix} 1 & 0 \\ 0 & 0 \end{pmatrix}, \boldsymbol{E}_{12} = \begin{pmatrix} 0 & 1 \\ 0 & 0 \end{pmatrix}, \boldsymbol{E}_{22} = \begin{pmatrix} 0 & 0 \\ 0 & 1 \end{pmatrix}$$

(1) 试证：

$$\boldsymbol{M}_1 = \begin{pmatrix} 1 & 1 \\ 0 & 0 \end{pmatrix}, \boldsymbol{M}_2 = \begin{pmatrix} 1 & 0 \\ 0 & 1 \end{pmatrix}, \boldsymbol{M}_3 = \begin{pmatrix} 0 & 1 \\ 0 & 1 \end{pmatrix}$$

也是线性空间的一组基，并写出由 $\boldsymbol{E}_{11}, \boldsymbol{E}_{12}, \boldsymbol{E}_{22}$ 到 $\boldsymbol{M}_1, \boldsymbol{M}_2, \boldsymbol{M}_3$ 的过渡矩阵。

(2) 求 $\boldsymbol{M} = \begin{pmatrix} 2 & -1 \\ 0 & -3 \end{pmatrix}$ 在两组基下的坐标。

7-1 参考答案

§7.2 线性空间的子空间

在7.1节例5中给出了线性方程组 $\boldsymbol{Ax}=\boldsymbol{0}$ 的所有解构成线性空间的结论，显然，这个线性空间是例1向量空间 $\mathbf{R}^n$ 的一个子集合。对于这个种情况，我们引入子空间的概念。

7.2.1 子空间的概念

定义7.2.1 设 V 是一个线性空间，L 是 V 的一个非空子集，如果 L 对于 V 中所定义的加法和数乘两种运算也构成一个线性空间，则称 L 为 V 的一个线性子空间，简称子空间。

下面我们来分析，一个非空子集要满足什么条件才能成为子空间？

L 既然是 V 的子集合，那么 L 中的元素满足运算规律(1)、(2)和(5)～(8)是必然的。从而 L 要成为 V 的子空间，只需满足运算规律(3)、(4)以及加法运算和数乘运算封闭即可。

定理7.2.1 线性空间 V 的非空子集 L 构成子空间的充分必要条件是：L 对于 V 中的加法和数乘运算是封闭的。

【例1】 在线性空间中，由单个的零向量所组成的子集合是一个线性子空间，它叫做零子空间。

【例2】 线性空间 V 本身也是 V 的一个子空间。

【例3】 n 元非齐次线性方程组 $\boldsymbol{Ax}=\boldsymbol{B}$ 的解集不是向量空间 $\mathbf{R}^n$ 的子空间。

事实上，当非齐次线性方程组无解时，其解集为空集，不是向量空间；而且设 $\boldsymbol{\eta}$ 是非齐次线性方程组 $\boldsymbol{Ax}=\boldsymbol{B}$ 的解，但由于 $\boldsymbol{A}(2\boldsymbol{\eta})=2\boldsymbol{B}$，则 $2\boldsymbol{\eta}$ 不是 $\boldsymbol{Ax}=\boldsymbol{B}$ 的解，故解集对数乘运算不是封闭的。

【例4】 设 V 是数域 $\mathbf{R}$ 上的线性空间，$\boldsymbol{\alpha},\boldsymbol{\beta}\in V$，集合

$$L=\{\boldsymbol{\gamma}\mid\boldsymbol{\gamma}=k\boldsymbol{\alpha}+l\boldsymbol{\beta},k,l\in\mathbf{R}\}$$

是 V 的一个子空间。

【证】 设 $\boldsymbol{\gamma}_1=k_1\boldsymbol{\alpha}+l_1\boldsymbol{\beta}\in L,\boldsymbol{\gamma}_2=k_2\boldsymbol{\alpha}+l_2\boldsymbol{\beta}\in L\ (k_1,k_2,l_1,l_2\in\mathbf{R})$，则有

$$\boldsymbol{\gamma}_1+\boldsymbol{\gamma}_2=(k_1+k_2)\boldsymbol{\alpha}+(l_1+l_2)\boldsymbol{\beta}\in L$$

$$k\boldsymbol{\gamma}_1=k(k_1\boldsymbol{\alpha}+l_1\boldsymbol{\beta})=kk_1\boldsymbol{\alpha}+kl_1\boldsymbol{\beta}\in L$$

L 对应加法和数乘运算都是封闭的，根据定理7.2.1，L 是 V 的一个子空间。

一般地，设 $\boldsymbol{\alpha}_1,\boldsymbol{\alpha}_2,\cdots,\boldsymbol{\alpha}_r$ 是线性空间 V 中的一组向量，向量组所有可能的线性组合

$$k_1\boldsymbol{\alpha}_1+k_2\boldsymbol{\alpha}_2+\cdots+k_r\boldsymbol{\alpha}_r$$

所构成的集合是 V 一个子空间，这个子空间叫做由 $\alpha_1,\alpha_2,\cdots,\alpha_r$ 生成的子空间，记为 $L(\boldsymbol{\alpha}_1,\boldsymbol{\alpha}_2,\cdots,\boldsymbol{\alpha}_r)$。

7.2.2 子空间的维数

定理7.2.2 两个向量组生成相同子空间的充分必要条件是这两个向量组等价。

【证】　设 $\boldsymbol{\alpha}_1,\boldsymbol{\alpha}_2,\cdots,\boldsymbol{\alpha}_r$ 与 $\boldsymbol{\beta}_1,\boldsymbol{\beta}_2,\cdots,\boldsymbol{\beta}_s$ 是两个向量组。

如果 $L(\boldsymbol{\alpha}_1,\boldsymbol{\alpha}_2,\cdots,\boldsymbol{\alpha}_r)=L(\boldsymbol{\beta}_1,\boldsymbol{\beta}_2,\cdots,\boldsymbol{\beta}_s)$，那么每个 $\boldsymbol{\alpha}_i(i=1,2,\cdots,r)$ 作为 $L(\boldsymbol{\beta}_1,\boldsymbol{\beta}_2,\cdots,\boldsymbol{\beta}_s)$ 中的向量都可以被 $\boldsymbol{\beta}_1,\boldsymbol{\beta}_2,\cdots,\boldsymbol{\beta}_s$ 线性表示，同样每个 $\boldsymbol{\beta}_j(j=1,2,\cdots,s)$ 作为 $L(\boldsymbol{\alpha}_1,\boldsymbol{\alpha}_2,\cdots,\boldsymbol{\alpha}_r)$ 中的向量都可以被 $\boldsymbol{\alpha}_1,\boldsymbol{\alpha}_2,\cdots,\boldsymbol{\alpha}_r$ 线性表示，因而两个向量组等价。

如果这两个向量组等价，那么凡是可被 $\boldsymbol{\alpha}_1,\boldsymbol{\alpha}_2,\cdots,\boldsymbol{\alpha}_r$ 线性表示的向量都可以被 $\boldsymbol{\beta}_1,\boldsymbol{\beta}_2,\cdots,\boldsymbol{\beta}_s$ 线性表示，反过来也一样，因而 $L(\boldsymbol{\alpha}_1,\boldsymbol{\alpha}_2,\cdots,\boldsymbol{\alpha}_r)=L(\boldsymbol{\beta}_1,\boldsymbol{\beta}_2,\cdots,\boldsymbol{\beta}_s)$。

定理7.2.3　子空间 $L(\boldsymbol{\alpha}_1,\boldsymbol{\alpha}_2,\cdots,\boldsymbol{\alpha}_r)$ 的维数等于向量组 $\boldsymbol{\alpha}_1,\boldsymbol{\alpha}_2,\cdots,\boldsymbol{\alpha}_r$ 的秩。

【证】　设向量组 $\boldsymbol{\alpha}_1,\boldsymbol{\alpha}_2,\cdots,\boldsymbol{\alpha}_r$ 的秩是 $s(s\leqslant r)$，而且 $\boldsymbol{\alpha}_1,\boldsymbol{\alpha}_2,\cdots,\boldsymbol{\alpha}_s$ 是一个极大线性无关组，因为 $\boldsymbol{\alpha}_1,\boldsymbol{\alpha}_2,\cdots,\boldsymbol{\alpha}_r$ 与 $\boldsymbol{\alpha}_1,\boldsymbol{\alpha}_2,\cdots,\boldsymbol{\alpha}_s$ 等价，所以 $L(\boldsymbol{\alpha}_1,\boldsymbol{\alpha}_2,\cdots,\boldsymbol{\alpha}_r)=L(\boldsymbol{\alpha}_1,\boldsymbol{\alpha}_2,\cdots,\boldsymbol{\alpha}_s)$，根据定义 7.1.2 可知，$\boldsymbol{\alpha}_1,\boldsymbol{\alpha}_2,\cdots,\boldsymbol{\alpha}_s$ 就是 $L(\boldsymbol{\alpha}_1,\boldsymbol{\alpha}_2,\cdots,\boldsymbol{\alpha}_r)$ 的一组基，因而 $L(\boldsymbol{\alpha}_1,\boldsymbol{\alpha}_2,\cdots,\boldsymbol{\alpha}_r)$ 秩为 s。

定理7.2.4　设 L 为 n 维线性空间 V 的子空间，$\boldsymbol{\alpha}_1,\boldsymbol{\alpha}_2,\cdots,\boldsymbol{\alpha}_r$ 是子空间 L 的一组基，那么这组向量必定可扩充为整个空间的基。即在 V 中必定可以找到 $n-r$ 个向量 $\boldsymbol{\alpha}_{r+1},\boldsymbol{\alpha}_{r+2},\cdots,\boldsymbol{\alpha}_n$，使得 $\boldsymbol{\alpha}_1,\boldsymbol{\alpha}_2,\cdots,\boldsymbol{\alpha}_n$ 是线性空间 V 的一组基。

7.2.3　子空间的交、和、直和

定义7.2.2　设 L_1,L_2 为线性空间 V 的子空间，则集合

$$L_1\cap L_2=\{\boldsymbol{\alpha}\mid\boldsymbol{\alpha}\in L_1 \text{ 且 } \boldsymbol{\alpha}\in L_2\}$$

也为子空间，称之为 L_1 与 L_2 的交空间。

定义7.2.3　设 L_1,L_2 为线性空间 V 的子空间，则集合

$$L_1+L_2=\{\boldsymbol{\alpha}+\boldsymbol{\beta}\mid\boldsymbol{\alpha}\in L_1,\boldsymbol{\beta}\in L_2\}$$

也为子空间，称之为 L_1 与 L_2 的和空间。

注：设 L_1,L_2 为线性空间 V 的子空间，则 $V_1\cup V_2$ 不一定是 V 的子空间。

例如：$V_1=\{\boldsymbol{x}_1\mid\boldsymbol{x}_1=(a,0,0)^{\mathrm{T}},a\in\mathbf{R}\}$，$V_2=\{\boldsymbol{x}_2\mid\boldsymbol{x}_2=(0,b,0)^{\mathrm{T}},b\in\mathbf{R}\}$ 都是 $\mathbf{R}^3$ 的子空间，但它们的并集

$$V_1\cup V_2=\{\boldsymbol{x}\mid\boldsymbol{x}=(a,b,0)^{\mathrm{T}},a,b\in\mathbf{R} \text{ 且 } a,b \text{ 中至少有一个是 } 0\}$$

不是 $\mathbf{R}^3$ 的子空间，因为它对 $\mathbf{R}^3$ 的运算不封闭，如 $\boldsymbol{x}_1=(1,0,0)^{\mathrm{T}},\boldsymbol{x}_2=(0,1,0)^{\mathrm{T}}\in V_1\cup V_2$，但是，$\boldsymbol{x}_1+\boldsymbol{x}_2=(1,0,0)^{\mathrm{T}}+(0,1,0)^{\mathrm{T}}=(1,1,0)^{\mathrm{T}}\notin V_1\cup V_2$。

定义7.2.4　设 L_1,L_2 为线性空间 V 的子空间，如果和 L_1+L_2 中的每个向量 $\boldsymbol{\alpha}$ 的分解式

$$\boldsymbol{\alpha}=\boldsymbol{\alpha}_1+\boldsymbol{\alpha}_2,\boldsymbol{\alpha}_1\in L_1,\boldsymbol{\alpha}_2\in L_2$$

是唯一的，这个空间就称为直和，记为 $L_1\oplus L_2$。

子空间的交、和与直和的有关性质如下：

定理7.2.5　设 L_1,L_2,W 为线性空间 V 的子空间，

(1) 若 $W\subseteq L_1,W\subseteq L_2$，则 $W\subseteq L_1\cap L_2$；

(2) 若 $L_1\subseteq W,L_2\subseteq W$，则 $L_1+L_2\subseteq W$。

定理7.2.6 设 L_1, L_2 为线性空间 V 的子空间，则以下三个条件等价：

(1)$L_1 \subseteq L_2$； (2)$L_1 \cap L_2 = L_1$； (3)$L_1 + L_2 = L_2$。

定理7.2.7 设 $\boldsymbol{\alpha}_1, \boldsymbol{\alpha}_2, \cdots, \boldsymbol{\alpha}_r$ 与 $\boldsymbol{\beta}_1, \boldsymbol{\beta}_2, \cdots, \boldsymbol{\beta}_s$ 是线性空间 V 中的两个向量组，则：

$$L(\boldsymbol{\alpha}_1, \boldsymbol{\alpha}_2, \cdots, \boldsymbol{\alpha}_r) + L(\boldsymbol{\beta}_1, \boldsymbol{\beta}_2, \cdots, \boldsymbol{\beta}_s) = L(\boldsymbol{\alpha}_1, \boldsymbol{\alpha}_2, \cdots, \boldsymbol{\alpha}_r, \boldsymbol{\beta}_1, \boldsymbol{\beta}_2, \cdots, \boldsymbol{\beta}_s)$$

定理7.2.8 维数公式

设 L_1, L_2 为线性空间 V 的子空间，则

$$\dim(L_1 + L_2) = \dim L_1 + \dim L_2 - \dim(L_1 \cap L_2)$$

定理7.2.9 设 L_1, L_2 为线性空间 V 的子空间，和 $L_1 + L_2$ 是直和的充分必要条件是等式

$$\boldsymbol{\alpha}_1 + \boldsymbol{\alpha}_2 = \mathbf{0} \quad (\boldsymbol{\alpha}_i \in L_i, i = 1, 2)$$

只有在 $\boldsymbol{\alpha}_i$ 全为零向量时才成立。

【推论 1】 设 L_1, L_2 为线性空间 V 的子空间，和 $L_1 + L_2$ 是直和的充分必要条件是

$$L_1 \cap L_2 = \{0\}$$

定理7.2.10 设 L_1, L_2 为线性空间 V 的子空间，令 $W = L_1 + L_2$，则 $W = L_1 \oplus L_2$ 的充分必要条件是

$$\dim W = \dim L_1 + \dim L_2$$

定理7.2.11 设 L_1 为线性空间 V 的子空间，那么一定存在一个子空间 L_2，使得 $V = L_1 \oplus L_2$。

【例 5】 在 P^n 中，用 L_1, L_2 分别表示齐次线性方程组

$$\begin{cases} a_{11}x_1 + a_{12}x_2 + \cdots + a_{1n}x_n = 0 \\ a_{21}x_1 + a_{22}x_2 + \cdots + a_{2n}x_n = 0 \\ \cdots \\ a_{s1}x_1 + a_{s2}x_2 + \cdots + a_{sn}x_n = 0 \end{cases}$$

和

$$\begin{cases} b_{11}x_1 + b_{12}x_2 + \cdots + b_{1n}x_n = 0 \\ b_{21}x_1 + b_{22}x_2 + \cdots + b_{2n}x_n = 0 \\ \cdots \\ b_{t1}x_1 + b_{t2}x_2 + \cdots + b_{tn}x_n = 0 \end{cases}$$

的解空间，则 $L_1 \cap L_2$ 就是齐次线性方程组

$$\begin{cases} a_{11}x_1 + a_{12}x_2 + \cdots + a_{1n}x_n = 0 \\ a_{21}x_1 + a_{22}x_2 + \cdots + a_{2n}x_n = 0 \\ \cdots \\ a_{s1}x_1 + a_{s2}x_2 + \cdots + a_{sn}x_n = 0 \\ b_{11}x_1 + b_{12}x_2 + \cdots + b_{1n}x_n = 0 \\ b_{21}x_1 + b_{22}x_2 + \cdots + b_{2n}x_n = 0 \\ \cdots \\ b_{t1}x_1 + b_{t2}x_2 + \cdots + b_{tn}x_n = 0 \end{cases}$$

的解空间。

【例 6】　在 P^4 中，设 $\boldsymbol{\alpha}_1=(1,2,1,0)^{\mathrm T}$，$\boldsymbol{\alpha}_2=(-1,1,1,1)^{\mathrm T}$，$\boldsymbol{\beta}_1=(2,-1,0,1)^{\mathrm T}$，$\boldsymbol{\beta}_2=(1,-1,3,7)^{\mathrm T}$。

(1) 求 $L(\boldsymbol{\alpha}_1,\boldsymbol{\alpha}_2)\cap L(\boldsymbol{\beta}_1,\boldsymbol{\beta}_2)$ 的维数与一组基；

(2) 求 $L(\boldsymbol{\alpha}_1,\boldsymbol{\alpha}_2)+L(\boldsymbol{\beta}_1,\boldsymbol{\beta}_2)$ 的维数与一组基。

【解】　(1) 任取 $\boldsymbol{\gamma}\in L(\boldsymbol{\alpha}_1,\boldsymbol{\alpha}_2)\cap L(\boldsymbol{\beta}_1,\boldsymbol{\beta}_2)$，设 $\boldsymbol{\gamma}=x_1\boldsymbol{\alpha}_1+x_2\boldsymbol{\alpha}_2=x_3\boldsymbol{\beta}_1+x_4\boldsymbol{\beta}_4$，则有：

$$x_1\boldsymbol{\alpha}_1+x_2\boldsymbol{\alpha}_2-x_3\boldsymbol{\beta}_1-x_4\boldsymbol{\beta}_4=\mathbf{0}$$

即

$$\begin{cases}x_1-x_2-2x_3-x_4=0\\2x_1+x_2+x_3+x_4=0\\x_1+x_2-3x_4=0\\x_2-x_3-7x_4=0\end{cases}$$

解齐次线性方程组得：

$$\begin{cases}x_1=-t\\x_2=4t\\x_3=-3t\\x_4=t\end{cases}\quad(t\text{ 为常数})$$

所以 $\boldsymbol{\gamma}=t(-\boldsymbol{\alpha}_1+4\boldsymbol{\alpha}_2)=t(\boldsymbol{\beta}_1-3\boldsymbol{\beta}_4)$。

令 $t=1$，则得 $L(\boldsymbol{\alpha}_1,\boldsymbol{\alpha}_2)\cap L(\boldsymbol{\beta}_1,\boldsymbol{\beta}_2)$ 一组基为

$$\boldsymbol{\gamma}=-\boldsymbol{\alpha}_1+4\boldsymbol{\alpha}_2=(-5,2,3,4)^{\mathrm T}$$

因此 $L(\boldsymbol{\alpha}_1,\boldsymbol{\alpha}_2)\cap L(\boldsymbol{\beta}_1,\boldsymbol{\beta}_2)$ 是一维的。

(2) 由于 $L(\boldsymbol{\alpha}_1,\boldsymbol{\alpha}_2)+L(\boldsymbol{\beta}_1,\boldsymbol{\beta}_2)=L(\boldsymbol{\alpha}_1,\boldsymbol{\alpha}_2,\boldsymbol{\beta}_1,\boldsymbol{\beta}_2)$，对 $\boldsymbol{A}=(\boldsymbol{\alpha}_1,\boldsymbol{\alpha}_2,\boldsymbol{\beta}_1,\boldsymbol{\beta}_2)$ 做初等变换。

$$\boldsymbol{A}=(\boldsymbol{\alpha}_1,\boldsymbol{\alpha}_2,\boldsymbol{\beta}_1,\boldsymbol{\beta}_2)=\begin{pmatrix}1&-1&2&1\\2&1&-1&-1\\1&1&0&3\\0&1&1&7\end{pmatrix}\xrightarrow[-r_1+r_3]{-2r_1+r_2}\begin{pmatrix}1&-1&2&1\\0&3&-5&-3\\0&2&-2&2\\0&1&1&7\end{pmatrix}$$

$$\xrightarrow{\frac{1}{2}r_3}\begin{pmatrix}1&-1&2&1\\0&3&-5&-3\\0&1&-1&1\\0&1&1&7\end{pmatrix}\xrightarrow[-r_3+r_4]{-3r_3+r_2}\begin{pmatrix}1&-1&2&1\\0&0&-2&-6\\0&1&-1&1\\0&0&2&6\end{pmatrix}$$

$$\xrightarrow[r_2\leftrightarrow r_3]{r_2+r_4}\begin{pmatrix}1&-1&2&1\\0&1&-1&1\\0&0&-2&-6\\0&0&0&0\end{pmatrix}\xrightarrow{-\frac{1}{2}r_3}\begin{pmatrix}1&-1&2&1\\0&1&-1&1\\0&0&1&3\\0&0&0&0\end{pmatrix}=\boldsymbol{B}$$

由 $\boldsymbol{B}$ 知，$\boldsymbol{\alpha}_1,\boldsymbol{\alpha}_2,\boldsymbol{\beta}_1$ 为 $\boldsymbol{\alpha}_1,\boldsymbol{\alpha}_2,\boldsymbol{\beta}_1,\boldsymbol{\beta}_2$ 的一个极大线性无关组，所以 $L(\boldsymbol{\alpha}_1,\boldsymbol{\alpha}_2)+L(\boldsymbol{\beta}_1,\boldsymbol{\beta}_2)$ 的维数是 3，其一组基为 $\boldsymbol{\alpha}_1,\boldsymbol{\alpha}_2,\boldsymbol{\beta}_1$。

【例 7】 设 L_1,L_2 分别是齐次线性方程组 $x_1+x_2+\cdots+x_n=0$ 与 $x_1=x_2=\cdots=x_n$ 的解空间，证明：$P^n=L_1\oplus L_2$。

【证】 因 $x_1+x_2+\cdots+x_n=0$，系数矩阵的秩是1，所以解空间是 $n-1$ 维的，有基 $\boldsymbol{\alpha}_1=(-1,1,0,\cdots,0)^{\mathrm{T}},\boldsymbol{\alpha}_2=(-1,0,1,\cdots,0)^{\mathrm{T}},\cdots,\boldsymbol{\alpha}_n=(-1,0,0,\cdots,1)^{\mathrm{T}}$。

由 $x_1=x_2=\cdots=x_n$ 可得：

$$\begin{cases}x_1-x_2=0\\x_2-x_3=0\\\quad\cdots\\x_{n-1}-x_n=0\end{cases}$$

其系数矩阵

$$\boldsymbol{A}=\begin{pmatrix}1&-1&0&\cdots&0&0\\0&1&-1&\cdots&0&0\\\vdots&\vdots&\vdots&&&\vdots\\0&0&0&\cdots&1&-1\end{pmatrix}$$

显然 $r(\boldsymbol{A})=n-1$，因此解空间是1维的，令 $x_n=1$，得基为 $\boldsymbol{\beta}=(1,1,\cdots,1)^{\mathrm{T}}$。

取向量组 $\boldsymbol{\alpha}_1,\boldsymbol{\alpha}_2,\cdots,\boldsymbol{\alpha}_{n-1},\boldsymbol{\beta}$，因

$$\begin{vmatrix}-1&-1&\cdots&-1&1\\1&0&\cdots&0&1\\0&1&\cdots&0&1\\\vdots&\vdots&&\vdots&\vdots\\0&0&\cdots&0&1\\0&0&\cdots&1&1\end{vmatrix}\neq 0$$

故 $\boldsymbol{\alpha}_1,\boldsymbol{\alpha}_2,\cdots,\boldsymbol{\alpha}_{n-1},\boldsymbol{\beta}$ 是 P^n 的一组基。P^n 中的任意元素都可由 $\boldsymbol{\alpha}_1,\boldsymbol{\alpha}_2,\cdots,\boldsymbol{\alpha}_{n-1},\boldsymbol{\beta}$ 线性表示，从而 $P^n=L_1+L_2$ 且 $\dim P^n=\dim L_1+\dim L_2$，所以 $P^n=L_1\oplus L_2$。

习题 7-2

1. 证明：如果 L_1,L_2 为线性空间 V 的子空间，那么它们的交 $L_1\cap L_2$ 也是 V 的子空间。

2. 证明：如果 L_1,L_2 为线性空间 V 的子空间，那么它们的和 L_1+L_2 也是 V 的子空间。

3. 证明：设 L_1,L_2 为线性空间 V 的子空间，则

$$\dim(L_1+L_2)=\dim L_1+\dim L_2-\dim(L_1\cap L_2)$$

4. 在 $P^{2\times2}$ 中，令

$$L_1=\left\{\begin{pmatrix}x&y\\y&0\end{pmatrix}\middle|\,x,y\in\mathbf{R}\right\},L_2=\left\{\begin{pmatrix}x&0\\0&y\end{pmatrix}\middle|\,x,y\in\mathbf{R}\right\}$$

显然，L_1,L_2 都是 $P^{2\times2}$ 的子空间，求 $L_1\cap L_2$ 及 L_1+L_2。

5. 设

$$A = \begin{pmatrix} 1 & 0 & 0 \\ 0 & 1 & 0 \\ 3 & 1 & 2 \end{pmatrix}$$

求在 $P^{3\times 3}$ 中全体与 A 可交换的矩阵所构成子空间的维数和一组基。

6. 已知 $A \in P^{n\times n}$，设

$$L_1 = \{Ax \mid x \in P^n\}, L_2 = \{x \mid x \in P^n, Ax = 0\}$$

证明：(1) L_1, L_2 是 P^n 的子空间；

(2) 当 $A^2 = A$ 时，$P^n = L_1 \oplus L_2$。

7-2 参考答案

§7.3　线性变换

以前我们所熟悉的函数 $f(x)$ 是数量函数，即给定一个 x，就有一个数值 $f(x)$ 与之对应。本节将探讨给定一个向量，有唯一一个向量与之对应的函数 —— 线性变换。

7.3.1　线性变换的概念

定义7.3.1　设 V 是一个线性空间，若有对应关系 T，使得对 V 中每一个向量 α，都有 V 中唯一确定的向量 $\beta = T(\alpha)$ 与之对应，称 T 为 V 上的一个变换，β 称为 α 的像，α 称为 β 的原像。如果变换 T 又满足：

(1) 可加性：$\forall \alpha_1, \alpha_2 \in V, T(\alpha_1 + \alpha_2) = T(\alpha_1) + T(\alpha_2)$；

(2) 齐次性：$\forall k \in \mathbf{R}, \forall \alpha \in \mathbf{V}, T(k\alpha) = kT(\alpha)$；

则称 T 为 V 上的一个线性变换。一般用黑体大写字母代表线性变换。

注：定义中的两个条件(1)、(2) 可合写为一个条件，即 $\forall k_1, k_2 \in \mathbf{R}, \forall \alpha_1, \alpha_2 \in V$，变换 T 满足 $T(k_1\alpha_1 + k_2\alpha_2) = k_1 T(\alpha_1) + k_2 T(\alpha_2)$。

【例 1】　设 V 是数域 P 上的线性空间，c 是数域 P 中的一个常数，定义变换 T 为

$$T(\alpha) = c\alpha, \forall \alpha \in V$$

则容易验证 T 是线性变换，通常称为数乘变换。

特别地，当 $c = 1$ 时，称此线性变换为单位变换，记为 E，即

$$E(\alpha) = \alpha, \forall \alpha \in V$$

而当 $c = 0$ 时，称此线性变换为零变换，记为 $\mathbf{0}$，即

$$\mathbf{0}(\alpha) = \mathbf{0}, \forall \alpha \in V$$

【例 2】　在所有一元实系数多项式组成的实线性空间 $P[x]$ 上定义变换 D 为

$$D[p(x)] = \frac{\mathrm{d}}{\mathrm{d}x}[p(x)], \forall p(x) \in P[x]$$

称之为微分变换，且 D 为一个线性变换。

【证】　$\forall f(x), g(x) \in P[x], k_1, k_2 \in \mathbf{R}$，则由微分性质

$$\begin{aligned}\boldsymbol{D}[k_1 f(x)+k_2 g(x)]&=\frac{\mathrm{d}}{\mathrm{d}x}[k_1 f(x)+k_2 g(x)]\\&=k_1\frac{\mathrm{d}f(x)}{\mathrm{d}x}+k_2\frac{\mathrm{d}g(x)}{\mathrm{d}x}\\&=k_1\boldsymbol{D}[f(x)]+k_2\boldsymbol{D}[g(x)]\end{aligned}$$

所以 $\boldsymbol{D}$ 是线性变换。

【例 3】 在闭区间 $[a,b]$ 上的全体连续函数组成实数域上的一个线性空间 $C[a,b]$，在这个空间中变换

$$\boldsymbol{J}[f(x)]=\int_a^x f(t)\mathrm{d}t$$

称之为积分变换，且 J 为一个线性变换，

【证】 设 $f(x),g(x)\in C[a,b],k\in\mathbf{R}$，则有

$$\begin{aligned}\boldsymbol{J}[f(x)+g(x)]&=\int_a^x[f(t)+g(x)]\mathrm{d}t\\&=\int_a^x f(t)\mathrm{d}t+\int_a^x g(x)\mathrm{d}t\\&=\boldsymbol{J}[f(x)]+\boldsymbol{J}[g(x)]\end{aligned}$$

$$\boldsymbol{J}[kf(x)]=\int_a^x kf(t)\mathrm{d}t=k\int_a^x f(t)\mathrm{d}t=k\boldsymbol{J}[f(x)]$$

故 $\boldsymbol{J}$ 是线性变换。

【例 4】 试判断下列变换是否为线性变换。

(1) $\boldsymbol{T}\left(\begin{pmatrix}x_1\\x_2\\x_3\end{pmatrix}\right)=\begin{pmatrix}x_1+x_2\\x_3\\x_1\end{pmatrix}$ (2) $\boldsymbol{T}\left(\begin{pmatrix}x_1\\x_2\\x_3\end{pmatrix}\right)=\begin{pmatrix}1\\0\\x_3\end{pmatrix}$ (3) $\boldsymbol{T}\left(\begin{pmatrix}x_1\\x_2\\x_x\end{pmatrix}\right)=\begin{pmatrix}x_1x_2\\x_2x_3\\x_3^2\end{pmatrix}$

【解】 对任意的 $(x_1,x_2,x_3)^{\mathrm{T}}\in\mathbf{R}^3,(y_1,y_2,y_3)^{\mathrm{T}}\in\mathbf{R}^3$ 和 $k\in\mathbf{R}$。

(1) 由于

$$\begin{aligned}\boldsymbol{T}\left(\begin{pmatrix}x_1\\x_2\\x_3\end{pmatrix}+\begin{pmatrix}y_1\\y_2\\y_3\end{pmatrix}\right)&=\boldsymbol{T}\begin{pmatrix}x_1+y_1\\x_2+y_2\\x_3+y_3\end{pmatrix}=\begin{pmatrix}x_1+y_1+x_2+y_2\\x_3+y_3\\x_1+y_1\end{pmatrix}\\&=\begin{pmatrix}x_1+x_2\\x_3\\x_1\end{pmatrix}+\begin{pmatrix}y_1+y_2\\y_3\\y_1\end{pmatrix}=\boldsymbol{T}\left(\begin{pmatrix}x_1\\x_2\\x_3\end{pmatrix}\right)+\boldsymbol{T}\left(\begin{pmatrix}y_1\\y_2\\y_3\end{pmatrix}\right)\end{aligned}$$

$$\boldsymbol{T}\left(k\begin{pmatrix}x_1\\x_2\\x_3\end{pmatrix}\right)=\begin{pmatrix}kx_1+kx_2\\kx_3\\kx_1\end{pmatrix}=k\begin{pmatrix}x_1+x_2\\x_3\\x_1\end{pmatrix}=k\boldsymbol{T}\left(\begin{pmatrix}x_1\\x_2\\x_3\end{pmatrix}\right)$$

所以 $\boldsymbol{T}$ 是线性变换。

(2) 由于

$$\boldsymbol{T}\left(\begin{pmatrix}x_1\\x_2\\x_3\end{pmatrix}+\begin{pmatrix}y_1\\y_2\\y_3\end{pmatrix}\right)=\boldsymbol{T}\begin{pmatrix}x_1+y_1\\x_2+y_2\\x_3+y_3\end{pmatrix}=\begin{pmatrix}1\\0\\x_3+y_3\end{pmatrix}$$

$$\boldsymbol{T}\left(\begin{pmatrix}x_1\\x_2\\x_3\end{pmatrix}\right)+\boldsymbol{T}\left(\begin{pmatrix}y_1\\y_2\\y_3\end{pmatrix}\right)=\begin{pmatrix}1\\0\\x_3\end{pmatrix}+\begin{pmatrix}1\\0\\y_3\end{pmatrix}=\begin{pmatrix}2\\0\\x_3+y_3\end{pmatrix}$$

上两式不相等,所以 $\boldsymbol{T}$ 不是线性变换。

(3) 由于

$$\boldsymbol{T}\left(k\begin{pmatrix}x_1\\x_2\\x_3\end{pmatrix}\right)=\boldsymbol{T}\begin{pmatrix}kx_1\\kx_2\\kx_3\end{pmatrix}=\begin{pmatrix}k^2x_1x_2\\k^2x_2x_3\\k^2x_3^2\end{pmatrix}=k^2\boldsymbol{T}\left(\begin{pmatrix}x_1\\x_2\\x_3\end{pmatrix}\right)\neq k\boldsymbol{T}\left(\begin{pmatrix}x_1\\x_2\\x_3\end{pmatrix}\right)$$

所以 $\boldsymbol{T}$ 不线性变换。

7.3.2　线性变换的性质

【性质 1】　$\boldsymbol{T}(\mathbf{0})=\mathbf{0},\boldsymbol{T}(-\boldsymbol{\alpha})=-\boldsymbol{T}(\boldsymbol{\alpha})$。

事实上

$$\boldsymbol{T}(\mathbf{0})=\boldsymbol{T}(0\boldsymbol{\alpha})=0\boldsymbol{T}(\boldsymbol{\alpha})=\mathbf{0}$$

$$\boldsymbol{T}(-\boldsymbol{\alpha})=\boldsymbol{T}[(-1)\boldsymbol{\alpha}]=(-1)\cdot\boldsymbol{T}(\boldsymbol{\alpha})=-\boldsymbol{T}(\boldsymbol{\alpha})$$

【性质 2】　若 $\boldsymbol{\beta}=k_1\boldsymbol{\alpha}_1+k_2\boldsymbol{\alpha}_2+\cdots+k_m\boldsymbol{\alpha}_m$,则

$$\boldsymbol{T}(\boldsymbol{\beta})=k_1\boldsymbol{T}(\boldsymbol{\alpha}_1)+k_2\boldsymbol{T}(\boldsymbol{\alpha}_2)+\cdots+k_m\boldsymbol{T}(\boldsymbol{\alpha}_m)$$

此性质说明,线性变换对线性组合保持不变。

【性质 3】　若 $\boldsymbol{\alpha}_1,\boldsymbol{\alpha}_2,\cdots,\boldsymbol{\alpha}_m$ 线性相关,则 $\boldsymbol{T}(\boldsymbol{\alpha}_1),\boldsymbol{T}(\boldsymbol{\alpha}_2),\cdots,\boldsymbol{T}(\boldsymbol{\alpha}_m)$ 亦线性相关。

注:由 $\boldsymbol{\alpha}_1,\boldsymbol{\alpha}_2,\cdots,\boldsymbol{\alpha}_m$ 线性无关,一般不能推出 $\boldsymbol{T}(\boldsymbol{\alpha}_1),\boldsymbol{T}(\boldsymbol{\alpha}_2),\cdots,\boldsymbol{T}(\boldsymbol{\alpha}_m)$ 线性无关。

【性质 4】　线性变换 $\boldsymbol{T}$ 的像集 $\boldsymbol{T}(V)$ 是线性空间 V 的一个子空间,称 $\boldsymbol{T}(V)$ 为线性变换 $\boldsymbol{T}$ 的像空间。

【证】　由于 $\boldsymbol{T}$ 是 V 上的线性变换,故 $\boldsymbol{T}(V)\in V$,又由于 $\mathbf{0}\in V$,则 $\mathbf{0}=\boldsymbol{T}(\mathbf{0})\in\boldsymbol{T}(V)$,故 $\boldsymbol{T}(V)$ 非空。

对任意的 $\boldsymbol{\beta}_1,\boldsymbol{\beta}_2\in\boldsymbol{T}(V)$,存在 $\boldsymbol{\alpha}_1,\boldsymbol{\alpha}_2\in V$,使得 $\boldsymbol{T}(\boldsymbol{\alpha}_1)=\boldsymbol{\beta}_1,\boldsymbol{T}(\boldsymbol{\alpha}_2)\in\boldsymbol{\beta}_2$。从而

$$\boldsymbol{\beta}_1+\boldsymbol{\beta}_2=\boldsymbol{T}(\boldsymbol{\alpha}_1)+\boldsymbol{T}(\boldsymbol{\alpha}_2)=\boldsymbol{T}(\boldsymbol{\alpha}_1+\boldsymbol{\alpha}_2)\in\boldsymbol{T}(V)$$

$$k\boldsymbol{\beta}_1=k\boldsymbol{T}(\boldsymbol{\alpha}_1)=\boldsymbol{T}(k\boldsymbol{\alpha}_1)\in\boldsymbol{T}(V)$$

由上述证明可知 $\boldsymbol{T}(V)$ 对 V 中的线性运算封闭,故 $\boldsymbol{T}(V)$ 是 V 的线性子空间。

【性质 5】　使 $\boldsymbol{T}(\boldsymbol{\alpha})=\mathbf{0}$ 的 $\boldsymbol{\alpha}$ 的全体

$$\boldsymbol{T}^{-1}(\mathbf{0})=\{\boldsymbol{\alpha}\mid\boldsymbol{T}(\boldsymbol{\alpha})=\mathbf{0},\boldsymbol{\alpha}\in V\}$$

也是 V 的线性空间,称为 $\boldsymbol{T}$ 的核子空间。

【证】　由 $\boldsymbol{T}(\mathbf{0})=\mathbf{0},\mathbf{0}\in\boldsymbol{T}^{-1}(\mathbf{0})$,可知 $\boldsymbol{T}^{-1}(\mathbf{0})$ 非空;

设 $\boldsymbol{\alpha},\boldsymbol{\beta}\in\boldsymbol{T}^{-1}(\mathbf{0}),k\in\mathbf{R}$,则

$$\boldsymbol{T}(\boldsymbol{\alpha}+\boldsymbol{\beta})=\boldsymbol{T}(\boldsymbol{\alpha})+\boldsymbol{T}(\boldsymbol{\beta})=\mathbf{0}+\mathbf{0}=\mathbf{0}$$

故 $\boldsymbol{\alpha}+\boldsymbol{\beta}\in\boldsymbol{T}^{-1}(\mathbf{0})$;

$$\boldsymbol{T}(k\boldsymbol{\alpha})=k\boldsymbol{T}(\boldsymbol{\alpha})=k\cdot\mathbf{0}=\mathbf{0}$$

所以 $k\boldsymbol{\alpha}\in\boldsymbol{T}^{-1}(\mathbf{0})$,这说明了 $\boldsymbol{T}^{-1}(\mathbf{0})$ 是 V 的线性子空间。

7.3.3 线性变换的矩阵

设$\boldsymbol{\alpha}_1,\boldsymbol{\alpha}_2,\cdots,\boldsymbol{\alpha}_n$是$n$维线性空间$V$的一组基，$T$是$V$的线性变换，则基向量$\boldsymbol{\alpha}_1,\boldsymbol{\alpha}_2,\cdots,\boldsymbol{\alpha}_n$的像$\boldsymbol{T}(\boldsymbol{\alpha}_1),\boldsymbol{T}(\boldsymbol{\alpha}_2),\cdots,\boldsymbol{T}(\boldsymbol{\alpha}_n)$可由基$\boldsymbol{\alpha}_1,\boldsymbol{\alpha}_2,\cdots,\boldsymbol{\alpha}_n$线性表示：

$$\begin{cases}\boldsymbol{T}(\boldsymbol{\alpha}_1)=a_{11}\boldsymbol{\alpha}_1+a_{12}\boldsymbol{\alpha}_2+\cdots+a_{1n}\boldsymbol{\alpha}_n\\ \boldsymbol{T}(\boldsymbol{\alpha}_2)=a_{21}\boldsymbol{\alpha}_1+a_{22}\boldsymbol{\alpha}_2+\cdots+a_{2n}\boldsymbol{\alpha}_n\\ \cdots\\ \boldsymbol{T}(\boldsymbol{\alpha}_n)=a_{n1}\boldsymbol{\alpha}_1+a_{n2}\boldsymbol{\alpha}_2+\cdots+a_{nn}\boldsymbol{\alpha}_n\end{cases}$$

用矩阵表示，即

$$(\boldsymbol{T}(\boldsymbol{\alpha}_1),\boldsymbol{T}(\boldsymbol{\alpha}_2),\cdots,\boldsymbol{T}(\boldsymbol{\alpha}_n))=(\boldsymbol{\alpha}_1,\boldsymbol{\alpha}_2,\cdots,\boldsymbol{\alpha}_n)\boldsymbol{A}$$

其中

$$\boldsymbol{A}=\begin{pmatrix}a_{11}&a_{12}&\cdots&a_{1n}\\a_{21}&a_{22}&\cdots&a_{2n}\\\vdots&\vdots&&\vdots\\a_{n1}&a_{n2}&\cdots&a_{nn}\end{pmatrix}$$

记$\boldsymbol{T}(\boldsymbol{\alpha}_1,\boldsymbol{\alpha}_2,\cdots,\boldsymbol{\alpha}_n)=(\boldsymbol{T}(\boldsymbol{\alpha}_1),\boldsymbol{T}(\boldsymbol{\alpha}_2),\cdots,\boldsymbol{T}(\boldsymbol{\alpha}_n))$，则有：

$$\boldsymbol{T}(\boldsymbol{\alpha}_1,\boldsymbol{\alpha}_2,\cdots,\boldsymbol{\alpha}_n)=(\boldsymbol{\alpha}_1,\boldsymbol{\alpha}_2,\cdots,\boldsymbol{\alpha}_n)\boldsymbol{A}$$

定义7.3.2 设$\boldsymbol{T}$是线性空间V上的线性变换，$\boldsymbol{\alpha}_1,\boldsymbol{\alpha}_2,\cdots,\boldsymbol{\alpha}_n$是$n$维线性空间$V$的一组基，若有矩阵$\boldsymbol{A}$，使

$$\boldsymbol{T}(\boldsymbol{\alpha}_1,\boldsymbol{\alpha}_2,\cdots,\boldsymbol{\alpha}_n)=(\boldsymbol{\alpha}_1,\boldsymbol{\alpha}_2,\cdots,\boldsymbol{\alpha}_n)\boldsymbol{A}$$

则称$\boldsymbol{A}$为**线性变换T在基$\alpha_1,\alpha_2,\cdots,\alpha_n$下的矩阵**。

由此可见，对于给定的线性变换$\boldsymbol{T}$，$\boldsymbol{A}$的第i列是$\boldsymbol{T}(\boldsymbol{\alpha}_i)$在基$\boldsymbol{\alpha}_1,\boldsymbol{\alpha}_2,\cdots,\boldsymbol{\alpha}_n$下的坐标，坐标的唯一性决定了矩阵的唯一性；反之，给定矩阵$\boldsymbol{A}$，由

$$\boldsymbol{T}(\boldsymbol{\alpha}_1,\boldsymbol{\alpha}_2,\cdots,\boldsymbol{\alpha}_n)=(\boldsymbol{\alpha}_1,\boldsymbol{\alpha}_2,\cdots,\boldsymbol{\alpha}_n)\boldsymbol{A}$$

基的像$\boldsymbol{T}(\boldsymbol{\alpha}_1),\boldsymbol{T}(\boldsymbol{\alpha}_2),\cdots,\boldsymbol{T}(\boldsymbol{\alpha}_n)$被完全确定，从而就唯一确定了一个线性变换$\boldsymbol{T}$，故在给定基下，线性变换$\boldsymbol{T}$与$n$阶矩阵$\boldsymbol{A}$之间是一一对应的。

【例5】 设4维线性空间$P[x]_4$上的线性变换$\boldsymbol{T}$定义如下：

$$\boldsymbol{T}[f(x)]=\frac{\mathrm{d}f(x)}{\mathrm{d}x}-f(x),\ \forall f(x)\in P[x]_4$$

求$\boldsymbol{T}$在基$(1,x,x^2,x^3)$下的矩阵$\boldsymbol{A}$。

【解】 由于

$$\boldsymbol{T}(1)=\frac{\mathrm{d}(1)}{\mathrm{d}x}-1=0-1=(1,x,x^2,x^3)\begin{pmatrix}-1\\0\\0\\0\end{pmatrix}$$

$$\boldsymbol{T}(x)=\frac{\mathrm{d}(x)}{\mathrm{d}x}-x=1-x=(1,x,x^2,x^3)\begin{pmatrix}1\\-1\\0\\0\end{pmatrix}$$

$$T(x^2)=\frac{\mathrm{d}(x^2)}{\mathrm{d}x}-x^2=2x-x^2=(1,x,x^2,x^3)\begin{pmatrix}0\\2\\-1\\0\end{pmatrix}$$

$$T(x^3)=\frac{\mathrm{d}(x^3)}{\mathrm{d}x}-x^3=3x^2-x^3=(1,x,x^2,x^3)\begin{pmatrix}0\\0\\3\\-1\end{pmatrix}$$

所以 $\boldsymbol{T}$ 在基$(1,x,x^2,x^3)$下的矩阵为

$$\boldsymbol{A}=\begin{pmatrix}-1&1&0&0\\0&-1&2&0\\0&0&-1&3\\0&0&0&-1\end{pmatrix}$$

定理7.3.1　设线性空间 V 的基 $\boldsymbol{\alpha}_1,\boldsymbol{\alpha}_2,\cdots,\boldsymbol{\alpha}_n$ 到基 $\boldsymbol{\beta}_1,\boldsymbol{\beta}_2,\cdots,\boldsymbol{\beta}_n$ 的过渡矩阵为 $\boldsymbol{C}$，V 中的线性变换在这两个基下的矩阵分别为 $\boldsymbol{A}$ 和 $\boldsymbol{B}$，则

$$\boldsymbol{B}=\boldsymbol{C}^{-1}\boldsymbol{A}\boldsymbol{C}$$

【证】　由题意可得：

$$(\boldsymbol{\beta}_1,\boldsymbol{\beta}_2,\cdots,\boldsymbol{\beta}_n)=(\boldsymbol{\alpha}_1,\boldsymbol{\alpha}_2,\cdots,\boldsymbol{\alpha}_n)\boldsymbol{C}$$

又已知 V 中的线性变换在这两个基下的矩阵分别为 $\boldsymbol{A}$ 和 $\boldsymbol{B}$，则

$$\boldsymbol{T}(\boldsymbol{\alpha}_1,\boldsymbol{\alpha}_2,\cdots,\boldsymbol{\alpha}_n)=(\boldsymbol{\alpha}_1,\boldsymbol{\alpha}_2,\cdots,\boldsymbol{\alpha}_n)\boldsymbol{A}$$
$$\boldsymbol{T}(\boldsymbol{\beta}_1,\boldsymbol{\beta}_2,\cdots,\boldsymbol{\beta}_n)=(\boldsymbol{\beta}_1,\boldsymbol{\beta}_2,\cdots,\boldsymbol{\beta}_n)\boldsymbol{B}$$

从而有

$$\begin{aligned}\boldsymbol{T}(\boldsymbol{\beta}_1,\boldsymbol{\beta}_2,\cdots,\boldsymbol{\beta}_n)&=\boldsymbol{T}[(\boldsymbol{\alpha}_1,\boldsymbol{\alpha}_2,\cdots,\boldsymbol{\alpha}_n)\boldsymbol{C}]\\&=\boldsymbol{T}(\boldsymbol{\alpha}_1,\boldsymbol{\alpha}_2,\cdots,\boldsymbol{\alpha}_n)\boldsymbol{C}\\&=(\boldsymbol{\alpha}_1,\boldsymbol{\alpha}_2,\cdots,\boldsymbol{\alpha}_n)\boldsymbol{A}\boldsymbol{C}\\&=(\boldsymbol{\beta}_1,\boldsymbol{\beta}_2,\cdots,\boldsymbol{\beta}_n)\boldsymbol{C}^{-1}\boldsymbol{A}\boldsymbol{C}\end{aligned}$$

这样有

$$(\boldsymbol{\beta}_1,\boldsymbol{\beta}_2,\cdots,\boldsymbol{\beta}_n)(\boldsymbol{C}^{-1}\boldsymbol{A}\boldsymbol{C}-\boldsymbol{B})=\boldsymbol{0}$$

由 $\boldsymbol{\beta}_1,\boldsymbol{\beta}_2,\cdots,\boldsymbol{\beta}_n$ 线性无关，得

$$\boldsymbol{B}=\boldsymbol{C}^{-1}\boldsymbol{A}\boldsymbol{C}$$

【例6】　在例5的线性空间 $P[x]_4$ 中，已经求得线性变换 $\boldsymbol{T}$ 在基$(1,x,x^2,x^3)$下的矩阵为

$$\boldsymbol{A}=\begin{pmatrix}-1&1&0&0\\0&-1&2&0\\0&0&-1&3\\0&0&0&-1\end{pmatrix}$$

求 $\boldsymbol{T}$ 在基$(1,1+x,x+x^2,x^2+x^3)$下的矩阵 $\boldsymbol{B}$。

【解】　由基$(1,x,x^2,x^3)$到基$(1,1+x,x+x^2,x^2+x^3)$的过渡矩阵为

$$C = \begin{pmatrix} 1 & 1 & 0 & 0 \\ 0 & 1 & 1 & 0 \\ 0 & 0 & 1 & 1 \\ 0 & 0 & 0 & 1 \end{pmatrix}$$

则

$$C^{-1} = \begin{pmatrix} 1 & -1 & 1 & -1 \\ 0 & 1 & -1 & 1 \\ 0 & 0 & 1 & -1 \\ 0 & 0 & 0 & 1 \end{pmatrix}$$

从而有

$$B = C^{-1}AC = \begin{pmatrix} -1 & 1 & -1 & 1 \\ 0 & -1 & 2 & -1 \\ 0 & 0 & -1 & 3 \\ 0 & 0 & 0 & -1 \end{pmatrix}$$

7.3.4 线性变换的运算

1. 加法

定义7.3.3 设 V 是数域 P 上的线性空间，$\boldsymbol{T},\boldsymbol{S}$ 是 V 中的线性变换，定义它们的和 $\boldsymbol{T}+\boldsymbol{S}$ 为

$$(\boldsymbol{T}+\boldsymbol{S})(\boldsymbol{\alpha}) = \boldsymbol{T}(\boldsymbol{\alpha}) + \boldsymbol{S}(\boldsymbol{\alpha}) \quad (\boldsymbol{\alpha} \in V)$$

容易证明，线性变换的和 $\boldsymbol{T}+\boldsymbol{S}$ 也是线性变换。

线性变换和的运算规律如下：

(1) 存在零变换 $\boldsymbol{0}$，使得：$\boldsymbol{T}+\boldsymbol{0}=\boldsymbol{0}+\boldsymbol{T}=\boldsymbol{T}$；

(2) 负变换：$(-\boldsymbol{T})(\boldsymbol{\alpha})=-\boldsymbol{T}(\boldsymbol{\alpha})$；

(3) 存在负变换，使得：$\boldsymbol{T}+(-\boldsymbol{T})=\boldsymbol{0}$；

(4) 交换律：$\boldsymbol{T}+\boldsymbol{S}=\boldsymbol{S}+\boldsymbol{T}$；

(5) 结合律：$\boldsymbol{T}+(\boldsymbol{S}+\boldsymbol{U})=(\boldsymbol{T}+\boldsymbol{S})+\boldsymbol{U}$。

2. 数量乘法

定义7.3.4 设 V 是数域 P 上的线性空间，$\boldsymbol{T}$ 是 V 中的线性变换，$k \in P$，定义它们的数量乘法 $k\boldsymbol{T}$ 为

$$(k\boldsymbol{T})(\boldsymbol{\alpha}) = k[\boldsymbol{T}(\boldsymbol{\alpha})] = k\boldsymbol{T}(\boldsymbol{\alpha}) \quad (\boldsymbol{\alpha} \in V)$$

容易证明，线性变换的数量乘法 $k\boldsymbol{T}$ 也是线性变换。

线性变换数量乘法的运算规律如下：

(1)$(kl)\boldsymbol{T}=k(l\boldsymbol{T})$；

(2)$(k+l)\boldsymbol{T}=k\boldsymbol{T}+l\boldsymbol{T}$；

(3)$k(\boldsymbol{T}+\boldsymbol{S})=k\boldsymbol{T}+k\boldsymbol{S}$；

(4)$1\boldsymbol{T}=\boldsymbol{T}$。

3. 乘法

定义7.3.5　设 V 是数域 P 上的线性空间，$\boldsymbol{T}$,$\boldsymbol{S}$ 是 V 中的线性变换，定义它们的乘积 $\boldsymbol{TS}$ 为

$$(\boldsymbol{TS})(\boldsymbol{\alpha}) = \boldsymbol{T}[\boldsymbol{S}(\boldsymbol{\alpha})], (\boldsymbol{\alpha} \in V)$$

容易证明，线性变换的乘积 $\boldsymbol{TS}$ 也是线性变换。

线性变换乘法的运算规律如下：

(1) 结合律：$(\boldsymbol{TS})\boldsymbol{U} = \boldsymbol{T}(\boldsymbol{SU})$；

(2) 左右分配律：$\boldsymbol{T}(\boldsymbol{S}+\boldsymbol{U}) = \boldsymbol{TS}+\boldsymbol{TU}, (\boldsymbol{S}+\boldsymbol{U})\boldsymbol{T} = \boldsymbol{ST}+\boldsymbol{UT}$；

(3) 单位变换 $\boldsymbol{E}$ 特殊地位：$\boldsymbol{TE} = \boldsymbol{ET} = \boldsymbol{T}$。

注：线性变换的乘法不满足交换律，即 $\boldsymbol{TS} \neq \boldsymbol{ST}$。

例如：在实数域 $\mathbf{R}$ 上的线性空间 $R[x]$ 中，线性变换

$$\boldsymbol{D}[f(x)] = f'(x)$$

$$\boldsymbol{J}[f(x)] = \int_0^x f(t)\,\mathrm{d}t$$

乘积

$$(\boldsymbol{DJ})[f(x)] = \frac{\mathrm{d}}{\mathrm{d}x}\int_0^x f(t)\,\mathrm{d}t = f(x)$$

$$(\boldsymbol{JD})[f(x)] = \int_0^x f'(t)\,\mathrm{d}t = f(x) - f(0)$$

因此，$\boldsymbol{DJ} \neq \boldsymbol{JD}$。

4. 线性变换的逆变换

定义7.3.6　设 V 是数域 P 上的线性空间，$\boldsymbol{T}$ 是 V 中的线性变换，如果存在 V 的一个变换 $\boldsymbol{S}$，使得：

$$\boldsymbol{TS} = \boldsymbol{ST} = \boldsymbol{E}$$

则称线性变换 $\boldsymbol{T}$ 是可逆的，而 $\boldsymbol{S}$ 称为 $\boldsymbol{T}$ 的逆变换，记作 $\boldsymbol{T}^{-1}$。

5. 线性变换的幂

定义7.3.7　设 V 是数域 P 上的线性空间，$\boldsymbol{T}$ 是 V 中的线性变换，当 $n(n \in \mathbf{Z}^+)$ 个线性变换 $\boldsymbol{T}$ 相乘时，可用

$$\underbrace{\boldsymbol{TT}\cdots\boldsymbol{T}}_{n个}$$

来表示，称为 T 的 n 次幂，记作 $\boldsymbol{T}^n$。此外，作为定义，规定：$\boldsymbol{T}^0 = \boldsymbol{E}$。

线性变换的幂的运算法则如下：

(1) $\boldsymbol{T}^{m+n} = \boldsymbol{T}^m\boldsymbol{T}^n$；

(2) $(\boldsymbol{T}^m)^n = \boldsymbol{T}^{mn}$；

(3) $\boldsymbol{T}^{-n} = (\boldsymbol{T}^{-1})^n$。

注：线性变换乘积的指数法则不成立，即 $(\boldsymbol{TS})^n \neq \boldsymbol{T}^n\boldsymbol{S}^n$。

6. 线性变换的多项式

定义7.3.8 设

$$f(x)=a_mx^m+a_{m-1}x^{m-1}+\cdots+a_0$$

为数域 P 中的一个多项式,$\boldsymbol{T}$ 是 V 中的线性变换,定义

$$f(\boldsymbol{T})=a_m\boldsymbol{T}^m+a_{m-1}\boldsymbol{T}^{m-1}+\cdots+a_0\boldsymbol{E}$$

显然,$f(\boldsymbol{T})$是一线性变换,称为 T 的多项式。

习题 7-3

1. 判断下面所定义的变换是否为线性变换。

(1) 在 $P[x]$ 中,$\boldsymbol{T}[f(x)]=f(x+1)$;

(2) 在 $P[x]$ 中,$\boldsymbol{T}[f(x)]=f(x_0)$,其中 $x_0\in P$ 是一个固定的常数;

(3) 在 $P^{m\times n}$ 中,$\boldsymbol{T}(\boldsymbol{X})=\boldsymbol{BXC}$,其中 $\boldsymbol{B},\boldsymbol{C}\in P^{m\times n}$ 是两个固定的矩阵;

(4) 在 $\mathbf{R}^3$ 中的投影变换,

$$\boldsymbol{T}\left(\begin{pmatrix}x_1\\x_2\\x_3\end{pmatrix}\right)=\begin{pmatrix}x_1\\x_2\\0\end{pmatrix},\forall\begin{pmatrix}x_1\\x_2\\x_3\end{pmatrix}\in\mathbf{R}^3$$

(5) 在 $P^{m\times n}$ 中,$\boldsymbol{T}(\boldsymbol{A})=\boldsymbol{A}^2,\forall\boldsymbol{A}\in P^{m\times n}$;

(6) 在线性空间 V 中,$\boldsymbol{T}(\boldsymbol{\xi})=\boldsymbol{\alpha}$,其中 $\boldsymbol{\alpha}\in V$ 是一个固定的向量。

2. 二阶对称矩阵的全体

$$V=\left\{\boldsymbol{A}=\begin{pmatrix}x_1&x_2\\x_3&x_4\end{pmatrix}\middle|x_1,x_2,x_3\in\mathbf{R}\right\}$$

对于矩阵的线性运算构成三维线性空间,在 V 中取一个基

$$\boldsymbol{A}_1=\begin{pmatrix}1&0\\0&0\end{pmatrix},\boldsymbol{A}_2=\begin{pmatrix}0&1\\1&0\end{pmatrix},\boldsymbol{A}_3=\begin{pmatrix}0&0\\0&1\end{pmatrix}$$

在 V 中定义的合同变换

$$\boldsymbol{T}(\boldsymbol{A})=\begin{pmatrix}1&0\\1&1\end{pmatrix}\boldsymbol{A}\begin{pmatrix}1&1\\0&1\end{pmatrix}$$

求 $\boldsymbol{T}$ 在 $\boldsymbol{A}_1,\boldsymbol{A}_2,\boldsymbol{A}_3$ 下的矩阵。

3. 已知在实线性空间 $P[x]_3$ 中的微分变换 $\boldsymbol{D}$:

$$\boldsymbol{D}[f(x)]=f'(x),\forall f(x)\in P[x]_3$$

(1) 求微分变换 $\boldsymbol{D}$ 在基$(1,x,x^2)$ 下的矩阵;

(2) 求由基$(1,x,x^2)$ 到基$(1+x,2x+x^2,3-x^2)$ 的过渡矩阵;

(3) 求微分变换 $\boldsymbol{D}$ 在基$(1+x,2x+x^2,3-x^2)$ 下的矩阵。

4. 已知 $\boldsymbol{R}^{2\times 2}$ 的两个线性变换：对任意的 $\boldsymbol{X}\in \mathbf{R}^{2\times 2}$，$\boldsymbol{T}(\boldsymbol{X})=\boldsymbol{XN}$，$\boldsymbol{S}(\boldsymbol{X})=\boldsymbol{MX}$，其中：

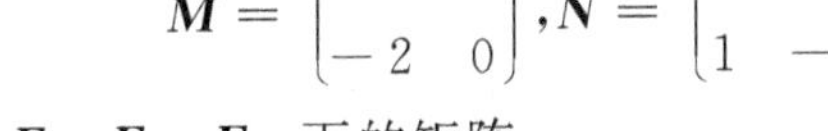

$$\boldsymbol{M}=\begin{pmatrix}1 & 0\\ -2 & 0\end{pmatrix},\boldsymbol{N}=\begin{pmatrix}1 & 1\\ 1 & -1\end{pmatrix}$$

试求：$\boldsymbol{T}+\boldsymbol{S}$ 在基 $\boldsymbol{E}_{11},\boldsymbol{E}_{12},\boldsymbol{E}_{21},\boldsymbol{E}_{22}$ 下的矩阵。

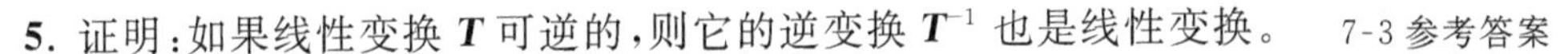

5. 证明：如果线性变换 $\boldsymbol{T}$ 可逆的，则它的逆变换 $\boldsymbol{T}^{-1}$ 也是线性变换。

7-3 参考答案

欧几里得空间

欧几里得空间也称为欧氏空间。它是建立在欧几里得几何基础之上的，在数学中是对欧几里得所研究的二维和三维空间的一般化。

1. 欧几里得空间的定义

设 V 是实数域 $\mathbf{R}$ 上的线性空间，在 V 上定义一个二元实函数，记作$[\boldsymbol{\alpha},\boldsymbol{\beta}]$，它具有以下性质：

(1)$[\boldsymbol{\alpha},\boldsymbol{\beta}]=[\boldsymbol{\beta},\boldsymbol{\alpha}]$；

(2)$[\lambda\boldsymbol{\alpha},\boldsymbol{\beta}]=\lambda[\boldsymbol{\alpha},\boldsymbol{\beta}]$；

(3)$[\boldsymbol{\alpha}+\boldsymbol{\beta},\boldsymbol{\gamma}]=[\boldsymbol{\alpha},\boldsymbol{\gamma}]+[\boldsymbol{\beta},\boldsymbol{\gamma}]$；

(4)$[\boldsymbol{\alpha},\boldsymbol{\alpha}]\geqslant 0$，当且仅当 $\boldsymbol{\alpha}=\mathbf{0}$ 时，$[\boldsymbol{\alpha},\boldsymbol{\alpha}]=0$。

其中，$\boldsymbol{\alpha},\boldsymbol{\beta},\boldsymbol{\gamma}$ 是 V 中任意的向量，λ 是任意实数，这样的线性空间 V 称为欧几里得空间

2. 欧几里得空间的特性

(1) 线性性：欧几里得空间中的向量加、减、数乘等操作满足线性性。

(2) 距离可测性：欧几里得空间中的距离可以通过向量的内积求出。

(3) 角度可定义性：欧几里得空间中的向量可定义夹角，并且满足余弦定理。

3. 线性空间和欧几里得空间的区别

(1) 线性空间中只有两个运算，欧几里得空间中除了线性空间的两个运算外，还有一个运算 —— 内积，即有三个运算。

(2) 线性空间可以是任意域上的线性空间，而欧几里得空间必须是实数域上的线性空间。

(3) 欧几里得空间多了一个内积运算，从代数的角度就定义了长度和夹角，因此三维欧几里得空间的直观几何就是我们生活的三维空间。

欧几里得空间是一个特别的度量空间，是数学中最基本的空间之一，在几何学、物理学、工程学以及计算机科学等领域都得到了广泛应用，为我们提供了研究和解决问题的有效工具和方法。随着科技的不断进步和新兴领域的涌现，欧几里得空间的应用将会更加广泛和深入。

参考文献

[1] 北京大学数学系几何与代数教研室代数小组. 高等代数[M]. 2 版. 北京:高等教育出版社,1988.

[2] 崔冉冉.《线性代数》课程思政教学设计的两个案例[J]. 数学学习与研究,2021(20):96-97.

[3] 郝志峰. 线性代数[M]. 2 版. 上海:复旦大学出版社,2017.

[4] 柯召:中国科学院学部委员(院士)、数学家[EB/OL]. (2010-07-12)[2023-12-06]. http://www.93.gov.cn/syfc-ysfc/220189.html.

[5] 李文锋. 基于 RSA 和 Hill 密码体系的文件加密系统的研究和实现[D]. 赣州:江西理工大学,2008.

[6] 李永乐. 线性代数辅导讲义[M]. 西安:西安交通大学出版社,2010.

[7] 刘吉佑,徐诚浩. 线性代数(经管类)[M]. 北京:北京大学出版社,2018.

[8] 刘俊丽. 塔科马(Tacoma)桥风振致毁[J]. 力学与实践,2007(1):13.

[9] 卢刚. 线性代数[M]. 4 版. 北京:高等教育出版社,2020.

[10] 上海交通大学数学系. 线性代数[M]. 2 版. 北京:科学出版社,2007.

[11]《数学辞海》编辑委员会. 数学辞海(第 6 卷)[M]. 太原:山西教育出版社,2002.

[12] 吴赣昌. 线性代数(经管类·简明版)[M]. 5 版. 北京:中国人民大学出版社,2017.

[13] 谢政. 线性代数[M]. 2 版. 北京:高等教育出版社,2021.

[14] 袁春燕,颜学荣,李鹤. 线性代数[M]. 长沙:湖南师范大学出版社,2016.

[15] 周勇. 线性代数[M]. 北京:北京大学出版社,2018.